rowohlt

Dieter E. Zimmer

# IST INTELLIGENZ ERBLICH?

## EINE KLARSTELLUNG

Rowohlt Verlag

2. Auflage Juli 2012
Copyright © 2012 by Rowohlt Verlag GmbH,
Reinbek bei Hamburg
Lektorat Christof Blome
Graphik Peter Palm, Berlin
Satz Minion PostScript, PageOne
Gesamtherstellung CPI – Clausen & Bosse, Leck
Printed in Germany
ISBN 978 3 498 07667 2

# INHALT

KAPITEL 1
# WARUM DIESES BUCH

Dieses Buch hat einen Anlass, den ich bedauere. Anfang September 2010, auf dem Höhepunkt der medial-politischen Empörung über «das Sarrazin-Buch», wurde der SPD dringend angeraten, endlich den Autor hinauszuwerfen, der ihr seit 36 Jahren angehörte. Diese wollte sich ohnehin schon lange von Thilo Sarrazin trennen, brauchte aber einen stichhaltigeren Grund als bei früheren Versuchen. Jetzt fand sie ihn, aber wohlweislich nicht unter seinen Ansichten zu den bevölkerungspolitischen Konsequenzen der Einwanderungspolitik, die die Empörung ausgelöst hatten, sondern auf einem bequemeren Nebenschauplatz.

Generalsekretärin Andrea Nahles gab in einem Brief an die Parteibasis die Linie vor: «Thilo Sarrazin ... hat mit seinen Äußerungen zu genetischen Identitäten von Völkern, Ethnien oder Religionsgemeinschaften eine Grenze überschritten und sich außerhalb der Partei- und Wertegemeinschaft der SPD gestellt. Deshalb hat der SPD-Parteivorstand einstimmig beschlossen, ein Parteiordnungsverfahren mit dem Ziel eines Ausschlusses aus der SPD einzuleiten ... Als Sozialdemokraten sagen wir klar: Das Leben ist offen. Die Entwicklung oder Charaktereigenschaften eines Menschen oder einer Gruppe von Menschen sind nicht durch ein bestimmtes Erbgut vorgezeichnet.» Zwei Tage später sekundierte ihr der Parteivorsitzende: «Thilo Sarrazin hat in der Öffentlichkeit so getan», sagte Sigmar Gabriel, «als würde sich Intelligenz und Dummheit und Fleiß und Leistungsverhalten genetisch vererben, und wer das sagt ..., der ist natürlich ganz nah an den ganzen Rassentheorien, die in den letzten hundert Jahren viel Verderben produziert haben ... Damit verstößt er gegen elementare Wertvorstellungen der Sozialdemokraten. Ich glaube übrigens, auch gegen elementare Wertvorstellungen unserer Verfassung.» Es war mehr als eine momentane Einschätzung der Parteispitze. «Möchtegern-Darwin», «genetischer Unsinn», «biologistisches Geschwätz», «Sozialdarwinismus», so tönte es monatelang aus der SPD, hastige Etikettierungen, die ganz auf die Automatik eines allgemeinen Abscheus setzten.

Dies also schien die Meinung der SPD-Spitze zu sein: Weder Intelligenz noch irgendeine Charaktereigenschaft sind genetisch vorgezeichnet, Biologie spielt im Leben des Menschen keine Rolle. Wer etwas anderes glaubt, verstößt gegen die elementaren Wertvorstellungen der Sozialdemokratie, ist ein Biologist, ein Rassist, fast ein Nazi und eigentlich ein Fall für den Verfassungsschutz ...

Nun habe ich mich als Wissenschaftspublizist zwischen 1974 und 1998 in einer ganzen Reihe von Artikeln, vor allem in der «Zeit», und in einigen Büchern mit der allzeit brisanten Frage der Erblichkeit des IQ befasst.[1] Ich war 1974, zunächst widerstrebend, zu dem Schluss gekommen, dass jene, die damals «Nativisten» genannt wurden, die Anhänger der Lehre von den angeborenen kognitiven Fähigkeiten, recht haben könnten – dass der IQ tatsächlich in erheblichem Maß erblich ist, genauer: dass die individuellen Unterschiede in der gemessenen Intelligenz eine erhebliche Erblichkeit aufweisen, so erheblich, dass sie sich auch bei den damals in Amerika propagierten Förderprogrammen zur Erhöhung der Intelligenz lernschwacher Kinder nicht ungestraft ignorieren ließ. Die wissenschaftliche Basis dieses Schlusses erhärtete sich in dem Vierteljahrhundert immer mehr, bis ich meinte, die Kontroverse sei inzwischen glücklich zur Ruhe gekommen und die Sache ein für alle Mal erledigt. Auch im neuen Millennium begegnete mir kein wissenschaftlicher Befund, der jenen Schluss wieder in Frage gestellt hätte. Weiter erforscht werden nur noch die Feinheiten am Rande. In der ganzen Psychologie ist kaum eine Frage so gründlich geklärt worden wie diese, und seit Mitte der 1990er Jahre hätte das jedermann wissen können – da wurde es Lehrbuchstoff. An der Spitze der SPD aber nahm das offenbar niemand zur Kenntnis.

Man muss nicht lange rätseln, warum die Partei den Stand der Dinge verschlafen hatte: weil die Medien, zumal in Deutschland, sich keine Mühe gemacht haben, untendenziös über jenen Forschungszweig zu berichten, der heute Verhaltensgenetik heißt. Niemand setzt sich gern einem Vorwurf wie dem des «Biologismus» aus, am allerwenigsten in Deutschland, wo ‹Biologie› einmal der Deckname für die Rechtfertigung eines mörderischen Rassenwahns war. Wenn sich das Thema nicht ganz vermeiden ließ, driftete die Berichterstattung wie von selbst auf die Seite der Biologieverächter. Ein gutes Beispiel für die anhaltende Voreingenommenheit fand sich genau in jener ersten Septemberwoche 2010 im «Spiegel», und es ist ganz instruktiv, es etwas näher ins Auge zu fassen.

Der Wissenschaftsredakteur Jörg Blech schreibt da in einem dreiseitigen Artikel, die Forscher hätten «den Einfluss der Erbanlagen auf Intelligenzunterschiede in den vergangenen Jahren nach unten korrigiert ... Auch die moderne Genforschung hat inzwischen ergeben, dass es eine biologische Wurzel der Schlauheit, bestehend aus einem oder einigen wenigen ‹Intelligenz-Genen›, mitnichten gibt.» Der erste Satz war rundheraus falsch. Die Erblichkeitsschätzungen beim IQ schwankten über die Jahrzehnte hin zwischen 40 und 85 Prozent (der Leser wird erfahren, warum sie es taten); Anfang der 1980er Jahre schienen sie sich bei 50 bis 60 Prozent einzupendeln; seit Mitte der 1990er Jahre lauteten die Zahlen: 40 bis 45 Prozent für Kinder und 65 bis 75 Prozent für Erwachsene (Näheres zur Altersabhängigkeit in Kapitel 8); neueste Studien aus Belgien, England und Russland melden sogar 82 bis 86 Prozent[2]. Die Zahlen wurden also nicht nach unten, sondern nach oben korrigiert. Den zweiten Satz rettet nur eine kleine stilistische Finesse, über die man leicht hinwegliest. Die «biologische Wurzel der Schlauheit», wenn man es denn so sagen will, ist tatsächlich nicht das Werk von «einem oder einigen wenigen Genen» – das hat auch niemand behauptet, sonst gäbe es nämlich gar keine Erblichkeitsschätzung. Aber eine biologische Wurzel gibt es sehr wohl, und zwar als das Werk unbekannt vieler Gene. Das ist keine Neuigkeit, sondern in Fachkreisen seit Jahrzehnten eine Selbstverständlichkeit, es stand in *Science* und *Nature*, die jeder Naturwissenschaftler auf der Welt kennt, man könnte es sogar in der Wikipedia nachlesen.

Blechs Kronzeuge war der amerikanische Psychologe Richard E. Nisbett. Im Wesentlichen war der ganze Artikel ein Resümee von dessen 2009 erschienenem Buch *Intelligence and How to Get It*. Es suchte das Gewicht der Gene durchweg herunterzuspielen. Dass der IQ von den individuellen genetischen Anlagen mitbestimmt wird, bezweifelte aber auch Nisbett nicht. Sein Argument lautete vielmehr, dass bestimmte Fördermaßnahmen den Intelligenzquotienten stärker günstig beeinflussen können als allgemein angenommen; und dass sich der faktische Abstand zwischen Schwarz und Weiß vollständig ohne Berufung auf die Gene erklären lasse. Unter anderem stützte sich Nisbett auf eine in der Tat eindrucksvolle Studie von Eric

Turkheimer, die aufgezeigt hatte, dass bei Kindern aus der Unterschicht Umwelteinflüssen ein größeres Gewicht für den IQ zukommt als bei Kindern der Mittel- und Oberschicht, während umgekehrt das Gewicht der Gene mit dem Sozialstatus steigt.[3] Es war ein interessanter Befund, der jedoch die Erbtheorie nicht aus den Angeln hob. Turkheimer selber meinte denn auch keineswegs, die Gene zur Bagatelle gemacht zu haben, im Gegenteil: «Natur oder Kultur – die Debatte ist zu Ende. Herausgekommen ist, dass alles erblich ist, ein Ergebnis, das für beide Seiten der Debatte überraschend kam. Irving Gottesman und ich haben 1991 vorgeschlagen, den universalen Einfluss der Gene auf das Verhalten zum obersten Gesetz der Verhaltensgenetik zu ernennen, und wenn es auch gewagt von mir ist, Gesetze mit einem Namen zu versehen, die ich leider nicht selber entdeckt habe, lohnt es sich doch, die nahezu einhelligen Ergebnisse der Verhaltensgenetik förmlich festzuhalten. *Erstes Gesetz.* Sämtliche menschlichen Verhaltensmerkmale sind erblich. *Zweites Gesetz.* Das Heranwachsen in der gleichen Familie hat einen geringeren Effekt als die Gene. *Drittes Gesetz.* Ein substanzieller Teil der Unterschiede bei komplexen menschlichen Verhaltensmerkmalen lässt sich weder auf die Effekte der Gene noch die der Familien zurückführen.»

Es ist schwer zu sagen, wie das Gros der Zeitgenossen zu der Frage steht.[4] Vermutlich gehen die meisten für sich privat ganz selbstverständlich davon aus, dass die Menschen in vielerlei Hinsicht von Geburt an verschieden begabt sind. Aber da sie auch wissen, wohin der Wind der veröffentlichten Meinung bläst, und da ihnen ihre eigene wahrscheinlich überdurchschnittliche Intelligenz ein schlechtes soziales Gewissen macht, ist ihnen die These, Intelligenz und andere Wesenszüge seien zu einem erheblichen Teil erbbedingt, unheimlich und unsympathisch. Der Artikel im «Spiegel» war nicht der einzige seiner

Art, und jedes Mal werden einige hunderttausend Leser aufgeatmet haben: Es war also alles nur ein Märchen, und die Wissenschaft widerruft es jetzt glücklicherweise selbst.

Schiefe Darstellungen wie in jenem Artikel bestimmen seit Jahrzehnten die öffentliche Meinung. Sie ist tendenziös, und die SPD-Spitze teilt diese Tendenz sozusagen aus dem Stegreif, weil sie ihr gelegen kommt. Auf Dauer aber werden die unvereinbaren Fakten ein unwissenschaftliches Menschenbild korrigieren.

Dieses Buch fängt sozusagen noch einmal bei null an. Es informiert ohne Ranken- und Schnörkelwerk, wie und warum die zuständigen Disziplinen der Wissenschaft nicht umhingekommen sind, die individuellen IQ-Unterschiede für substanziell erblich zu halten, und es erörtert ansatzweise, wie ein solcher Befund zu verstehen ist und was aus ihm folgt. Es behandelt nicht die Erblichkeit der sogenannten Persönlichkeitseigenschaften, sondern nur die Intelligenzforschung, und zwar nur einen kleinen Ausschnitt aus ihr, zieht eine Schneise durch die inzwischen unübersehbare Fachliteratur, immer am Mainstream entlang und ohne Abstecher zu vielleicht interessanten, aber ohne Gefolgschaft gebliebenen Außenseitermeinungen, und gibt damit leider auch keinen Eindruck von der Lebendigkeit dieser Forschungsszene. Auch verkürzt und pointiert es oft in einer Weise, die sich kein Wissenschaftler herausnehmen würde. Es gehört also zu jenen Büchern, die in Amerika «semipopulär» genannt werden und darauf setzen, dass es Leser gibt, die auch die unverkleidete Wissenschaft für unterhaltsam halten. Es enthält keine erfundenen Fallgeschichten, dazu bestimmt, den Leser bei sich selbst «abzuholen». Es vereinfacht nicht so stark, dass man vor lauter Vereinfachung nicht mehr erkennen kann, worin eigentlich das Problem bestand. Es bietet keine patenten Rezepte zur Intelligenzsteigerung. Es verficht keine originelle neue Intelligenztheorie. Es möchte nur das Thema so behandeln, dass alle, die verstehen wollen, auch verstehen können, selbst wenn Mathematik und Graeco-Latein nicht ihre Stärken sind.

Allerdings, ohne einige der (statistischen) Grundbegriffe der Verhaltensgenetik kommt es nicht aus. Im Text sind sie dort, wo sie zum ersten Mal auftauchen, mit ein paar Worten definiert; in Annex 2 finden sich kurze zusammenhängende Erläuterungen. Wer nicht weiß und nicht wissen will, was eine Korrelation ist, was Varianz, Normalverteilung und Standardabweichung bedeuten, sollte gar nicht weiterlesen, sich dann aber fairerweise auch aus der Diskussion heraushalten.

Ideologische Ambitionen verfolgt das Buch nicht. Ich selber halte mich für einen Naturalisten. Wenn jemand seinen Inhalt für «reduktionistisch», «mechanistisch», «darwinistisch», «sozialdarwinistisch», «positivistisch» und so weiter halten möchte, bitte sehr. Aber «biologistisch»? «Biologisch» wäre das Wort. Jemand, der die Welt durch die Brille der Soziologie zu sehen beliebt, muss sich von niemandem «Soziologist» schimpfen lassen. Und «rassistisch»? Das Wort sollte strikt für jene reserviert sein, die einzelne Ethnien in Wort oder Tat geringschätzen, verunglimpfen und diskriminieren. Wenn schon die Konstatierung von ethnischen Differenzen «Rassismus» sein soll, verlöre das Wort seinen Sinn, denn dann wäre letztlich jedermann ein Rassist.

Jedenfalls ist der Inhalt des Buchs kein beliebiges Narrativ, wie es die Partei der Kulturisten gern auch hinter naturwissenschaftlichen Erkenntnissen vermutet. Es ist gesättigt mit empirischem Wissen. Nach heutigem menschlichem Ermessen handelt es sich also um Fakten. Missliebige Fakten aber lassen sich nicht durch eine Fatwa aus der Welt schaffen. Wer sich ihrer entledigen will, hätte sie zu widerlegen.

## KAPITEL 2
# EIN EKLAT

Es war keine Debatte, es war keine Kontroverse, was 1969 in Amerika losbrach, es war ein Eklat. Der Anlass war unscheinbar: ein trockener wissenschaftlicher Aufsatz voller Zahlen, Formeln und Tabellen, geschrieben von einem angesehenen, denkbar unpolemischen, unpolitischen Erziehungspsychologen der Universität von Kalifornien (Berkeley), Arthur Jensen, veröffentlicht in der vornehm-reservierten *Harvard Educational Review*.[1] Allerdings, stellte er schon im Titel eine Frage, die vielen Pädagogen und Psychologen auf den Nägeln brannte, nachdem jahrelang viel Mühe, Optimismus und Geld für Förderprogramme aufgewendet worden war, die die kognitiven Leistungen amerikanischer Schüler verbessern sollten: «Wie stark lassen sich IQ und Schulleistung steigern?» Er gab auch gleich eine Antwort: So gut wie gar nicht, denn Unterschiede im IQ, dem Intelligenzquotienten, seien zu einem Großteil erblich, und pädagogische Maßnahmen könnten gegen einen niedrigen IQ nur wenig ausrichten.

Jensen hatte diese Antwort nicht aus der Luft gegriffen, und eigentlich hätte sie niemanden überraschen sollen. Zwei Jahre vorher war die Bürgerrechtskommission der USA zu dem vernichtenden Schluss gekommen: «Die Analyse der Kommission behauptet nicht, dass kompensatorische Fördermaßnahmen prinzipiell untauglich seien, die Auswirkungen der Armut auf die Schulleistungen bei einzelnen Kindern aufzuheben … Es ist jedoch eine Tatsache, dass keins der untersuchten Programme die Schulleistungen insgesamt nennenswert erhöht hat.» Und dass die Erblichkeit des IQ 80 bis 85 Prozent betrage, war schon seit einigen Auflagen in der *Encyclopædia Britannica* nachzulesen gewesen und hatte dort niemanden aufgeregt. («Erblichkeit» ist ein technischer Ausdruck der Verhaltensgenetik, der angibt, in welchem Maß die bei einem bestimmten Merkmal gemessenen individuellen Unterschiede auf Unterschiede im Erbgut zurückgehen; Näheres dazu in Kapitel 7.) Eigentlich sagte Jensens Aufsatz also nichts Neues.

Indem er die beiden Befunde kombinierte, traf Jensen jedoch einen neuralgischen Punkt. In den Jahrzehnten zuvor hatte sich in Amerika der Behaviorismus zur dominierenden psychologisch-pädagogischen Theorie oder besser Ideologie ausgewachsen. Er interessierte sich fast ausschließlich für das Lernen und seine Gesetze. Dass der Mensch nicht alles lernen kann und nicht alles gleich gut, interessierte ihn wenig; dass er einiges schon von Natur aus mitbringt und nicht erst lernen muss, vergaß, verdrängte und verleugnete er. Der Mensch, das Wesen mit dem anfangs leeren, aber unbegrenzt plastischen Gehirn, einer immerhin von Natur aus lernwilligen *Tabula rasa*, das durch seine Erziehung, seine Lebenserfahrungen lernt und geformt wird – dieses Credo hatte der Begründer des Behaviorismus, James B. Watson, in seiner berühmten und aus heutiger Sicht lächerlich großsprecherischen Herausforderung ausgedrückt: «Man gebe mir ein Dutzend gesunder, wohlgestalter Kleinkinder und meine eigene spezielle Welt, in der ich sie aufwachsen lasse, und ich garantiere, dass ich aufs Geratewohl jedes beliebige von ihnen zu jeder Art von Spezialist erziehen kann – Arzt, Anwalt, Künstler, Kaufmann und Dieb und, ja, auch Bettler und Dieb, ungeachtet seiner Talente, Neigungen, Vorlieben, Fähigkeiten, Berufsinteressen und der Rasse seiner Vorfahren.»[2]

Es war die hochgemute, bisweilen militante Doktrin von der Allmacht der Erziehung («Jeder kann alles lernen!»), und ihr notwendiges Korrelat war das Vertrauen, dass die Menschen von Natur aus gleich seien oder sich die Erziehung jedenfalls über etwaige Ungleichheiten hinwegsetzen könne. Oder wie es der britische Pädagoge Brian Simon unter Berufung auf Marx und Engels ausdrückte: «Der Mensch erschafft sich buchstäblich selbst. Er hat sich selbst erschaffen, indem er aktiv seine Lebensumstände verändert hat – durch gesellschaftliche Arbeit. Das unterscheidet den Menschen von der Welt der Tiere, und daraus folgt, dass für die Herausbildung des Menschen andere Gesetze als die rein biologischen gelten … Es ist darum klar, dass nicht die Vererbung der Schlüssel zur menschlichen Entwicklung ist, sondern die *Erziehung*.»[3]

Kurz, man war bei einigen der letzten Fragen und damit in den Sphären des Glaubens angelangt: Wie gleich können und sollen die Menschen sein? Was ist Gerechtigkeit? Irgendwie hatte sich die alte Überzeugung, dass es auf beides ankomme, Erbe und Umwelt, in den 1960er Jahren verflüchtigt. Wie eines der wenigen fairen Bücher über die damalige IQ-Kontroverse feststellte: «Die neue Welle der frühen 6oer Jahre brachte nicht nur eine Betonung der Umwelt. Irgendwo entlang des Weges gerieten genetische Faktoren in Vergessenheit. Der lange bestehende psychologische Konsens, dass Gene eine große Rolle bei den individuellen Intelligenzunterschieden spielen, war zusammengebrochen. Niemand schien rundheraus abzustreiten, dass sie für die Intelligenz von Bedeutung sind, doch um das Thema entstand geradezu eine Verschwörung des Schweigens, als Psychologen und Pädagogen zu dankbaren Empfängern der staatlichen Dollarmillionen wurden, die dazu bestimmt waren, den IQ der Unterprivilegierten anzuheben.»[4]

Jensens Aufsatz traf die Verfechter der Allmacht der Erziehung tief. Er rechnete ihnen vor, dass die mit so viel Idealismus und öffentlichen Geldern unternommenen Förderanstrengungen der vorangegangenen Jahre nichts gefruchtet hatten, dass die Erziehung keineswegs so allmächtig war wie geglaubt. Das schmerzte. Plötzlich befand man sich mitten in der seit Jahrzehnten schwelenden Kontroverse *Nature vs. Nurture* (die elegante Formel stammt von Shakespeare und wurde von Sir Francis Galton in ihrem modernen Sinn aufgenommen) – Erbe gegen Umwelt, Natur gegen Kultur, Gene gegen Erziehung, Nativisten gegen Kulturdeterministen.

Von Anfang an war es eine asymmetrische Kontroverse. Die Nativisten hielten es immer für selbstverständlich, dass der Mensch das Produkt von beidem sei, Erbe und Umwelt, und wollten nur das relative Gewicht beider Faktoren ausloten; die Kulturdeterministen dagegen hielten in der Regel jede Berücksichtigung der Gene für verfehlt, überflüssig und politisch gefährlich. Daran hat sich bis heute wenig geändert.

Trotzdem hätte sich die Aufregung über Jensens Aufsatz wahrscheinlich in Grenzen gehalten, hätte er nicht auch noch ein zweites Thema in sein Resümee einbezogen: Gruppenunterschiede im IQ, genauer: den durchschnittlich niedrigeren IQ der afroamerikanischen Bevölkerung. Dass er ein Faktum war, muss zumindest den Testexperten seit langem bekannt gewesen sein; wenige Jahre zuvor hatten mehrere Metaanalysen, unter anderen ein dickes, berüchtigtes Buch der Psychologieprofessorin Audrey M. Shuey[5], alles auffindbare Material (200 Studien) gesichtet und waren zu dem Schluss gekommen, dass der Durchschnitts-IQ der Schwarzen von 1910 bis in die 1960er Jahre unverändert 15 Punkte niedriger lag als der der nichtschwarzen Bevölkerung. Ein gleichzeitiger Bericht des amerikanischen Erziehungsministeriums hatte das bestätigt.[6] Neue Erkenntnisse, die dazu genötigt hätten, das Thema wieder auf den Tisch zu bringen, gab es jedoch nicht.

Aber selbst die abermalige Feststellung des Bekannten wäre vielleicht noch hingenommen worden, obwohl sie auf dem Höhepunkt der schwarzen Bürgerrechtskämpfe (1968 war Martin Luther King ermordet worden) politisch eine Unklugheit sondergleichen war. Was die Sache jedoch zur Explosion brachte, war Jensens Vermutung, jener schwarze IQ-Rückstand könne außer sozialen auch genetische Gründe haben: «Meines Wissens bezweifelt niemand die Rolle, die Umweltfaktoren, eingeschlossen solche aus der Geschichte, bei der Bestimmung zumindest eines Teils der Unterschiede zwischen rassischen Gruppen spielen [in Amerika damals wie heute der normale Begriff für ‹ethnische Gruppen›] … Angesichts der Tatsache aber, dass individuelle Intelligenzunterschiede eine beträchtliche genetische Komponente haben, ist die Vermutung nicht unvernünftig, dass diese auch zu dem Bild [der Gruppendifferenzen] beiträgt.»[7]

Es war nur eine Mutmaßung, ein Verdacht – eine nicht weiter untermauerte Hypothese, die bis heute nicht bewiesen wurde (aber auch nicht widerlegt) und die möglicherweise prinzipiell unbeweisbar ist. Aber mit ihr schien für viele der ganze Fall klar: Jensen musste nicht nur ein «Biologist» sein, was schon schlimm genug war, sondern auch ein «Rassist» und somit quasi ein «Nazi». Er hatte mit ihr die Verhaltensgenetik, vom herrschenden Kulturdeterminismus sowieso schon lange ignoriert oder misstrauisch beäugt, vollends in Verruf gebracht. Offen pflichteten Jensen nur wenige Kollegen bei, vor allem Richard B. Herrnstein in Harvard und Hans Jürgen Eysenck in London. Herrnstein war derjenige, der die Debatte ins Soziale wendete, indem er Jensens Thesen den lästigen, aber leider unwiderlegbaren «Herrnstein-Syllogismus» hinzufügte: «(1) Wenn die hinsichtlich der Geistesfähigkeiten bestehenden Unterschiede vererbt werden und (2) der Erfolg diese Fähigkeiten voraussetzt, (3) Einkommen und Berufsprestige aber vom Erfolg abhängen, (4) beruht die soziale Stellung (die Einkommen und Prestige widerspiegelt) bis zu einem gewissen Grad auf erbbedingten Unterschieden zwischen den Menschen.» [8]

Die Professoren, die sich als Parteigänger Jensens geoutet hatten, wurden prompt mit Schmähartikeln in der Presse, Flugblättern und Plakaten überschüttet. Graffiti erschienen an den Wänden von Berkeley. Sie erhielten anonyme Morddrohungen. Einer wurde *in effigie* verbrannt. Jensen konnte sein Seminar über Intelligenztheorien nur unter Polizeischutz abhalten. Ihre Vorlesungen wurden gestört, Vorträge verhindert, Demonstrationen riefen zu ihrer Boykottierung auf. In Hotels mussten sie inkognito übernachten. Die Äußerungen der «Jensenisten» wurden erst aufs gröbste entstellt und dann empört widerlegt, vorzugsweise von Kollegen, die keine Ahnung von Verhaltensgenetik hatten, aber jetzt ganz genau wussten, warum sie von vornherein ein durch und durch faules Geschäft war. Die *Harvard Educational Review* hatte schon im Voraus sieben Gegenartikel in Auftrag gegeben und füllte die ganze nächste Ausgabe mit ihnen; in der übernächsten folgten weitere. Zeitweise stellte sie den Verkauf des Hefts mit Jensens Aufsatz ganz ein, auch der Autor selbst konnte keine Exemplare mehr kaufen.[9] Auf einen langen Beitrag mit dem Titel «Jensenismus, m. Die Theorie, dass der IQ weitgehend von den Genen abhängt» erhielt das *New York Times Magazine* im August 1969 mehr Leserbriefe als zu jedem anderen Artikel in seiner Geschichte.[10]

Immer waren es die gleichen paar Schurken, die am Pranger standen: allen voran Jensen, neben ihm Herrnstein und Eysenck und dann noch ein vierter, William Shockley, der einst für die Erfindung des Transistors den Nobelpreis erhalten, mit Verhaltensgenetik aber nichts zu tun hatte und auf den Wagen aufgesprungen war, um einen privaten Feldzug für die Eugenik zu führen. Ihnen gegenüber echauffierte sich eine unübersehbare Schar von Professoren und Journalisten, die dem Publikum erklärten, wie durch und durch irregeleitet die These wäre, bei der Intelligenz hätten auch die Gene ein Wort mitzureden.

Zwei Jahrzehnte bevor der Begriff ‹politisch korrekt› als spöttische Bezeichnung für eine vage linksprogressive politische Bewusstseinshaltung auftauchte, bot die erste IQ-Kontroverse der Politischen Korrektheit die Gelegenheit, sich um ein Thema zu sammeln. Es entstand ein Klima, in dem man den anderen nicht mehr ausreden ließ und mit ihm diskutierte, sondern schon auf ein bloßes Reizwort hin («Jensen!», «*g*!», «Eysenck!») empört weghörte, verdächtigte und niederschrie. (Von dem provokanten «*g*», der kognitiven Grundfähigkeit, wird noch öfter die Rede sein; Kapitel 5 und 6 erklären, was es damit auf sich hat.) Es wurde politischer Schick, geradezu eine weltgeschichtliche Pflicht, missliebige wissenschaftliche Befunde nicht zur Kenntnis zu nehmen, sondern wegzumobben.

1974 flammte die Kontroverse noch einmal hell auf: als Arthur Jensen und sein radikalster akademischer Gegner, der Princetoner Psychologe Leon Kamin [11], gleichzeitig entdeckten, dass mit den Daten des berühmten britischen Erziehungspsychologen Sir Cyril Burt (1883–1971) etwas nicht stimmen konnte. Im Protokoll seiner langangelegten Zwillingsstudie wiederholten sich ab 1952 bestimmte Korrelationen, die sich nicht wiederholen können. Da seine Rohdaten nach seinem Tod vernichtet worden waren, ließ sich die Sache nie wirklich klären – wahrscheinlich hatte er als siebzigjähriger Pensionär seine Daten gar nicht mehr erhoben, sondern nur noch bei sich selbst abgeschrieben. Das brachte sein ganzes empirisches Werk, auch das frühere, in den Verdacht der Fälschung, und es wurde prompt erbarmungslos aus der Wissenschaft gestrichen. Für Kamin hatte sich die Theorie von der Erblichkeit der Intelligenz als Fälscherkomplott entlarvt. Kaum beachtet wurde dagegen, dass inzwischen genug andere Studien vorlagen, um das Burt-Fiasko auszugleichen, sodass Burts Sturz am Stand der Wissenschaft unterm Strich nicht das Geringste änderte.[12]

Zumindest eine unmittelbare praktische Folge hatten der Eklat und das tumultuöse Durcheinander in seinem Gefolge: Die Verwendung von IQ- und anderen Eignungstests wurde eingeschränkt, hier und da wurden sie ganz verbannt. Mehrfach befasste sich die amerikanische Justiz mit ihnen und entschied gegen sie. Die Begründung: Sie seien diskriminierend, da Afroamerikaner bei ihnen im Durchschnitt weniger gut abschnitten.[13] Es war, als wären Schulzensuren gerichtlich verboten worden, weil sie die schlechten Schüler schlecht aussehen lassen.

Wie es in der Wissenschaft weiterging, war nicht so leicht auszumachen. Der sturköpfige Jensen schrieb Buch um Buch, um seine Thesen zu untermauern: erklärte sie Nichtfachleuten[14], versuchte – ziemlich erfolgreich – den Vorwurf zu entkräften, IQ-Tests seien gegen einzelne Minderheiten voreingenommen[15], machte sich stark für den ominösen *g*-Faktor (die kognitive Grundfähigkeit)[16]. Die meisten Forscher hielten sich weiter heraus und gaben nicht zu erkennen, ob sie mehr mit Jensen oder mit seinen Gegnern sympathisierten. Die Gegner begannen, Gegenbücher zu veröffentlichen. Besonderen Einfluss hatte das des Harvard-Paläontologen Stephen J. Gould, das die Schädelvermessungen des 19. Jahrhunderts ridikülisierte und es schon vom Ansatz her für einen reaktionären Irrtum hielt, das geistige Vermögen eines Menschen messen und mit einer einzigen Zahl belegen zu wollen – alle diese pseudowissenschaftlichen Machenschaften dienten nur dazu, der Oberschicht zu bescheinigen, dass alle anderen minderwertig seien.[17] Großen Einfluss hatte auch der Sammelband von Dworkin und Block[18], der zwei Dutzend Wissenschaftlern verschiedener Provenienz Gelegenheit bot, Erblichkeitsschätzungen unisono für zweifelhaft oder unsinnig zu erklären, ohne zu verraten, welche Daten die Verhaltensgenetik eigentlich zu ihren Schlüssen geführt hatten. Ein Philosoph, der die Logik des Bandes dreißig Jahre später sezierte, ist der Meinung, von dort aus sei diese Haltung in die Sozialwissenschaften auf aller Welt durchgesickert.[19]

Einer der führenden heutigen Verhaltensgenetiker, der die Jensen-Krise als Student miterlebt hatte, Robert Plomin, schildert die damalige Lage in der Rückschau so: «Jensens Monographie in der *Harvard Educational Review* brachte 1969 die ganze Disziplin fast zum Stillstand, weil er angedeutet hatte, dass ethnische Unterschiede mit genetischen Unterschieden zu tun haben könnten ... Der Sturm, den Jensens Aufsatz auslöste, führte zu vernichtender Kritik an der gesamten verhaltensgenetischen Forschung, aber vor allem an der verhaltensgenetischen Intelligenzforschung. Diese Kritik hatte den positiven Effekt, etwa ein Dutzend bessere und größere verhaltensgenetische Studien hervorzubringen, durch die weit mehr Daten zur Genetik der Intelligenz auf den Tisch kamen als in den vorhergehenden 50 Jahren zusammen.»[20]

Die Verhaltensgenetik war in Grund und Boden kritisiert worden, aber nicht widerlegt. Die Verhaltensgenetiker forschten weiter, noch leiser, noch unauffälliger als bisher. Das Gros der Psychologen verhielt sich still. Die Kontroverse konnte ja jederzeit wieder aufflammen, und eine Parteinahme hätte sie vielleicht ihre Forschungsgelder und ihre Anstellung gekostet. Nicht jede Universitätsverwaltung war so standhaft wie die der

Universität Minnesota, die Thomas Bouchards Zwillingsprojekt, das heute ihr Stolz ist, in Schutz nahm, als an den Wänden Graffiti wie «*nazism*» und «*racism*» erschienen und der Geschichtsprofessor und marxistische Aktivist Barry Mehler durchs Land, durch die Medien und Talkshows tourte, um Wissenschaftler als Rassisten, Antisemiten, Nazis anzuschwärzen.[21]

Es traf sich günstig, dass 1990 eine umfassende Metaanalyse aller vorliegenden Verwandtenstudien publiziert wurde[22], die Daten für die Erblichkeitsberechnung hergaben. Sie endete mit der Zahl 0.51: 51 Prozent der Intelligenzunterschiede seien auf genetische Unterschiede zurückzuführen. Das sollte nicht das letzte Wort bleiben (Näheres dazu in Kapitel 8), aber für den Augenblick wirkte es überzeugend und beruhigend. So schien sich in der Fachwelt gegen Ende der 1980er Jahre ein Konsens anzubahnen: dass die individuellen IQ-Unterschiede zu etwa 50 Prozent erbbedingt seien, so wie die meisten anderen mentalen Merkmale, die daraufhin untersucht worden waren. Die Kontroverse schien beilegbar: 50 zu 50, halbe-halbe, sah das nicht nach Frieden aus? Beide Seiten hätten gewonnen, könnten ihren Streit begraben und sich endlich gemeinsam auf jene Suche machen, bei der sie nur zusammen fündig werden können, die Suche nach jenen Umweltfaktoren, die unliebsame Differenzen verringern, genetisch Benachteiligten helfen würden. Ein Tabu aber blieb: ethnische Unterschiede und ihre Ursachen.

Bei den Medien jedoch kam die Chance für einen Friedensschluss nicht an. Halbe-halbe-Lösungen sind für sie bekanntermaßen reizlos. Sie setzten die Kontroverse unverwandt fort, mit den gleichen Schurken, den gleichen Helden. Wer beides verfolgte, Fachjournale und Publikumsmedien, konnte den Eindruck gewinnen, Fachmeinung und öffentliche Meinung stammten aus verschiedenen Welten. Dass das kein bloßer Eindruck war, belegte 1988 ein Buch, *The IQ Controversy* von Mark

Snyderman und Stanley Rothman, der eine Psychologe, der andere Politologe. Sie hatten einerseits über tausend Experten an Universitäten und Akademien zu ihren Meinungen über den Begriff der biometrischen – also der messbaren und gemessenen – Intelligenz, die Verwendung von IQ-Tests und die vorliegenden Erblichkeitsschätzungen befragt (und 661 Antworten erhalten), andererseits für den Zeitraum von 1969 bis 1983 die einflussreichsten überregionalen Tageszeitungen, Nachrichtenmagazine und Fernsehsender ausgewertet und darin 479 Artikel und 65 Sendungen zum Thema gefunden und analysiert.

[IQ-Tests seien untauglich zur Messung der Intelligenz? Die Experten stimmten zu 96 bis 99 Prozent darin überein, dass zu dem, was IQ-Tests messen, und zwar zutreffend, «abstraktes Denken und Schlussfolgern», «Problemlösungsfähigkeit» und die «Fähigkeit zum Wissenserwerb» gehören; zu 86 bis 89 Prozent meinten sie, dass IQ-Tests «Allgemeinwissen», «mathematische Kompetenz», Denkgeschwindigkeit und «sprachliche Kompetenz» richtig mäßen; 80 Prozent hielten sie auch für ein brauchbares Maß der «Fähigkeit zu abstraktem Denken» (aber kaum einer zum Beispiel für Kreativität und Motivation).[23] 66 Prozent befürworteten den g-Faktor (die kognitive Grundfähigkeit, wie sie hier heißen soll), das heißt, sie hielten ihn für ein nützliches und aussagekräftiges Konstrukt, und nur 13 Prozent meinten, Intelligenz sei ein Kompositum aus vielen separaten geistigen Kompetenzen. Über 84 Prozent fanden, dass Untersuchungen an getrennt aufgewachsenen eineiigen Zwillingen (MZA) am überzeugendsten demonstrieren würden, wie viel die Gene zu den vorhandenen IQ-Unterschieden beitragen.]

[Der IQ sei ein Produkt der Umwelt und nicht auch der Gene? Nur die Hälfte der Befragten hielten eine genaue Erblichkeitsberechnung anhand des damals vorliegenden Datenmaterials für möglich. Die andere Hälfte schätzte sie auf etwa 60 Prozent.[24] Der Psychologe Leon Kamin blieb allein mit seiner Meinung, die Erblichkeit könne auch null betragen: «Was auch immer die ‹Experten› meinen, es gibt keinen zwingenden Beweis, dass sie 80, 50 oder auch nur 20 Prozent beträgt. Es gibt nicht einmal ausreichende Gründe für die Verwerfung der Hypothese, dass die Erblichkeit des IQ null beträgt.»[25]

So weit die befragten Experten. In den Medien blieb die Mehrheit der Beiträge neutral, aber wo sie sich mit einer Meinung hervorwagten, waren mehr negativ als positiv. Für erblich zum Beispiel hielten die IQ-Unterschiede 16, 62 hielten sie nicht für erblich. In den Leitartikeln, Feuilletons und Leserbriefen zum Thema fiel die Abneigung gegen den Nativismus noch deutlicher aus. Bei den Buchrezensionen sagten 14 nein, 9 blieben neutral, keine einzige sagte ja.[26]

Die Autoren resümierten: «Die Medienberichterstattung über die Kontroverse war wenig präzise. Die Journalisten überbetonten die Meinungsverschiedenheiten zwischen den Experten; gaben wissenschaftliche Diskussionen technischer Fragen fehlerhaft wieder; … ebenso die Ansichten der relevanten Wissenschaftler zur Interaktion zwischen genetischen und nicht genetischen Faktoren».[27] Die schiefe, parteiische Berichterstattung war zur Normalität geworden.

Diese prekäre Ruhe wurde 1994 plötzlich aufgestört. Ein neuer Eklat war da: das Buch *The Bell Curve* («Die Glockenkurve») von Richard J. Herrnstein und Charles Murray. Es entflammte die öffentliche Meinung auf der Stelle, aber nicht eigentlich darum, weil es der biometrischen Intelligenz eine substanzielle Erblichkeit nachsagte, sondern weil es allerlei soziale Missstände und Übel – Armut, Schulversagen, Arbeitslosigkeit, Sozialhilfebedürftigkeit, Arbeitsunfälle, uneheliche Geburten, Kindervernachlässigung, Kriminalität – in gesetzten Worten und gestützt auf viele statistische Graphiken hauptsächlich auf einen unterdurchschnittlichen IQ zurückführte und sogleich die politische Nutzanwendung zog. Sie bestand in dem Appell, die erhöhte Vermehrungsrate der Minderintelligenten zu bremsen, um jene Übel einzudämmen. Und er zielte dabei ausdrücklich auf die afroamerikanische Bevölkerung. Der Wälzer benutzte eine Menge solider objektiver Wissenschaft für die Propagierung einer subjektiven Interpretation, lieferte eine eindimensionale Erklärung für viele komplexe Übel und forderte zu eugenischen Konsequenzen auf. «845 Seiten Provokation mit Fußnoten», schrieb *Time*. Als der schottische Psychologe Chris Brand zwei Jahre später ein gleichgesinntes Buch verfasste, war das Tabu noch strikter geworden, der Verlag zog es noch vor der Auslieferung zurück, und nach einer Weile feuerte die Universität Edinburgh den Autor.

Gerade das Mediengetümmel um *The Bell Curve* sollte dann aber das Ende der wissenschaftlichen Kontroverse einleiten. In den Medien ging wieder alles drunter und drüber, was sich in der Wissenschaft gerade zu klären begonnen hatte. Der Sinn und Nutzen der IQ-Tests wurde erneut in Abrede gestellt, der *g*-Faktor – die kognitive Grundfähigkeit – für Unsinn erklärt, die erhebliche Erblichkeit der individuellen IQ-Unterschiede abgestritten, die Korrelation zwischen IQ und Schichtzugehörigkeit desgleichen, die ganze Verhaltensgenetik angeschwärzt. Angesichts dieser verwirrten Empörung entschloss sich die APA (die *American Psychological Association*, der Fachverband der akademischen Psychologen, eine Organisation mit 150 000 Mitgliedern) schon im Herbst 1994 zu einem beispiellosen Schritt. Inmitten all des wissenschaftlichen Streits und der öffentlichen Ignoranz wollte sie eine Bestandsaufnahme, die klarstellte, was denn nun Sache sei, worüber in der Fachwelt Konsens bestehe und worüber nicht. Zu diesem Zweck setzte sie eine Kommission, eine *Task Force* ein, mit dem Auftrag, ein

Gutachten zur Intelligenzforschung zu erarbeiten, das Spreu und Weizen trennte, bloße Mutmaßungen und Spekulationen von gesicherten Erkenntnissen. Die elfköpfige Kommission war hochkarätig und vielseitig besetzt. Den Vorsitz hatte Ulric Neisser, der Doyen der kognitiven Psychologie; zu ihren Mitgliedern zählten Thomas Bouchard, Nathan Brody, Stephen Ceci, John Loehlin und Robert Sternberg, alle zur Creme der amerikanischen Psychologie gehörig und nicht alle von vornherein der gleichen Meinung. Die Hauptexponenten der zurückliegenden Kontroverse, Arthur Jensen, Richard Herrnstein und Leon Kamin, waren nicht dabei.

Keine zwei Jahre später legte die *Task Force* ihren Bericht vor[28]. Er deckte die gesamte Thematik ab, den Intelligenzbegriff, den IQ-Test, die individuellen und die Gruppenunterschiede im IQ, wog vorsichtig ab, benannte Schwachstellen, verbleibende Meinungsverschiedenheiten und Forschungslücken, war also eine Art kritisches Fazit aus fast hundert Jahren Intelligenzforschung. Ein Paper zudem, das auch Laien und Journalisten verstehen und Wissenschaftler sich fortan hinter den Spiegel stecken konnten. In der zentralen Frage, der Erblichkeit der IQ-Unterschiede, ließ es keinen Zweifel: «Über alle normalen Umwelten in den modernen westlichen Gesellschaften hinweg hängt die Variation der Intelligenztestergebnisse zu einem beträchtlichen Teil mit individuellen genetischen Unterschieden zusammen.»[29] Es nannte dafür auch Zahlen: Die Erblichkeit der IQ-Unterschiede betrage in der Kindheit 45, im Erwachsenenalter 75 Prozent – jedenfalls in den untersuchten Populationen (in denen die Unterschicht unterrepräsentiert ist).[30] Das Gutachten wurde einstimmig verabschiedet, und keiner der anschließenden Kollegenkommentare widersprach.

Nur einige der alten, nach europäischen Maßstäben linksorientierten Kämpen aus den früheren Debatten blieben unverwandt dabei, Tests und «*g*» und die Erblichkeitsberechnung seien nichts als reaktionärer Unfug, allen voran in Amerika Stephen J. Gould, Leon Kamin und Richard Lewontin und in England Steven Rose. Von den Medien wurden sie weiterhin dringend gebraucht, als sachverständige Zeugen, wann immer es eine neue Zumutung der Nativisten zurückzuweisen gab.

Davon abgesehen aber herrschte spätestens ab 1996 Klarheit: Die individuellen Unterschiede in der abstrakt-analytischen Intelligenz sind überwiegend erbbedingt. Seither wäre eigentlich auch die Allgemeinheit nicht mehr frei, die Frage für offen zu halten. Auch nicht für ewig unlösbar. Sie ist gelöst. Wissenschaftlich ist der Sachverhalt so gesichert, wie etwas nur gesichert sein kann, auch wenn weiterhin Bücher wie Jay Josephs *Die Gen-Illusion* geschrieben wurden. Dass die Kontroverse mit einem so eindeutigen Ergebnis enden konnte, war mehreren großen, in den Resultaten übereinstimmenden Zwillings- und Adoptionsprojekten zu verdanken – ganz besonders aber einem entscheidenden Experiment nicht der Natur, sondern der Gesellschaft mit der Natur: eineiigen Zwillingen, die in verschiedenen Familien aufgewachsen waren.

## KAPITEL 3

# DER GEDOPPELTE MENSCH

Der weitaus aufschlussreichste Gegenstand der Verhaltensgenetik sind Zwillinge. Mit Zwillingsuntersuchungen lässt sich der Einfluss von Genen und Umwelt auf die Entwicklung einer Vielzahl von menschlichen «Merkmalen» am saubersten auseinanderdividieren. Der Grund ist der, dass es zwei Arten von Zwillingen gibt, die man vergleichen kann, und dass die Arten sich durch den Grad ihrer genetischen Übereinstimmung unterscheiden, der von vornherein bekannt ist, sodass man eine feste Bezugsgröße hat: eineiige oder monozygote Zwillinge (kurz MZ) und zweieiige oder dizygote Zwillinge (kurz DZ). MZ stimmen genetisch zu 100 Prozent überein, DZ zu 50. Wenn Zwillinge in der gleichen Familie aufwachsen – der Normalfall –, haben sie außer ihren Genen auch die Familienumwelt gemein, deren Einflüsse sie von anderen Familien abheben. Man nennt sie kurz MZT oder DZT. Das T steht für ‹Together›, zusammen.

In der Vergangenheit ist es gelegentlich vorgekommen, dass ein Zwillingsgeschwister bald nach der Geburt von einer anderen Familie adoptiert wurde. In diesem Fall wachsen beide in verschiedenen Familien heran. Ihre Kurzbezeichnung ist MZA beziehungsweise DZA. Das A steht für ‹Apart›, getrennt.

Systematische Vergleiche dieser einzelnen Gruppen erlauben Rückschlüsse darauf, ob und in welchem Maß die Gene –

die Genotypen – an der Ausprägung von phänotypischen Ähnlichkeiten und Übereinstimmungen beteiligt sind. Wenn sich zum Beispiel eineiige Zwillingspaare in identischen Familienumwelten ähnlicher sind als zweieiige, so kann das nur an ihrer größeren genetischen Übereinstimmung liegen. Wenn ihre Übereinstimmungen auch dann hoch bleiben, wenn sie in verschiedenen Familienumwelten heranwachsen, so ist das ein unschlagbarer Hinweis auf die Macht der Gene. MZA – getrennt aufgewachsene eineiige Zwillinge – sind darum das aufschlussreichste Beweisstück der Verhaltensgenetik. Sie sind rar und entsprechend kostbar.

Zwillingsstudien sind die wichtigste Datenquelle für die Berechnung der Erblichkeit verschiedenster menschlicher «Merkmale», vor allem bei Krankheiten, Körpermerkmalen (wie Körpergröße, Blutdruck oder Augen- und Haarfarbe) sowie vielen geistigen und seelischen Fähigkeiten und Störungen («Persönlichkeitseigenschaften»). Nicht umsonst wurden unter Hunderten von Gesichtspunkten mehr als 800 000 Zwillingspaare auf der ganzen Welt untersucht.[1] Die Erblichkeit der kognitiven Fähigkeiten – der «(biometrischen) Intelligenz» – steht keineswegs im Mittelpunkt der Verhaltensgenetik. Seit die Frage im Prinzip geklärt ist, ist sie sogar an den Rand gerückt.

Dass Zwillinge einen wesentlichen Beitrag zur Beantwortung der Frage *Nature or Nurture?* (Natur oder Umwelt? Gene oder Erziehung?) würden leisten können, hatte als Erster Sir Francis Galton gesehen, der englische Universalwissenschaftler und Vordenker der Eugenik, der viel tat, die Konsequenzen aus der Theorie seines Cousins Darwin in die noch junge Psychologie zu übertragen. 1875 schrieb er: «Die überaus große Ähnlichkeit, die man Zwillingen nachsagt, ist Gegenstand vieler Romane und Bühnenstücke gewesen, und die meisten haben den Wunsch verspürt, zu erfahren, auf welcher Wahrheitsgrundlage jene belletristischen Werke beruhen. Doch Zwillinge verdienen noch aus anderen Gründen Aufmerksamkeit. Ihre Lebensgeschichte gibt uns Mittel an die Hand, zwischen den Auswirkungen von angeborenen Tendenzen und jenen, die ihnen die Umstände ihres späteren Lebens auferlegt haben, zu unterscheiden; mit anderen Worten, zwischen *nature* und *nurture*.»[2] Galton hatte noch keine Möglichkeit, die Ähnlichkeiten von Zwillingen zu quantifizieren, und musste sich auf den anekdotischen Vergleich von Lebensgeschichten beschränken.

Diese Probleme hat die heutige Zwillingsforschung nicht mehr. In Dutzenden von Studien sind weltweit Hunderttausende von Zwillingspaaren untersucht, befragt, getestet worden.[3] Einige Male wurden auch die für diese Zwecke optimalen Versuchspersonen gefunden: MZA – eineiige Zwillinge, die bald nach der Geburt getrennt wurden und nicht zusammen aufgewachsen waren.

MZA waren immer äußerst selten, und heute käme der Fall wahrscheinlich kaum noch irgendwo vor. Zur Zeit der ersten IQ-Kontroverse existierten ein paar MZA-Studien, aber sie beruhten auf relativ wenigen Fällen, oder die Zwillinge waren relativ spät getrennt worden, oder ihre Methodik wurde den heutigen Ansprüchen an die Datensammlung und -auswertung nicht gerecht. Die umfangreichste dieser Studien, die von Sir Cyril Burt, war wegen Fälschungsverdachts ganz ausgefallen. Sie erlaubten Rückschlüsse auf die Erblichkeit der Intelligenz und waren in ihren Schätzungen sogar zu ganz ähnlichen Ergebnissen gekommen, dennoch war besonders nach dem Burt-Fiasko die Datenlage nicht optimal. In dieser misslichen Situation hatte ein Psychologe der Universität Minnesota die Geistesgegenwart, einer Zeitungsmeldung nachzugehen und aus ihr schließlich eins der größten psychologischen Forschungsprojekte aller Zeiten zu entwickeln.

Thomas Bouchard las 1979 in der Zeitung von einem kuriosen Fall. Im Bundesstaat Ohio hatten sich zwei Zwillingsbrüder wiedergefunden. Vier Wochen nach der Geburt waren sie von verschiedenen Familien adoptiert worden; danach hatten sie neununddreißig Jahre lang nichts voneinander gehört und gewusst. Der eine hieß Jim Lewis, der andere Jim Springer (zusammen nannte man sie später die «Jim Twins»). Der eine kämmte seine Haare nach vorn, der andere nach hinten. Sonst aber wirkten sie wie Kopien voneinander.

Als die beiden Männer sich kennenlernten, entdeckten sie seltsame Übereinstimmungen. Beide waren Kettenraucher, und beide rauchten dieselbe Marke («Salem»). Beide tranken sie gern, am liebsten Bier, und zwar dieselbe Marke («Miller's Lite»). Beide fuhren einen Chevrolet. Beide hatten zweimal geheiratet. Beider erste Frauen hatten Linda geheißen, beider zweite Frauen hießen Betty. Beide hatten einen Sohn; der eine hieß James Allan, der andere James Alan. Beide hatten einen Hund gehabt, und beide Hunde hatten Toy geheißen. Beide hielten sich für unpolitisch. Beide hatten im gleichen Alter unerklärlicherweise fünf Kilo zugenommen. Beide klagten über Herzbeschwerden, für die kein organischer Grund zu finden war. Beide hatten seit dem achtzehnten Lebensjahr starke Migräneanfälle, die bei beiden aus dem Nacken kamen und zwölf Stunden anhielten. Beide knabberten an den Fingernägeln. Beide arbeiteten nebenher als Hilfssheriffs. Beide hatten einen großen Hobbyraum, auf dem Rasen vor dem Haus einen Baum und um den Baum eine weiße Bank. Beide hatten jahrelang und ohne voneinander zu wissen am gleichen Strand in Florida Urlaub gemacht.[4]

Als Bouchard das las, kam ihm eine Idee. Wäre vielleicht eine neue Studie getrennt aufgewachsener Zwillinge möglich, eine ohne die Schwächen der früheren? Bouchard griff zu. Seit Jah-

**Jim Springer (links) und Jim Lewis, um 1979**

ren wurde an seiner Universität Zwillingsforschung betrieben, qualifizierte Mitarbeiter waren vorhanden. Eilends organisierte er die Mittel, um die beiden Brüder, ehe sie sich gegenseitig «kontaminiert» hatten, an die Universität Minnesota einzuladen und ein paar Tage lang auf Herz und Nieren medizinisch und psychologisch zu untersuchen. Und als sie untersucht waren, beschloss er, es möglichst nicht bei diesem einen Paar zu belassen, sondern den Versuch zu machen, weitere solche Fälle zu finden. Als weitere gefunden waren und sich dank des Medieninteresses immer wieder welche fanden, rückte es in den Bereich des Möglichen, mehr getrennte Zwillingspaare zu untersuchen als alle früheren Studien – und sie darüber hinaus gründlicher und unter mehr Gesichtspunkten zu untersuchen. Als sich abzeichnete, dass auch das gelingen würde, begann Bouchards Arbeitsgruppe, alle überhaupt erreichbaren Zwillingsdaten zu sammeln und zugänglich zu machen. So entstand in Minneapolis das MTP, das Minnesota Twin Project, eine Zwillingsdatenbank, in der noch Generationen von Forschern Daten für die verschiedensten Fragestellungen finden werden.

Die in Minneapolis unternommene MZA/DZA-Studie war eine letzte Chance, denn Zwillinge werden heute im Falle einer Adoption möglichst nicht mehr getrennt. Die Wirren des Zweiten Weltkriegs hatten noch einmal zu einer Häufung von Trennungen geführt. Die damaligen Kinder waren die Erwachsenen des ausgehenden 20. Jahrhunderts. Aus der Zeit danach wird es nur noch ganz vereinzelte solche Fälle geben.

Für sonderbare Geschichten war das Zwillingsprojekt von Minnesota von Anfang an gut. Und die mit ihnen verbundene Publizität war den Wissenschaftlern nicht unlieb: Sie vor allem ermöglichte die Rekrutierung immer neuer Probanden. Pittoresk und ein gefundenes Fressen für die Medien war zum Beispiel der Fall der beiden Feuerwehrleute.

Im September 1985 fuhr der Feuerwehrhauptmann Gerald Levey aus der Kleinstadt Tinton Falls in New Jersey zu einer Tagung im Kollegenkreis. In der Kantine starrte einer der Kollegen seltsam zu ihm herüber; schließlich sprach er ihn an. Levey müsse einen Doppelgänger haben, sagte er – jedenfalls gebe es in seiner hundert Kilometer entfernten Heimatstadt Parasmus einen anderen Feuerwehrmann, Mark Newman mit Namen, der zwar ein wenig dicker sei, Levey aber sonst aufs Haar gleiche. Levey reagierte, wie wir alle reagieren würden, wenn uns jemand sagte, es gebe irgendwo jemanden, der uns verdammt ähnlich sieht: Er zuckte die Achseln. Dem Kollegen aber ließ das Ausmaß der Ähnlichkeit keine Ruhe. Er nahm jenen Mark Newman eines Tages unter einem Vorwand mit zur Feuerwache nach Tinton Falls. Die beiden Doubles standen sich nun unerwartet von Angesicht zu Angesicht gegenüber. Levey starrte den Fremden an und murmelte: «Das muss mein Bruder sein. Jetzt

**Mark Newman (links) und Gerald Levey, 1986 in Minneapolis (im Hintergrund die Psychologin Nancy Segal)**

brauche ich ein Bier.» Auch Newman starrte: «Er ist so groß wie ich. Er hat eine Nase wie ich. Er trägt die gleiche Brille wie ich. Er hat eine Glatze wie ich. Jetzt brauche ich ein Bier.»[5] Zwei identische Zwillinge hatten sich wiedergefunden. Geboren 1954 in Manhattan, waren sie fünf Tage nach der Geburt getrennt worden und in der Folge bei Adoptivfamilien aufgewachsen. Einunddreißig Jahre lang hatten sie nichts voneinander gewusst.

Ihre Ähnlichkeit beschränkte sich nicht auf ihr Aussehen und ihre berufliche Stellung. Levey hatte ein College besucht und Forstwirtschaft studiert; Newman hatte eigentlich auch Forstwirtschaft studieren wollen, dann aber einen Job als Forstarbeiter angenommen. Später hatte Levey Sprinkleranlagen installiert, Newman Feuermelder. Jetzt waren beide begeisterte Feuerwehrleute. Beide waren Junggesellen, beide hatten eine Schwäche für große, schlanke, langhaarige Frauen. Beide jagten

ddp images / AP

und angelten, beide mochten sie Filme mit John Wayne und chinesische Restaurants. Beide lachten gern mit zurückgeworfenem Kopf, tranken gerne Dosenbier, und zwar nur der Marke «Budweiser», krümmten dabei den kleinen Finger unter die Dose und zerquetschten sie, wenn sie leer war. «Wir machen», sagte der eine Levey, «die gleichen Bemerkungen und die gleichen Gesten zur gleichen Zeit. Es ist unheimlich.» [6]

Noch unheimlicher war ein Fall, der die Forscher in Minneapolis schon 1979 beschäftigt hatte. 1933 brachte auf Trinidad eine mit einem Juden verheiratete Deutsche eineiige Zwillinge zur Welt. Wenige Monate später entzweite sie sich mit ihrem Mann und kehrte nach Deutschland zurück. Eine etwas ältere Tochter und einen der Söhne, Oskar, nahm sie mit. Jack, den anderen, ließ sie bei seinem Vater zurück. Oskar – Nachname Star – und seine Schwester wurden von der Großmutter im damaligen Sudetenland in katholischem Geist großgezogen und wuchsen inmitten der antisemitischen Propaganda der Nazis auf; später lebte er als Industriemeister im Ruhrgebiet. Jack Yufe lebte weiter bei dem Vater und einer Verwandten in der Karibik, wurde im jüdischen Glauben erzogen, ging mit sechzehn Jahren nach Israel, lebte lange im Kibbuz, diente in der israelischen Marine und emigrierte 1960 in die USA, wo er in Kalifornien ein Bekleidungsgeschäft eröffnete.

1979 wussten die beiden zwar von der Existenz des Zwillingsbruders, hatten aber keinen Kontakt, abgesehen von einem kurzen Zwischenaufenthalt Jacks in Deutschland, bei dem sie sich auf dem Bahnhof trafen, aber nur mit einem Dolmetscher verständigen konnten und nichts miteinander anzufangen wussten. Ihr erstes richtiges Kennenlernen fand erst auf dem Flughafen von Minneapolis statt. Wieder gab es diese seltsamen Übereinstimmungen. Beide sahen sich zum Verwechseln ähnlich, waren ähnlich gekleidet, trugen eine ähnliche Brille.

Robert Burroughs

**Oskar Star und Jack Yufe, um 1980**

Beide hatten die Gewohnheit, Gummibänder übers Handgelenk zu streifen. Beide blätterten Zeitschriften von hinten nach vorne durch. Beide mochten sie scharfe Speisen. Beide niesten manchmal laut, um andere zu ärgern, vor allem in Fahrstühlen. Beide waren aufbrausend. Beide regte es auf, wenn der Kellner sie warten ließ. Beiden gefielen die gleichen Frauen – von Jacks erster Frau hätte er sich auch getrennt, sagte Oskar, seine zweite Frau mochte auch er. Ähnlich auffällige Nichtübereinstimmungen konnten sie nicht entdecken – und das, obwohl sie doch in zwei Erdteilen, in zwei Sprachen, in zwei Religionen, in zwei Erziehungsstilen und in zwei nicht nur verschiedenen, sondern entgegengesetzten politischen Systemen groß geworden waren, ein Umstand, der die Presse dazu verführte, aus ihnen leichtsinnig «Jude und Nazi» zu machen.[7]

Bouchard waren derlei unglaubwürdige Übereinstimmungen eher unangenehm. Sie nährten Zweifel an seinem ganzen

Projekt. Er unterstützte Medienleute bei der Berichterstattung über sein Projekt nur, wenn sie für eine Woche nach Minneapolis kamen, mindestens ein Zwillingspaar kennenlernten und bei den Untersuchungen beobachteten. Ich selber war in den 1980er Jahren zweimal in Minneapolis und lernte zwei Zwillingspaare kennen, beides unspektakuläre Normalfälle und trotzdem verwunderlich genug.

Tommy Marriott aus Halifax und Eric Boocock aus Sheffield kamen im Oktober 1981 nach Minneapolis. Als sie 1943 geboren wurden, war der Vater im Krieg, und die Mutter schlug sich als Arbeiterin durch. Gleich nach der Geburt gab sie beide Söhne zu einer entfernten Bekannten. Nach vier Monaten holte sie Eric zu sich zurück. Er wuchs bei ihr und ihrem zweiten Mann, einem Stahlarbeiter, in kargen Verhältnissen auf – oft wusste die Familie nicht, wovon sie die nächste Mahlzeit bestreiten sollte. Als er fünf oder sechs war, erfuhr Eric, dass er einen Bruder habe; aber nie machte die Mutter den Versuch, ihn wiederzufinden. Tommy wurde bei seiner Adoptivfamilie in weniger angespannten Verhältnissen groß. Der Adoptivvater war Ingenieur und Gewerkschafter. Mit elf erfuhr Tommy, dass er ein Adoptivkind sei und einen Bruder gehabt habe; aber man sagte ihm, der sei als Kind an einer Lungenentzündung gestorben. Beide verließen die Schule mit fünfzehn Jahren, wurden Fabrikarbeiter, heirateten und bekamen Kinder. Die Familien wohnten sechzig Kilometer auseinander und wussten nichts voneinander. Dann sah Eric zufällig eine Fernsehsendung über getrennte Zwillinge, und seitdem hatte er den Wunsch, seinen Bruder ausfindig zu machen. Er wandte sich an eine Reporterin, und nach zwei Jahren hatte sie Tommy aufgespürt. Die Brüder trafen sich das erste Mal im September 1981 vor Fernsehkameras in Leeds. Den Wissenschaftlern zuliebe, die «Ansteckungsgefahr» witterten, beließen sie es bei diesem einen Treffen, ehe sie einige Monate später nach Minneapolis kamen.

Da saßen sie nun und amüsierten sich mit dem gleichen gutmütigen tonlosen Kichern über die Fragen, die auf sie herunterhagelten: Duschen oder baden Sie lieber? Fürchten Sie sich vor Feuer? Lachen Sie gern über anzügliche Witze? Haben Sie unverzeihliche Sünden? Möchten Sie lieber von einem Stier verfolgt werden oder einen Monat im Bett zubringen? Sind Sie kitzlig? Zwei achtunddreißigjährige Männer, die sich ihr Leben lang nicht gekannt hatten – und alle Anwesenden mussten sich Mühe geben, sie nicht zu verwechseln. Sie sahen gleich aus, hatten die gleiche, etwas untersetzte Statur mit einem Ansatz von Bauch, die gleiche ungewöhnliche Frisur (glatte halblange Haare, die sie sich tief in die Stirn kämmten), waren beide weitsichtig und trugen fast die gleichen Brillen, hatten beide einen Kinnbart, Eric allerdings – und daran waren sie am leichtesten auseinanderzuhalten – auch noch einen schütteren Backenbart. Ihre Haltung und ihre Bewegungen waren so gleich, wie etwas nur gleich sein kann. Ebenso ihre Stimme, ihr Sprechtempo, sodass sie beim Abhören der Tonbandaufnahme eines gemeinsamen Interviews selber nicht mehr erkennen konnten, wer von ihnen was gesagt hatte. Gleich war ihr Lachen. Aneinander schätzten sie ganz besonders, dass sie den gleichen Sinn für Humor hatten, und voneinander versprachen sie sich vor allem viele vergnügte Stunden. (Unter allen Ähnlichkeiten zwischen eineiigen Zwillingen fand der dänische Zwillingsforscher Niels Juel-Nielsen die des Lachens die frappierendste.[8])

Andere Ähnlichkeiten entdeckten die Brüder erst während der Woche in Minneapolis. Beide waren ungern zur Schule gegangen und hatten kein einziges Fach gemocht. Beide liebten sie ihre Familie über alles. Beide waren nicht religiös und interessierten sich nicht für Politik. Beide hatten eine Vorliebe für Angeln und Wetten. Beide tranken in großen Mengen schwarzen Kaffee. Beide hatten eine Phobie, und es war die gleiche – sie fürchteten sich vor Spinnen.

Ein Unterschied allerdings fiel auf. Tommy war Rechtshänder, Eric Linkshänder. Solche Fälle kommen vor – die sogenannten spiegelbildlichen Zwillinge, die genau seitenverkehrt gebaut sind und funktionieren: Einer ist Rechts-, der andere Linkshänder; das gleiche Muttermal sitzt bei dem einen links, beim anderen rechts. Aber Tommy und Eric gehörten nicht zu ihnen. Tommy war eigentlich auch Linkshänder, aber als Kind von seinem Adoptivvater zur Rechtshändigkeit gezwungen worden. Das war also, sehr sichtbar, einmal eine Auswirkung der verschiedenen Umwelten, in denen sie groß geworden waren. Sehr weit reichte sie nicht. Wenn Tommy etwas zugeworfen wurde, kam seine Linkshändigkeit wieder zum Durchbruch, und er fing es mit der Linken.

Als ich die beiden beobachtete, kam es mir vor, als gehe ihre Ähnlichkeit noch weiter und sei noch tiefer, als es die erschöpfendste Liste sauber erfasster einzelner Übereinstimmungen je zum Ausdruck bringen könnte. Ich musste mich selber immer wieder daran erinnern, dass es ja zwei nicht nur verschiedene, sondern einander auch nahezu fremde Menschen waren, denen ich da gegenübersaß. Es war aber, als hätten sie sich schon immer gekannt. Als wüsste der eine, was der andere in jedem Augenblick dachte und empfand. Als wäre es selbstverständlich, dass der eine für den anderen mit antworten könnte. Wenn man sonst beobachtet, wie zwei Menschen miteinander sprechen, stößt man auf eine Menge winziger Unstimmigkeiten. Sie haben verschiedene Stimmen, verschiedene Gebärden, verschiedene Heftigkeiten, verschiedene Denk- und Sprechgeschwindigkeiten, sie lassen Pausen entstehen oder fallen sich ins Wort, ihre Gedanken gehen in verschiedene Richtungen, sie missverstehen sich – hundert normalerweise gar nicht bewusst werdende Indizien signalisieren: Wir sind uns fremd, wir müssen uns erst aufeinander einstellen. Diese Mühe fiel bei Tommy und Eric offenbar völlig weg. Sprachen sie abwechselnd, so griff das eine derart in das andere, dass ich manchmal meinte, es hätte nur eine Person gesprochen.

Diese Harmonie innerhalb eines Zwillingspaars, die nicht von dieser Welt scheint, ist vielen aufgefallen, natürlich auch den Zwillingen selber. In einem amerikanischen Buch über Zwillinge, verfasst und fotografiert von den Zwillingsschwestern Kathryn und Frances McLaughlin [9], kann man immer wieder lesen, wie Zwillinge die Vereinsamungssorgen der übrigen Menschen nicht kennen – immer haben sie jemand, der sie zutiefst kennt und billigt und mit dem sie sich mühelos verständigen können.

Eindrucksvoll ist, wie sie ihre Rivalität auflösen, die fast unausbleiblich ist, wenn ihnen die Umwelt keine Individualität zugesteht und sie als Einheit, als Doppelwesen behandelt. Dann streiten sie sich eine Weile immer wieder und suchen sich gegeneinander zu profilieren. Meist aber geht die Rivalität in einer höheren Eintracht auf, die der Skichampion Phil Mahre, Zwillingsbruder des Skichampions Steve Mahre, so ausdrückte: «Wir haben uns höchstens über dumme Kleinigkeiten gestritten, und das auch nur, als wir jünger waren. Es ist unheimlich. Manchmal ist er wie eine Erweiterung von mir selbst. Schneide ich nicht gut ab, so freut es mich, wenn er gut abschneidet. Sein Sieg ist auch mein Sieg.»

Ganz selten nur wird von eineiigen Zwillingen berichtet, die nicht miteinander auskommen. Einer, so steht es in der Literatur, nannte seinen getrennt aufgewachsenen Bruder nach dem Treffen den «unangenehmsten Kerl, der mir je begegnet ist». Unter den Zwillingen, die das Minnesota-Projekt zusammengebracht hat, waren alle dankbar, dass sie sich gefunden hatten, und bis auf ein Schwesternpaar vertrugen sie sich bestens. Die beiden Schwestern Goldie und Gladys zankten zwar dauernd, versöhnten sich aber jedes Mal rasch und mühelos wieder.

Bei meinem zweiten Besuch in Minnesota im Sommer 1987 waren zwei siebenundzwanzigjährige Frauen aus Kalifornien an der Reihe, Linda und April. Sie waren in Japan geboren. Wer ihr Vater war, wussten sie nicht, die Mutter kannten sie nicht; jedenfalls eine Japanerin. Mit achtzehn Monaten waren sie aus einem japanischen Heim zur Adoption in die Vereinigten Staaten vermittelt worden und dort in verschiedenen Familien aufgewachsen. Dass sie sich vor vier Jahren ausfindig gemacht hatten, war nur der Zähigkeit der einen zu verdanken, die wusste, dass irgendwo eine Schwester existieren musste. Seitdem hatten sie des Öfteren miteinander telefoniert, gesehen aber hatten auch sie sich vorher nur einmal und kurz. Jetzt schienen sie ihr Zusammensein zu genießen. Ihre Ähnlichkeit in Größe, Aussehen, Haltung, Ausdruck war so frappierend, dass ich sofort in die alte Verlegenheit geriet: Wer ist wer? Auf der Stelle sagte ich: Das müssen eineiige Zwillinge sein. Die Professoren aber waren skeptisch; die Mehrzahl ihrer getrennten Zwillinge hatten sich als DZ erwiesen. Ähnlich waren sich die beiden sehr, ja; auch aßen sie fast das Gleiche, tranken beide sehr viel und dauernd den gleichen verdünnten Cranberrysaft, verschwanden beide zwischendurch lange auf der Toilette. Die eine aber trug eine Brille, die andere nicht, und so ließen sie sich denn doch leicht auseinanderhalten. Die eine war relativ streng und reserviert, die andere fröhlicher und umgänglicher, so sehr, dass sie wie selbstverständlich sozusagen die Außenministerin des Paares abgab, die, an die man sich wendete, wenn man beiden etwas sagen wollte. Nur eine von ihnen hatte Angst vorm Fliegen, und auch ihre Ohren waren ein wenig anders geformt – die gleiche Ohrmuschelform aber ist ein wenn auch nicht hundertprozentig sicheres Erkennungsmerkmal eineiiger Zwillinge. Andererseits, beide hatten am gleichen Zeh einen gespaltenen Nagel, und ihr Lachen war schlechterdings identisch . . . Die Zwillinge selber tippten darauf, dass sie zweieiige Schwestern seien. Sie irrten sich. Als nach einigen Wochen die Ergebnisse der umfangreichen serologischen Untersuchungen vorlagen, die damals nötig waren, um die Frage der Zygosität zuverlässig zu klären, war ihre Eineiigkeit erwiesen. Beide waren ein lebendiger Beweis dafür, dass eineiige Zwillinge manchmal und in mancher Hinsicht auch recht verschieden sein können. Vielleicht hatte eine von ihnen schon im Mutterleib das bessere Teil abbekommen, und die andere hatte ihr Defizit nie ganz wettmachen können; vielleicht lag es daran, dass die zurückhaltendere von ihnen in einer strengen und lieblosen, nach ihren Andeutungen zu schließen sogar brutalen Atmosphäre aufgewachsen war und noch der Schatten dieser Kindheit über ihr lag.

In den ersten Jahren waren es vor allem Geschichten dieser Art, die aus Minneapolis zu berichten waren – anrührende, sonderbare, manchmal unheimliche Anekdoten über Menschen, denen im späteren Leben plötzlich ein leibhaftiger Doppelgänger gegenübertrat; Berichte von unerwarteten, unerklärlichen und darum sehr irritierenden Übereinstimmungen, die es eigentlich nicht geben dürfte. Aber die empirische Wissenschaft ist nicht auf solche Geschichten aus; letztlich sind sie ihr sogar eher peinlich. Sie will allgemeine objektive Erkenntnisse. Was ist die Logik der verhaltensgenetischen Zwillingsforschung?

Zweieiige Zwillinge entstehen, wenn gleichzeitig zwei Eizellen durch den Eileiter der Frau wandern und von verschiedenen Spermazellen befruchtet werden. Dann wachsen zwei Embryos aus zwei Zygoten (befruchteten Eizellen) in zwei

Fruchtblasen heran, und beide haben den gleichen Vater. Das muss aber nicht so sein, wie eine fünfundzwanzigjährige Offenbacherin erfuhr, die 1970 Zwillinge zur Welt brachte – eins schwarz, eins weiß. Die beiden Eier waren in kurzem Abstand von zwei Vätern befruchtet worden. Verursacht wird die dizygote Zwillingsschwangerschaft von einem (ererbten) Überschuss an Geschlechtshormonen, der zu einem mehrfachen Eisprung (Ovulation) führt. Darum bringt eine solchermaßen fruchtbare Frau zuweilen auch mehrfach zweieiige Zwillinge zur Welt.

Zu einer eineiigen oder monozygoten Zwillingsschwangerschaft dagegen kommt es, wenn nur eine einzige Eizelle befruchtet wird, aber mehrere Embryos aus ihr hervorgehen. In den ersten vierzehn Tagen teilt sich die Zygote achtmal. Jede Zelle dieses kleinen, maulbeerförmigen – und darum Morula genannten – Zellhaufens ist «äquipotent»: Aus jeder könnte ein Mensch hervorgehen. Erst wenn sich die Morula in die Wand der Gebärmutter einnistet, differenzieren sich die Zellen und verlieren damit ihre Äquipotenz. In diesem frühen Stadium kommt es vor, dass sich eine Zelle aus der Morula abspaltet und zu einem eigenen Embryo entwickelt. Die Ursachen dieser Abspaltung sind nach wie vor ungeklärt. Dass die Rate der eineiigen Zwillingsgeburten überall die gleiche ist, deutet darauf hin, dass die Ursachen eher stochastischer denn physiologischer Natur sein dürften.

In der weißen Bevölkerung kommen auf tausend Geburten acht zweieiige Zwillingspaare. Bei Orientalen ist ihr Anteil nur halb so hoch, bei Schwarzen sind es doppelt so viele – bei einigen Stämmen, den Yoruba in Nigeria zum Beispiel, sogar viermal so viele. Die Quote der eineiigen Zwillinge dagegen ist auf der ganzen Welt dieselbe: dreieinhalb auf tausend Geburten. In der weißen Bevölkerung von Europa und Amerika ist also jede siebenundachtzigste Geburt eine Zwillingsgeburt, und zwei-eiige Zwillinge sind über doppelt so häufig wie eineiige.

Doch nicht jede Zwillingsschwangerschaft führt auch zu einer Zwillingsgeburt. Gar nicht selten verschwindet einer der beiden Embryonen in den ersten drei Monaten nach der Empfängnis unbemerkt wieder, wird wahrscheinlich vom Körper der Mutter resorbiert. Wie oft dergleichen geschieht, ließ sich durch Ultraschalluntersuchungen annähernd bestimmen. Danach sieht es so aus, als würden zwei- bis viermal so viele Zwillinge empfangen wie geboren.[10] Das aber hieße: Die Mehrzahl der Zwillinge erblickt nie das Licht der Welt.

Was macht Zwillinge so geeignet für genetische Fragestellungen? Jeder Mensch hat die Hälfte seiner Gene von der Mutter und die andere Hälfte vom Vater. Aber die mütterliche Eizelle wie die väterliche Samenzelle enthält jeweils immer nur eine Hälfte der Gene von Mutter und Vater, und jedes Mal ist es eine anders gemischte Hälfte. Wenn dann bei der Befruchtung die mütterliche und die väterliche Hälfte der Gene zusammenkommen, um wiederum eine Zelle mit der vollen Anzahl von Genen zu bilden, erhält jedes ihrer Kinder ein anderes Sortiment. Es ist die große Lotterie des Lebens: Aus zwei Sätzen von je dreiundzwanzigtausend aktiven Genen können durch immer wieder verschiedene Halbierungen und Rekombinationen astronomische Zahlen einmaliger Individuen hervorgehen.

Wie ähnlich sind Zwillinge genetisch ihren nächsten Verwandten? Die genetische Korrelation zwischen Kindern und jedem Elternteil beträgt 0.5 – das heißt, jeder besitzt 50 Prozent mütterliche und 50 Prozent väterliche Gene. Die genetische Korrelation zwischen Geschwistern ist ebenfalls 0.5, doch ist dies nur die Durchschnittszahl. Es könnte im extremsten – und extrem unwahrscheinlichen – Fall vorkommen, dass ein Geschwister genau jene beiden Hälften der elterlichen Gene erbt, die das andere nicht geerbt hat – die tatsächliche Korrelation wäre dann 0. Oder dass das Geschwister exakt jene beiden Hälften erbt, die auch das andere besitzt – was die Korrelation 1 ergäbe. Die tatsächliche individuelle Korrelation ließe sich nur ermitteln, wenn man die vollen Genome der Eltern und der Geschwister sequenzierte, ist also normalerweise unbekannt. Irgendwo zwischen 0 und 1, durchschnittlich eben bei 0.5. Dass es bald mehr, bald weniger sein können, ist eine Erklärung dafür, warum sich normale Brüder oder Schwestern manchmal ungewöhnlich ähnlich, manchmal ungewöhnlich unähnlich sind.

Dass Geschwister in 50 Prozent ihrer Gene übereinstimmen, ist zwar die allgemein gebrauchte Formel, aber ganz richtig ist sie nicht. Tatsächlich stimmen Geschwister, stimmen alle Menschen im Großteil ihrer Gene völlig überein. Aber etliche dieser Gene kommen in verschiedenen Varianten vor, sogenannten Allelen. Genauer müsste es also heißen: Geschwister teilen 50 Prozent ihrer Allele.

Dizygote Zwillinge sind miteinander genauso verwandt wie andere Geschwister auch. Wie andere Geschwister können sie verschiedenen Geschlechts sein (in welchem Fall man auch von «Pärchenzwillingen» spricht). Im Durchschnitt haben sie 50 Prozent ihrer Allele gemein. Monozygote Zwillinge dagegen haben zu 100 Prozent die gleichen Allele. Sie sind genetisch völlig identisch und immer gleichen Geschlechts. Sie sind Klons voneinander, und es ist dieser Umstand, der sie für die Forschung so interessant macht.

Eine dritte Art von Zwillingen sind möglicherweise die sogenannten Polkörperchenzwillinge. Das Polkörperchen ist die Zelle, die mit entsteht, wenn sich eine weibliche Keimzelle teilt, um eine Eizelle zu bilden – also sozusagen die eigentlich überflüssige andere Hälfte der Keimzelle. Normalerweise hat sie nur einen kleinen Leib und bildet ein Anhängsel der Eizelle, das zugrunde geht und ausgestoßen wird. Sie kann aber auch erhalten bleiben und ebenfalls befruchtet werden. Polkörperchenzwillinge sind so verwandt wie normale Geschwister.

Die Frage der Zygosität – also ob es sich um ein dizygotes oder ein monozygotes Zwillingspaar handelt – lässt sich nicht auf einen Blick entscheiden. Eineiige Zwillinge haben immer nahezu die gleiche Augenfarbe, die gleiche Ohrläppchenform und die gleichen Fingerabdrücke. Zu einer sicheren Diagnose reicht das allerdings nicht, denn zweieiige Paare können darin ebenfalls übereinstimmen. In den 1980er Jahren waren für die Diagnose umfangreiche Untersuchungen vieler Blutproteine oder eine Gewebetransplantation nötig; heute würde ein genetischer Fingerabdruck gemacht.

Was eineiige Zwillinge für die Psychologie so interessant macht, ist natürlich die Tatsache, dass sie genetisch hundertprozentig gleich sind. Ergo müssen sämtliche systematischen Unterschiede, die man zwischen ihnen beobachten und messen kann, nichtgenetischen Ursprungs, also von irgendeiner Einwirkung der Umwelt hervorgebracht worden sein. Diese Tatsache hilft indessen noch nicht weiter. Wenn eineiige Zwillinge zusammen aufwachsen, lässt sich so wenig wie bei anderen Geschwistern sagen, ob die Ähnlichkeiten zwischen ihnen auf ihre übereinstimmenden Gene oder auf die ihnen gemeinsame Umwelt zurückgehen. Untersuchungen zusammenlebender naher Verwandter helfen grundsätzlich nicht bei der Auseinanderdividierung von genetischer und nichtgenetischer Varianz: Immer kann jedes Merkmal auf beides zurückgehen, gemeinsame Gene oder die gemeinsame Umwelt. Wenn die eineiigen Zwillinge dagegen in verschiedenen Familien aufwachsen, dann muss ihre gesamte Unähnlichkeit das Produkt ihrer verschiedenartigen Umwelten sein – jedenfalls dann, wenn diese wirklich so verschieden sind, wie Familien in dem betreffenden Kulturkreis es im Durchschnitt sind. Untersuchungen an MZA sind also Zwillings- und Adoptionsstudie in einem.

Soviel muss man wissen, um die Ergebnisse der Zwillingsforschung verstehen und einordnen zu können. Welches also sind die Ergebnisse?

In Minneapolis wurden alle getrennten Zwillinge eine Woche lang von morgens bis abends medizinisch und psychologisch untersucht und befragt und beobachtet. Sie wurden interviewt, fotografiert, gefilmt. Selbst in den kurzen Pausen füllten sie noch den einen oder anderen Fragebogen aus. Sie wurden von verschiedenen Wissenschaftlern getestet, und das, um Voreingenommenheiten vorzubeugen, teils in Unkenntnis des Zwillingsgeschwisters. Im Laufe dieser Woche prasselten Tausende von Fragen auf sie nieder. Alles, was am Menschen überhaupt messbar ist, wurde gemessen.

Wenn Zwillinge irgendwann in der Kindheit getrennt werden, aber nach einigen Jahren wieder zusammenkommen und erst Jahrzehnte später untersucht werden, so sind auch sie «getrennt aufgewachsene Zwillinge», aber sonderlich aussagekräftig ist ihr Fall nicht. Für die Wissenschaft am vorteilhaftesten wäre es, die Zwillinge wären am Tag der Geburt getrennt worden, hätten viele Jahrzehnte in grundverschiedenen Milieus verbracht und sich vor ihrer Untersuchung nie gesehen. Dieser Fall aber kommt nicht vor. Also muss sich die Wissenschaft ihm wenigstens anzunähern suchen. Die Qualität einer Stichprobe, eines Samples ist umso höher, je mehr Fälle es umfasst, je früher die Zwillinge getrennt wurden, je länger sie getrennt gelebt haben und je kürzer ihre Wiederbegegnung zurückliegt.

Die älteren MZA-Studien ließen in jeder Hinsicht zu wünschen übrig. Die erste war eine amerikanische, unternommen von Newman, Freeman und Holzinger und im Jahre 1937 veröffentlicht[11]: 19 Paare insgesamt, im Durchschnitt mit 19,5 Monaten getrennt, mit 12,5 Jahren wieder vereint, mit 26,1 Jahren untersucht. Die zweite Studie war eine englische aus dem Jahre 1962, der Autor war James Shields[12]: 44 Paare, getrennt mit 16,8 Monaten, vereint mit 11 Jahren, untersucht mit 38,8 Jahren. Die dritte war eine dänische, 1965 von Niels Juel-Nielsen veröffentlicht[13]: 12 Paare, im Schnitt mit 18 Monaten getrennt, mit 15,9 Jahren vereint, mit 51,4 Jahren untersucht. Alle diese Paare wurden erst relativ spät getrennt, nämlich im Durchschnitt mit anderthalb Jahren, kamen relativ früh wieder zusammen, nämlich im Durchschnitt mit zwölf Jahren, und wurden erst lange, zum Teil erst Jahrzehnte nach ihrer Wiedervereinigung untersucht, nämlich im Durchschnitt mit siebenunddreißig Jahren, sodass die Zwillinge reichlich Gelegenheit gehabt hätten, sich gegenseitig «anzustecken». All das minderte ihre Aussagekraft. Burts Langzeit-MZA-Studie war nach dem Fälschungsverdacht im Orkus verschwunden.

Die MZ-Studie von Minneapolis war damit die erste und einzige seit 1965. Die maßgebliche Veröffentlichung ihrer Ergebnisse stand 1990 in der Zeitschrift *Science*.[14] Sie wertete die 330 eineiigen Zwillingspaare aus, die das Projekt bis dahin durchlaufen hatten, 56 getrennt und 274 zusammen aufgewachsene. Dass das mehr waren als in jeder der vorhergehenden Studien, war nicht ihr einziger Vorzug. Auch die Aussagekraft des Samples war höher, denn die MZA-Paare waren wesentlich früher getrennt worden (im Durchschnitt mit fünf, nicht erst mit 18 Monaten), auch wesentlich später wieder vereint (im Durchschnitt nach 30 Jahren, nicht schon mit 12) und früher nach ihrer Begegnung untersucht (nicht im Schnitt 25, sondern nur acht Jahre später).

Was herauskam, waren Korrelationen und mit ihnen Erblichkeitsschätzungen für viele physische und psychische Merkmale, vom Körpergewicht über den Blutdruck und die beruflichen Interessen bis zur Religiosität. Hier soll nur die eine interessieren: die des IQ. Die Erblichkeit des IQ, so errechneten Bouchard und seine Mitarbeiter, betrage um die 75 Prozent, 0.75 in anderer Schreibweise. (Eine spätere Neuanalyse aller 126 getrennt aufgewachsenen Zwillingspaare, die zwischen 1979 und 2000 in Minneapolis untersucht wurden, korrigierte die Erblichkeit der kognitiven Grundfähigkeit, des $g$-Faktors, auf 0.77.[15]) 75 oder 77 Prozent: Das heißt, dass in der untersuchten Gruppe von Erwachsenen die individuellen IQ-Unterschiede zu drei Vierteln auf die Gene (genauer: auf unterschiedliche Allele der für den IQ relevanten Gene) und zu einem Viertel auf nichtgenetische Einflüsse zurückzuführen waren. Die Zahl deckte sich fast perfekt mit den drei vorangegangenen MZA-Studien. Insofern hatte der ganze Aufwand in dieser Hinsicht nichts Neues gebracht. Aber er hatte die alten Resultate überzeugend untermauert. (Wie aus Korrelationen die Erblichkeit errechnet wird, steht in Kapitel 7.)

Die Zwillingspaare, die zusammen aufgewachsen waren, müssten auch die meisten Umwelteinflüsse gemein gehabt haben, sie müssten sich also insgesamt ähnlicher sein. Das waren sie auch, aber der Unterschied war bescheiden. Beim Wechsler-IQ-Test betrug die Interkorrelation der MZA 0.69, der MZT 0.88. Wenn eineiige Zwillinge Kindheit und Jugend in der gleichen Familie verbringen, erhöht das die Korrelation ihres IQ um 0.19. 19 Prozent – das war dann alles in allem der Beitrag der gleichen Familienumwelt zu ihrer Ähnlichkeit.

Nebenbei machten solche Zahlen von neuem klar: dass eineiige Zwillinge trotz ihrer genetischen Identität in keinem einzigen phänotypischen Merkmal je völlig übereinstimmen – ob sie nun zusammen aufwachsen oder getrennt. Nie kommt es vor, dass die Korrelation schlicht 1 beträgt. Selbst bei einem extrem erblichen Merkmal wie der Körpergröße liegen die Korrelatio-

nen für MZA und MZT zwar eng beieinander (0.86 beziehungsweise 0.93), aber gleich sind sie nie, immer hat irgendetwas in
ihrer Umwelt für Differenzen gesorgt.

Irritierender als diese wissenschaftlichen Befunde des Minnesota-Projekts waren und bleiben jene unheimlichen Koinzidenzen
zwischen den Zwillingen, die sich erst als Erwachsene kennengelernt haben: die Gummibänder überm Handgelenk, das mut-
willige Niesen im Fahrstuhl, die zerdrückten Bierdosen der gleichen Marken, die weißen Bänke um den Baum auf dem Rasen
... Tom Bouchard, der Leiter des Minnesota-Projekts, fand, solche «Zufälle» gingen zu weit. «Die bringen uns in teuflische
Schwierigkeiten. Das glaubt uns einfach niemand. Eher hält
man unsere ganze Studie für Bluff.»

So irritierend sind derlei Koinzidenzen, weil es schlechterdings keine vernünftige Erklärung für sie gibt. Gene machen
keine Vorlieben und Hobbys; sie produzieren einzig und allein
Enzyme und Proteine, alle Proteine aller Körperzellen vom
Augenblick der Empfängnis bis zum Tod. Unter den Zellen, die
sie aufbauen und deren Struktur und Tätigkeit sie unterhalten,
sind auch jene des Gehirns; diese erst sind das materielle Substrat unseres psychischen Lebens und Erlebens. Es ist den Genen um viele Schritte entrückt; unwahrscheinlich, ja, undenk-
bar, dass diese bis in seine letzten Entscheidungen zwischen den
Offerten der Umwelt hineinregieren.

Zwar diktiert Vögeln ein genetisches Programm, dass sie zur
Werbung um einen Reproduktionspartner ihre Federn zu spreizen oder bestimmte Strophen zu singen haben – so detailliert
können Gene das Verhalten also durchaus steuern. Aber das
Genom wäre überfordert, wenn es Anweisungen für alle Eventualitäten des menschlichen Lebens bereithalten sollte. Biologisch ergäbe dies auch keinerlei Sinn, da eine starre Vorpro-

grammierung für alle erdenklichen und unerdenklichen Eventualitäten des Lebens höchst unpraktisch und völlig maladaptiv wäre. Mit dem Menschen hat die Evolution ein extrem lern-, denk- und entscheidungsfähiges Wesen hervorgebracht, eines, das die meisten Situationen selber prüfen und beurteilen und sich entsprechend flexibel verhalten kann. Die ganze Mühe, mit der die Natur das flexible Menschenwesen geschaffen hat, wäre umsonst, wenn dann doch alle seine Handlungen schon im Voraus geregelt wären.

Außerdem ist es einfach unmöglich. Ehe sich eine Genmutation bewährt und in der Bevölkerung ausbreitet, müssen viele Generationen ins Land gehen. Der Gang der genetischen Evolution ist ein langsamer, im Tempo von der kulturellen Evolution längst überholt. Es kann gar kein Gen für eine Vorliebe für «Budweiser» oder die Installation von Feuermeldern geben, einfach weil diese noch nicht lange genug existieren.

Aber können die unheimlichen Koinzidenzen einfach Zufall sein? Was ist überhaupt Zufall? «Wir haben uns zufällig auf der Straße getroffen.» – «Er hat zufällig einen Stadtplan bei sich.» – «Sie hat zufällig am gleichen Tag Geburtstag wie ich.» In keinem dieser Fälle heißt ‹Zufall›, dass ein Ereignis sozusagen außerhalb der Kausalität eingetreten ist, durch ein Wunder. Auch die Münze, die man wirft, fällt nicht in diesem Sinne «zufällig» auf Zahl oder Kopf; sie fällt, wie sie fällt, weil sie auf eine bestimmte Weise geworfen wurde und weil beim Fall bestimmte Kräfte auf sie einwirken – nur dass es aussichtslos wäre, diese Kräfte kontrollieren zu wollen.

Was also ist ‹Zufall›? Die Alltagssprache versteht darunter ein ausreichend unwahrscheinliches Ereignis, das wir nicht absichtsvoll herbeiführen können und das sich mit den uns jeweils zur Verfügung stehenden Mitteln nicht voraussagen lässt. In diesem Sinn ist es ein Zufall, wenn zwei Brüder, die sich erst vor kurzem kennengelernt haben, seit langem eine Vorliebe für «Miller's Lite» haben.

Nun ist es eine Sache, vorher eine Liste von Merkmalen festzulegen und dann abzuhaken, ob zwei Menschen in ihnen übereinstimmen, und eine ganz andere, nach irgendwelchen beliebigen Übereinstimmungen zu suchen. Wenn sämtliche Übereinstimmungen in Frage kommen und die Liste offen ist, werden auch zwei wildfremde Menschen untereinander haufenweise Koinzidenzen entdecken. Vielleicht haben beide zwei ältere Brüder oder hören auf einem Ohr schwer oder sind Sonntagskinder oder haben einen Kugelschreiber derselben Firma in der Tasche – einiges in dieser Art wird sich einfach immer finden. Diese Tatsache nimmt den verzeichneten Koinzidenzen zwischen den Zwillingen einiges von ihrer Verwunderlichkeit. Aber es beseitigt diese nicht ganz – ein paar würden wir als das Übliche akzeptieren, eine derartige Häufung aber nicht. In Minneapolis wurden auch die zweieiigen Zwillinge aufgefordert, nach derlei Koinzidenzen in ihrem Leben zu suchen. Sie fanden kaum je welche, während sie sich den eineiigen Zwillingen in großer Zahl geradezu aufdrängten. Es muss also doch eine besondere Bewandtnis mit ihnen haben, und irgendwie muss sie mit ihrer genetischen Identität zusammenhängen. Aber wie?

Gene für die Wahl der Requisiten des modernen Lebens kann es nicht geben. Also bleibt nur eine Möglichkeit: Die Gene müssen eine psychische Grundarchitektur festlegen, die dazu führt, dass unter ähnlichen Lebensumständen oft eine mehr oder minder gleiche Wahl getroffen wird. Mir selber scheint auffällig, dass viele jener wundersamen Koinzidenzen auf dem Gebiet der sensorischen Vorlieben angesiedelt sind: Sie reflektieren Vorlieben und Abneigungen gegenüber bestimmten sinnlichen Qualitäten. Die meisten haben damit zu tun, wie einer einen Geschmack, eine Farbe, eine Form bewertet. Ich denke mir also, dass jeder Mensch außer den Wesenszügen, welche die Psychometrik erfasst, auch ein unverwechselbares sensorisch-ästhetisches «Profil» besitzt: eine charakteristische Art, bestimmte Sinnesreize zu suchen oder zu scheuen oder zu verbinden; auch eine Art, bestimmte Komplexitätsgrade dieser Wahrnehmungen zu bevorzugen. Wenn dieses Profil so erblich ist wie die anderen Persönlichkeitseigenschaften, dann würde man vielleicht sagen: «Jemand mit diesen Werten in den Skalen drei und sieben: der muss, wenn er dergleichen in seinem Kulturkreis vorfindet, einfach verdünnten Cranberrysaft trinken und historische Romane lesen!»

Dann wären diese Koinzidenzen nicht mehr das spukhafte Wunder, als das sie uns erscheinen, sondern nur noch ein Zufall, nämlich ein unvorhergesehenes und nicht absichtsvoll herbeigeführtes, aber durchaus im Rahmen des Möglichen liegendes, wenn auch wenig wahrscheinliches Ereignis, oder vielleicht nicht einmal mehr ein Zufall, sondern nur noch eine logische Folge.

KAPITEL 4

# DIE MESSUNG DES UNERMESSLICHEN

Wer sich an der Erblichkeit der Intelligenzunterschiede stört, wird verständlicherweise zuallererst fragen, was IQ-Tests eigentlich taugen. Was messen sie überhaupt? Spielt das, was sie messen, im Leben irgendeine Rolle? Was für ein Begriff von Intelligenz liegt ihnen zugrunde? Denn wenn sich herausstellte, dass die Tests etwas messen, das nicht mehr wert ist als die Fähigkeit, Kreuzworträtsel zu lösen, könnte man sich den Rest der Kontroverse schenken.

Dem Laien scheinen IQ-Tests, etwa die spielerischen, aber nicht verspielten Tests von Hans Jürgen Eysenck[1], so lieb zu sein wie andere Rätsel. Wer den Mut hat, sich daran zu versuchen, dem werden sie zwar ein wenig gemein vorkommen, weil er ahnt, dass sie vielleicht mehr über ihn verraten, als er selber oder jemand sonst wissen sollte. Doch es kann ihn auch der Verdacht befallen, hier werde keineswegs gemessen, was man im allgemeinen Sprachgebrauch unter Intelligenz versteht, sondern die spezielle Fähigkeit, Rätsel zu knacken, sodass die Ergebnisse vielleicht Aussagen über die Eignung zur Agentenlaufbahn machen, aber sonst über wenig. Tatsächlich hat die Psychologie IQ-Tests nunmehr ein Jahrhundert lang aufs kritischste diskutiert – und nicht wegdiskutieren können.

Der Begriff *intelligentia* wurde von Cicero geprägt, als er eine lateinische Entsprechung zu Aristoteles' *dianoia*, ‹Verstand› suchte: «Intelligenz ist das Vermögen, das den Geist befähigt, die Wirklichkeit zu verstehen.»[2] Neubelebt wurde das Wort erst wieder von dem englischen Philosophen Herbert Spencer (1820–1903), der damit die Fähigkeit bezeichnete, «innere Beziehungen den äußeren anzupassen». Wilhelm Wundt (1832–1920) übernahm den Begriff in die erwachende deutsche Psychologie; für ihn bezeichnete er «die Gesamtsumme der bewussten und im logischen Denken ihren Abschluss findenden Geistestätigkeiten»[3]. Er war und blieb vorerst ein gelehrtes Fachwort, das erst Anfang des 20. Jahrhunderts in die Umgangssprache eindrang. Es ist also nicht so, dass die Psychologie der Umgangssprache ein Wort entwendet und zweckentfremdet hätte. Vielmehr hat sich die Alltagssprache eines psychologischen Fachworts bemächtigt. Im Übrigen scheinen Fach- und Umgangssprache gar nicht so uneins zu sein: Wen IQ-Tests als überdurchschnittlich intelligent im psychologischen Sinn diagnostizieren, den halten auch die meisten Menschen im Alltagssinn spontan für intelligent.[4] Letztlich jedoch kann jeder unter ‹Intelligenz› verstehen, was er will, und der Intelligenzbegriff der Allgemeinheit dürfte breiter sein als der der Testpsychologen. Deshalb empfiehlt es sich, das, was IQ-Tests messen, nicht schlechtweg als ‹Intelligenz› zu bezeichnen, sondern genauer als ‹biometrische› oder ‹gemessene› oder ‹messbare› oder ‹analytische› oder ‹abstrakte Intelligenz›. Wo klar ist, dass ebendiese gemeint ist, mag das pedantische Attribut ruhig entfallen.

Eine Definition der biometrischen Intelligenz steht bisher aus und ist auch nicht zu erwarten. Es gibt nur mehr oder weniger ungefähre Umschreibungen. Sie sagen, was die Intelligenz *tut*, aber nicht, was sie *ist*. Je mehr ein Psychologe von ihr versteht, so scheint es, desto weniger wird er sich auf eine präzise

Definition festlegen wollen. Alfred Binet, der Erfinder des Intelligenztests, definierte sie noch praktisch und platt als «Urteilsfähigkeit ... Die übrigen intellektuellen Fähigkeiten verblassen neben der Urteilskraft.»[5] Der Urheber des verbreitetsten Tests, David Wechsler, umschrieb sie vielsagend als «Fähigkeit, zielgerichtet zu handeln, rational zu denken und die Umgebung erfolgreich zu bewältigen»[6]. Der Psychologe Lewis Terman, der Binets Tests zum *Stanford-Binet*-Test weiterentwickelte, verstand unter Intelligenz schlicht «die Fähigkeit, abstrakt zu denken»[7]. Einmal erlaubte sich Jensen die Kurzformel «Schlussfolgern, Zusammenhänge erkennen, Verhältnisse erfassen»[8]. Charles Spearman war erleichtert, mit seinem Generalfaktor der Vieldeutigkeit des Intelligenzbegriffs entronnen zu sein.[9] Nahezu sämtliche von Snyderman und Rothman befragten Experten jedoch stimmten darin überein, dass die biometrische Intelligenz «abstraktes Denken und Schlussfolgern», «Problemlösungsfähigkeit» und die «Fähigkeit zum Wissenserwerb» umfasse.[10]

Es ist ein Missverständnis, dass die Naturwissenschaften nur Phänomene untersuchen könnten, die wohldefiniert und erklärt sind. Isaac Newton konnte 1689 die Gesetze der Schwerkraft in mathematische Formeln fassen, obwohl zu der Zeit kein Mensch die leiseste Ahnung hatte, was Schwerkraft eigentlich «ist». Eine Definition mag sich erst ganz am Ende eines langen Erkenntnisprozesses einstellen. Auch die Psychologie und die *brain sciences* wissen nicht, was Intelligenz «ist». Sie lässt sich nicht anfassen, nicht zerlegen, nicht unter die Lupe nehmen. Sie ist kein Ding, sie ist ein Konstrukt – ein provisorischer Begriff für eine Klasse von Phänomenen, die noch nicht erklärt sind, sich aber deutlich von anderen Phänomenen abgrenzen und bei ihrer Tätigkeit beobachten lassen. Möglicherweise wird es eines Tages besseren Konstrukten weichen müssen. Trotzdem sieht es bisher aus, als hätte die Psychologie mit der messbaren Intelligenz eine zwar noch nicht bis ins Letzte durchschaute, aber dennoch sehr reale Fähigkeit des Gehirns im Griff. Diese isoliert zu haben und relativ genau messen zu können, halten manche Psychologen für die vielleicht größte Tat ihrer Wissenschaft überhaupt.

Der Begründer aller Intelligenzvermessung ist Darwins Cousin Sir Francis Galton (1822–1911): Entdeckungsreisender, Journalist, Mathematiker, Meteorologe und wie bereits erwähnt auch der erste Zwillingsforscher. Als Kriminologe hat er die Wissenschaft von den Fingerabdrücken begründet. Von ihm stammt das Wort ‹Eugenik›: Zeitlebens beschäftigte ihn die Frage, was manche Menschen zu genialen geistigen und schöpferischen Leistungen befähige, ob ihre Begabung ererbt sei und wie man sie vermehren könne. Galton glaubte, Intelligenz habe etwas mit der Schärfe und Schnelligkeit des Wahrnehmungsvermögens zu tun, mit der Fähigkeit etwa, leichte Gewichts-, Ton- oder Temperaturunterschiede zu registrieren. Zeitweise betrieb er in einem Londoner Museum ein Labor, in dem man gegen Gebühr Wahrnehmungsvermögen und Reaktionsgeschwindigkeit testen lassen konnte. Der Ansatz erwies sich als Sackgasse.

Der Erfinder des Intelligenztests war der französische Psychologe Alfred Binet (1857–1911). Er stand vor einer eminent praktischen Aufgabe. Der französische Erziehungsminister hatte ihn beauftragt, eine objektive (nämlich nicht auf Lehrerimpressionen angewiesene) Methode zu entwickeln, mit der sich frühzeitig schwachbegabte Kinder identifizieren ließen, die in Sonderschulen unterrichtet werden sollten. Binet und sein Mitarbeiter Théodore Simon sahen schon 1895, dass die Beobachtung von sensorischen und motorischen Funktionen sie nicht weiterbrachte. Daher nahmen sie an, dass Intelligenz eine

Eigenschaft für sich sei, die sich nicht auf andere mentale oder körperliche Funktionen zurückführen ließ. Zehn Jahre lang beobachteten sie, welche Art von Aufgaben Lehrer den Schülern stellten, sortierten die Aufgaben in etwa ein Dutzend Kategorien, erfanden und verwarfen zu jeder von ihnen Testaufgaben, deren Lösung mehr oder weniger Nachdenken erforderte, und legten 1905 einen ersten Test vor: ihre «Metrische Skala der Intelligenz». Sie ist, mehrfach bearbeitet vor allem durch den Stanforder Psychologen Lewis Terman, als *Stanford-Binet*-Test noch heute in Gebrauch und neben *Wechsler's Intelligence Scale* der weltweit verbreitetste Intelligenztest überhaupt.

Während des Ersten Weltkriegs erkannten die Vereinigten Staaten in Binets für die Elementarschulen bestimmtem Test ein Instrument, Rekruten schnell und objektiv auf ihre Eignung für verschiedene militärische Aufgaben zu prüfen. Zu diesem Zweck entwickelten sie «Stift-und-Papier»-Tests, mit denen die Rekruten gruppenweise durchgeprüft werden konnten. Danach fasste das Testen in Amerika Fuß und breitete sich schnell aus. Nach dem Krieg wurden IQ-Tests und verwandte Instrumente weithin für viele Arten von Eignungsprüfung verwendet; Tests wurden zu einem Geschäftszweig. Zweifel an ihrem Wert kamen vor allem dann auf, wenn sich Arbeitgeber auf einen eilig und schlampig konstruierten Test eingelassen hatten, der nicht hielt, was er versprach, und die Fähigeren nicht von den weniger Fähigen unterschied. Andere Länder waren zurückhaltender, besonders Deutschland, wo «Geist» weitgehend als etwas Unmessbares galt und gilt.

Im Zweiten Weltkrieg wurden in Amerika neun Millionen Rekruten mit einem dem IQ-Test verwandten Eignungstest geprüft, und nach 1945 erreichte die amerikanische Testwelle ihren Höhepunkt. Sie versprach mehr Demokratie – Bildung war eine begrenzte Ressource, und das Testen wurde als eine ob-

jektive, unvoreingenommene und dazu effiziente Methode gesehen, jedem die ihm gemäßeste Bildung zuteilwerden zu lassen. Das Ziel war eine demokratische Meritokratie, in der jeder
die Chance des gesellschaftlichen Aufstiegs bekam. Den Schüler
begleiteten IQ-Tests durch die gesamte Schullaufbahn, praktisch jeder Amerikaner hatte sein IQ-Dossier.

Als dann aber in den 1960er Jahren im intellektuellen Amerika eine immer stärkere Anti-Establishment-Stimmung aufkam, veränderte sich langsam auch die Einstellung zum IQ-Test.
Da einige Minoritäten, vor allem die afroamerikanische, bei ihm
schlechter als die Weißen abschnitten, wuchs der Verdacht, er sei
nichts anderes als ein Instrument der weißen Elite, ihre Vorherr-
schaft zu begründen und zu verteidigen – ein antidemokrati-
sches Instrument der Segregation.[11] «Besonders für viele Linke»,
schrieben Snyderman und Rothman in der Rückschau, «wurden IQ-Tests und sogar der IQ selbst zum Inbegriff einer strati-
fizierten, unpersönlichen, bürokratischen, rassistischen Gesellschaft. Der Angriff auf den IQ-Test war eine Kritik an dieser
Gesellschaft selbst.»[12] Gleichzeitig wuchs der Glaube an die
Macht der Erziehung, geschürt von einem 1961 erschienenen
Buch des Psychologen Joseph McVicker Hunt, das vielen Pädagogen zu einer Art Bibel werden sollte. Das war die Situation, in
der der Jensen-Eklat losbrach.

Binets Test war der erste gewesen, der aufwendig normiert
(«standardisiert») wurde. Er verwendete keine absolute Skala
wie das Thermometer. Vielmehr bezog sich jedes individuelle
Testergebnis auf den für die Gesamtheit ermittelten Durchschnittswert. Durch praktische Erprobung wurden seine Aufgaben so eingerichtet, dass sie in gleich großen Schritten fortlaufend schwieriger wurden und genau die Hälfte der Probanden
nicht mehr als die Hälfte der Aufgaben bewältigte. Jedem individuellen Testergebnis fiel somit ein Platz auf dieser Messskala

zu, der mehr oder weniger weit entfernt vom Mittelwert lag. Somit stellte sich Intelligenz nicht als etwas dar, was in einigen wenigen Abstufungen vorhanden ist oder fehlt, sondern als ein weitgespreiztes Kontinuum. Aus praktischen Gründen wird der Mittelwert bei jeder Normierung immer mit 100 angesetzt, ihr unterer Extremwert mit 40 oder 50, ihr oberer mit 140 oder 150. 50 Prozent der Gruppe, für die der Test normiert ist, erreichen Werte zwischen 90 und 110; 25 Prozent haben eine überdurchschnittliche Intelligenz (über 110), 25 Prozent eine unterdurchschnittliche (unter 90).

Binet ging dabei von der Annahme aus, die Intelligenz sei in der Bevölkerung nach der Gauß'schen «Normalkurve» verteilt, ähnlich wie andere menschliche Merkmale, die Körpergröße zum Beispiel. Die Normalverteilung ist nicht mit letzter Sicherheit beweisbar, aber plausibel. Sie entsteht, wenn ein Merkmal das Ergebnis vieler verschiedener, unabhängig voneinander wirkender Faktoren ist. Dann treten mittlere Werte am häufigsten auf und abweichende Werte umso seltener, je weiter vom Mittel sie entfernt sind. Wirft man etwa eine Münze sehr oft (je öfter, umso perfekter das Ergebnis), so wird die Folge Zahl–Kopf am häufigsten eintreten; zweimal Zahl seltener, fünfmal Zahl sehr viel seltener, zwanzigmal Zahl so gut wie nie. Werden diese Häufigkeiten graphisch dargestellt, so erhält man eine symmetrische glockenförmige Kurve, die auf der einen Seite (Zahl) ganz unten beginnt, erst langsam, dann schneller zum Mittelwert ansteigt, sich in der Nähe des Mittelwertes abflacht und auf der anderen Seite (Kopf) spiegelbildlich abfällt. Ähnlich verläuft die Kurve der biometrischen Intelligenz. Wären nur wenige Faktoren an deren Zustandekommen beteiligt, so sähe ihre Verteilungskurve ganz anders aus: stufig, wie eine Treppe. Die Intelligenz wird aber nicht in großen Sprüngen höher oder niedriger. Die größte Abweichung von der Glocken-

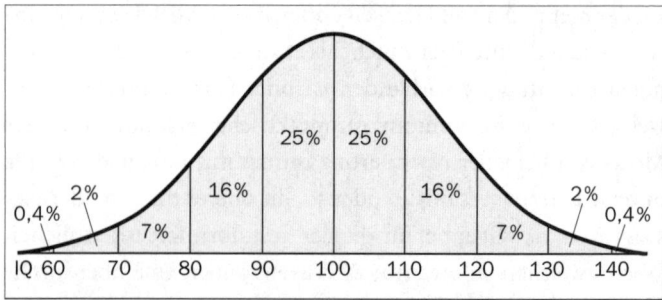

**Die Gauß'sche Normalkurve des IQ.** In Schritte von 10 IQ-Punkten unterteilt, ergeben sich die folgenden Anteile: unter 70 ca. 2 % (früher ‹Schwachsinn›, heute geistige Behinderung oder ‹Oligophrenie›); 70 bis 79 ca. 7 % (starke Intelligenzminderung); 80 bis 89 ca. 16 % (niedrige Intelligenz); 90 bis 109 ca. 50 % (durchschnittliche Intelligenz); 110 bis 119 ca. 16 % (überdurchschnittliche Intelligenz); 120 bis 139 ca. 2 % (hohe Intelligenz).

kurve stellt der niedrige Buckel ganz unten dar – die Fälle organischer Hirnschäden.

Der Erfinder des Intelligenzquotienten, des IQ, war der deutsche Psychologe William Stern (1871–1938). Wie die Bezeichnung ‹Quotient› schon sagt, ist er eine Verhältniszahl: Bei Kindern in den ersten sechzehn Lebensjahren, wenn sich die Intelligenz noch in der Entwicklung befindet, gibt er das Verhältnis des Intelligenzalters zum Lebensalter an, sagt also, in welchem Maß das Kind dem Durchschnitt seiner Altersgenossen voraus oder hinter ihm zurück ist, bei Erwachsenen das Verhältnis des individuellen Testergebnisses zum kollektiven Durchschnitt.

Intelligenztests sind also nicht von der Natur vorgegeben, sondern ein pragmatisch entwickeltes Kunstprodukt der Psychologen – ein Instrument, Testergebnisse so zu spreizen, dass die IQ-Verteilung eine Chance bekommt, mit der Normalkurve übereinzustimmen. Sie sind auch nicht allgemein gültig, sondern aus den konkreten Anforderungen einer gegebenen Zivilisation heraus entwickelt. Sie sollen den Erfolg in den Schulen und in minderem Maß in der Wirtschaft moderner Industriegesellschaften voraussagen. Ein Jägerleben in Kamtschatka erforderte ganz andere Tests, auch wenn es dabei unter anderem auf Intelligenz ankommen sollte. In den Industriegesellschaften aber scheint das, was die IQ-Tests messen, dem nahe zu sein, was auch die Allgemeinheit unter Intelligenz versteht. Bei der Einschätzung der Intelligenz eines Mitmenschen stimmen die Leute weitgehend mit IQ-Tests überein. Wer bei Tests gut abschneidet, wird in der Regel auch sonst für intelligent gehalten.[13]

Um brauchbar zu sein, muss jedes psychologische Messinstrument zweierlei nachweisen: erstens, dass es zuverlässig und genau misst, zweitens, dass es genau das misst, was es messen soll. Seine Zuverlässigkeit (das Fachwort ist ‹Reliabilität›) gibt es dadurch zu erkennen, dass es die gleichen Messwerte liefert wie ein anderes geeichtes Messinstrument oder dass es bei verschiedenen Gelegenheiten gleiche Messwerte liefert; die Differenz zwischen Test und Testwiederholung zeigt seine Messungenauigkeit an. Seine Gültigkeit (‹Validität›) erweist sich an einer hohen Übereinstimmung zwischen dem Testergebnis und dem, was er messen soll; beim IQ-Test, der den Schulerfolg voraussagen soll, zeigt sie sich beispielsweise daran, ob der Platz der Testpersonen auf der IQ-Skala ihrem Platz auf einer Skala der Schulzensuren entspricht. Es wäre dies ein sehr naiver Maßstab; tatsächlich ist die Validierung eines Tests eine Wissenschaft für sich.

Wie immer man nennen will, was IQ-Tests messen: Es ist ungemein konstant, und das über lange Zeiträume. Die Tests bringen nicht bald das eine Ergebnis und kurz darauf ein anderes, scheinen also ziemlich richtig zu messen. Das kann man aber nur sagen, wenn man sicher ist, dass das, was sie messen, nicht selber schwankt. Reliable Tests für vorübergehende Gemütszustände kann es nicht geben. Bei IQ-Tests beeinflussen Stimmungen und verschiedene Testsituationen das Ergebnis nur geringfügig – die normale Schwankungsbreite überschreitet 10 Punkte nach oben oder unten nicht. Wer in einem Test auf einen IQ von etwa 115 kommt, kann ziemlich sicher sein, dass er niemals weniger als 105 und mehr als 125 erreichen wird. Macht man einen gleichartigen Test mehrmals, so differieren die Testergebnisse im Durchschnitt nur um 4 Punkte. Testerfahrung verbessert die Ergebnisse um 5 bis 8, gezieltes Einpauken der Testaufgaben um 10 Punkte. Überlisten lassen sich IQ-Tests also nur in engen Grenzen. Was in den ersten Lebensjahren gemessen wird (es gibt Intelligenztests schon für sechsmonatige Säuglinge), hat jedoch nur eine geringe Beziehung zu späteren Testergebnissen. Aber schon die Korrelation zwischen dem IQ mit 12 Jahren und dem mit 18 beträgt 0.96, ist also fast perfekt.[14] Allerdings wurde unlängst in einer – leider nur kleinen – englischen Probandengruppe überraschenderweise beobachtet, dass sich bei etwa jedem Fünften der IQ noch in den Reifejahren (12 bis 20) um bis zu 15 Punkte nach oben oder unten verschob – und dass diese Verschiebungen mit charakteristischen Veränderungen in der Hirnstruktur verbunden waren.[15] Wenn die biometrische Intelligenz Anfang 20 dann aber volljährig geworden ist, scheint sie bis ins beginnende Alter nahezu gleich zu bleiben.

Ein großer Vorzug der bewährten IQ-Tests ist ihre Neutralität. Wohl wurden sie in den Jahren der IQ-Kontroverse unter anderem deswegen angefeindet, weil sie angeblich eben nicht neutral wären, sondern voreingenommen zugunsten der großen amerikanischen Negativfigur jener Zeit: des männlichen *WASP*, des *White Anglo-Saxon Protestant Male*, des (wohlhabenden) weißen protestantischen Mannes. Sprachlich und inhaltlich seien sie dermaßen auf die weiße Mittel- und Oberschicht zugeschnitten, dass die Kinder aus der schwarzen Subkultur an ihnen nur scheitern könnten. Das hatte zur Folge, dass die Tests pedantisch durchgeprüft wurden – und ein Vorwurf nach dem anderen entkräftet.[16] Der schlagendste Beweis dafür, dass sie schwarze Kinder nicht diskriminieren, war die Tatsache, dass diese bei «kulturneutralen» Tests, nämlich solchen, die keinerlei Schulwissen abfragten, die sogar ganz ohne Sprache auskamen, im Durchschnitt schlechter abschnitten als bei den normalen, angeblich diskriminierenden Tests. «Schwarze Kinder aus jeder Sozialschicht schneiden bei dem ‹kulturhaltigsten› Test besser ab als bei dem ‹kulturfreiesten›.»[17]

IQ-Tests bescheinigen keinem Geschlecht eine höhere oder mindere Intelligenz. Zwar sind Mädchen in der Regel stärker bei den sprachlichen Aufgaben der Tests, Jungen bei den quantitativen und vor allem jenen, die räumliche Visualisierung erfordern. Aber in der kognitiven Grundfähigkeit, dem $g$-Faktor, geben sich die Geschlechter nichts, und darum balancieren die Testkonstrukteure die breitgefächerten Tests zu Recht so aus, dass sie keine Geschlechtsunterschiede erkennen lassen. «Manche Tests sind absichtlich so konstruiert, dass sie etwaige Geschlechtsunterschiede minimieren, indem sie alle jene Testaufgaben herausnehmen, bei denen ein Geschlecht deutlich besser abschneidet … [Denn] nichts deutet darauf hin, dass es bei $g$ einen Geschlechtsunterschied gibt. Dagegen gibt es einen echten Unterschied bei der Standardabweichung des IQ – die bei Männern etwa einen Punkt größer ist. Er erklärt die allgemeine Beobachtung, dass Männer sich häufiger an den äußersten Enden der IQ-Verteilung finden als Frauen.»[18] Das heißt: Unter den Geistesschwachen wie unter den intellektuellen Genies sind Männer häufiger als Frauen.

Der andere große Vorzug des IQ-Tests ist seine prognostische Kraft. Deswegen wurde er ja überhaupt entwickelt: um den Schulerfolg vorherzusagen. Nie ist ein anderer einzelner Faktor gefunden worden, der für die Schulleistung annähernd so bedeutsam wäre wie der IQ. Für die Höhe der Korrelation zwischen IQ und Schulerfolg lässt sich kein allgemeiner Wert nennen. Man muss schon genauer fragen, wann und woran und worin man den Erfolg messen will: An den Zensuren? An der Einschätzung durch Lehrerinnen und Lehrer? Am Anfang oder am Ende der Schullaufbahn oder mittendrin, bei der Wechseloption in die gymnasiale Oberstufe? Niedriger ist die Korrelation unter anderem beim Notendurchschnitt in den Gymnasialklassen 5 bis 10 (0.43), höher unter anderem bei den schriftlichen Leistungen in der Muttersprache (0.76) und bei den Lehrerempfehlungen für das Gymnasium (0.73)[19]. Der Marburger Psychologe Detlef H. Rost resümierte die widersprüchliche Lage so: «Die vielen unterschiedlichen Studien zu Korrelationen zwischen Intelligenz und Schul- bzw. Studienleistungen sowie Trainingserfolg [konvergierten] dahingehend, dass [eine Korrelation] von 0.70 nur ausnahmsweise überschritten wurde. Das heißt, dass ‹nur› maximal 50 Prozent der Varianz in akademischen Leistungen und Trainingserfolgen durch [IQ-]Testverfahren aufgeklärt wurde, also noch nennenswerte Leistungsvarianzanteile auf andere Quellen wie ... Gewissenhaftigkeit und Offenheit für Erfahrungen oder Lerneinstellungen zurückgeführt werden können. Im Wettlauf mit der Motivation war für die Vorhersage von Schulleistungen der IQ mit weitem Abstand prädiktiver ...»[20]

Auch den späteren Berufserfolg bestimmt der IQ mit. Die Korrelation ist wie zu erwarten niedriger und hängt stark vom Beruf ab – in den ungelernten Berufen ist sie nahe null, in den technischen und wissenschaftlichen Berufen erheblich. Meist werden Durchschnittszahlen von 0.20 bis 0.25 genannt.[21] Unlängst hatte eine britische Arbeitsgruppe die Gelegenheit, den

Zusammenhang mit einer ungewöhnlich langen Langzeitstudie an einem ungewöhnlich großen repräsentativen Sample von schottischen Männern zu überprüfen: Über 6000 etwa gleichaltrige Jungen aus Aberdeen wurden mit 11 Jahren getestet und 40 Jahre später nach ihrem schulischen und beruflichen Werdegang befragt; gleichzeitig erkundeten die Psychologen ihren Sozialstatus und den ihrer Eltern sowie etwaige kindliche Verhaltensauffälligkeiten wie Aggressivität und Nervosität.[22] Als stärkster Prädiktor für den Beruferfolg (0.29) erwies sich die Intelligenz der Elfjährigen; Sozialstatus der Eltern und Bildungsgrad waren ebenfalls gewichtige Prädiktoren, nicht aber jugendliche Verhaltensauffälligkeiten. Da aber Schulerfolge und Sozialstatus des Elternhauses ihrerseits mit der Intelligenz korreliert sind (hier mit 0.46 bzw. 0.51), ist deren Gewicht für den Berufserfolg größer, als es der direkten Korrelation anzusehen ist. Zusammen erklären die drei Faktoren 50 Prozent der Varianz. Offenbar hängt der Berufserfolg genauso stark von anderen Faktoren ab: Motivation, Gewissenhaftigkeit, Ausdauer, Ehrgeiz, «Beziehungen» – und wohl auch schlicht dem Zufall.

In der Gesellschaftspyramide wird die Streuung des IQ nach unten hin immer breiter – in den unteren Sozialschichten sind Menschen mit allen möglichen IQs zu finden. «Oben», bei den akademischen Berufen, ist die Streuung geringer. Der IQ wirkt also als eine Art Schwelle oder Transistor: Nach unten lässt er alle durch, nach oben aber nur die mit einem ausreichend hohen IQ.

Da der Zusammenhang zwischen IQ und Berufserfolg in mindestens einem deutschen Lehrbuch der Pädagogischen Psychologie rundheraus bestritten wurde[23], soll er hier doppelt und dreifach belegt werden, und zwar durch Daten nicht aus dem Psychologischen Seminar, sondern aus der Arbeitswelt, die kein Nährboden für Illusionen ist. In Deutschland ermittelte die Bundesanstalt für Arbeit zwischen 1975 und 1982, welchen von 92 Ausbildungsberufen Schüler ergriffen, deren IQs mehrere Jahre zuvor ermittelt worden waren. Walter Engelbrecht machte daraus eine Liste von beruflichen Durchschnitts-IQs.[24] Dies ist ein Auszug:

Chemielaborant 114

Augenoptiker 113

Technischer Zeichner 111

Steuerberater 109

Elektromechaniker 108

Arzthelfer 105

Drogist 103

Masseur und Maschinenbauer 100

Damenschneider 99

Landwirt 97

Dachdecker 94

Installateur 93

Friseur 91

Maler / Lackierer 90

Einer der meistverwendeten Berufseignungstests in den Vereinigten Staaten ist der *Wonderlic Personnel Test (WPT)*, heute *Wonderlic Cognitive Aptitude Test.* Seit 1937 sollen ihn 200 Millionen Amerikaner gemacht haben. Er ist nichts anderes als ein stark verkürzter Intelligenztest, den Berufsanwärter in zwölf Minuten absolvieren können. Bei dem Testverlag hat sich eine Menge Wissen darüber angesammelt, welcher IQ von Jobbewerbern erwartet wird. Linda Gottfredson hat die Wonderlic-Daten für das Jahr 1992 ausgewertet.[25] Ihre Liste nennt die Mittelwerte von 72 Berufen, darunter:

Rechtsanwalt 120

Redaktionsleiter 116

Wirtschaftsprüfer, Lehrer 112

Sekretärin 108

Drucker, Kassierer, Verkäufer 100

Maschinist 99

Kraftfahrer 98

Fabrikarbeiter 95

Lagerarbeiter 94

Hausmeister 90

Packer 88

Bewerber für diese Stellen, sagt Wonderlic, sollten mindestens diesen Mittelwert erreichen. Tatsächlich lagen zwei Drittel der angenommenen Stellenanwärter bis zu acht Punkte darüber oder darunter. Aber mit den Mittelwerten steigen auch die Mindestwerte vom Packer bis zum Rechtsanwalt Stufe um Stufe um fast 30 Punkte an, sodass es zwischen den Spannweiten der obersten Berufsränge keinerlei Überschneidung mit denen der untersten gibt. «Die Beschäftigungsmöglichkeiten schrumpfen mit dem IQ dramatisch – über 120 sind sie nahezu unbegrenzt, unter 80 sind sie überaus knapp. Für Menschen mit einem IQ unter 75 gibt es (außer in geschützten Werkstätten) heute praktisch gar keine Stellen mehr. Wer einen IQ von 80 als eine unvernünftig hohe Schwelle betrachtet, sei erinnert, dass es dem Militär (außer in Kriegszeiten) durch Gesetz verboten ist, Männer unter diesem Niveau (das heißt unter dem 10. Perzentil) zu rekrutieren. Das Gesetz wurde während des Zweiten Weltkriegs wegen der außerordentlich hohen Ausbildungskosten und Versagerquoten bei diesen Männern erlassen» (Linda Gottfredson).[26] In traditionellen Gesellschaften gab es für die meisten praktischen Arbeiten bewährte feststehende Regeln, Verrichtungen und Kniffe, die auch intellektuell Minderbegabte lernen konnten. Erst als in den Industriegesellschaften der Berufsalltag immer mehr «fluide» abstrakte Intelligenz erforderte, gerieten die Minderbegabten so weit ins Abseits wie heute.

Noch deutlicher machte den Transistoreffekt der biometrischen Intelligenz eine Untersuchung, die die IQ- und Berufsdaten von über 18 000 amerikanischen Luftwaffenrekruten des Zweiten Weltkriegs auswertete.[27] Sie ergab eine Rangliste, die den beiden oben zitierten sehr ähnlich war, vom Buchhalter (Zentralwert des IQ 128) bis zum Lkw-Fahrer (Zentralwert 89). Auch sie nannte Spannweiten, und die muten geradezu phantastisch an, weil es nach oben offenbar keine Grenze gab – in sämtlichen Berufen befanden sich Menschen der höchsten überhaupt messbaren Intelligenzniveaus. Bei dem obersten Beruf (Buchhalter) reichte die Spanne von 94 bis 157, bei dem untersten (Lkw-Fahrer) von 46 bis 145. In 56 dieser 72 Berufe kamen IQs von teilweise weit über 140 vor. Jeder, heißt das, kann Hilfsarbeiter sein, wenige aber Physiker; und gar nicht wenige, die aufgrund ihres IQ Physiker sein könnten, sind dennoch Hilfsarbeiter.

Wie groß die Spannweiten in den einzelnen Berufen de facto sind, geht am genauesten aus der Tabelle auf Seite 71 hervor, die sich in einer Studie des amerikanischen Soziologen Robert M. Hauser findet.[28] Sie bezieht sich auf Männerberufe in den Jahren 1975/77, ist allerdings oberhalb eines IQ von 133 abgeschnitten. Danach ist die Spanne am schmalsten bei Buchhaltern (19 Punkte), am breitesten bei Bau- und Landarbeitern (49 Punkte). Über alle mehr als 50 Berufe hin aber fallen die Zentralwerte einer nach dem anderen um insgesamt 30 Punkte ab.

Im Übrigen geht aus solchen Listen hervor, dass «das, was IQ-Tests messen», die biometrische Intelligenz, nicht nur für die intellektuellsten akademischen Berufe von Bedeutung ist. Die gesamte Berufsskala ist nach dem IQ gestaffelt.

Solange die Gesellschaften undurchlässig waren, blieb jeder in dem Milieu gefangen, in das er hineingeboren wurde. Es ist anzunehmen, dass damals in jeder Klasse, Kaste, Schicht oder

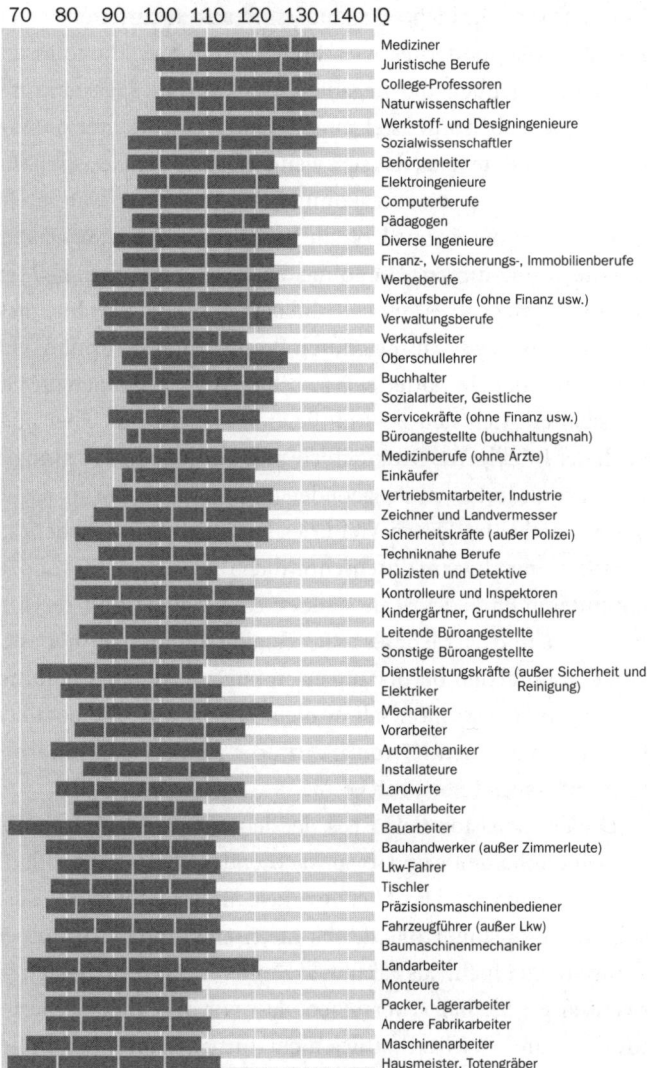

70   80   90   100  110  120  130  140  IQ

Mediziner
Juristische Berufe
College-Professoren
Naturwissenschaftler
Werkstoff- und Designingenieure
Sozialwissenschaftler
Behördenleiter
Elektroingenieure
Computerberufe
Pädagogen
Diverse Ingenieure
Finanz-, Versicherungs-, Immobilienberufe
Werbeberufe
Verkaufsberufe (ohne Finanz usw.)
Verwaltungsberufe
Verkaufsleiter
Oberschullehrer
Buchhalter
Sozialarbeiter, Geistliche
Servicekräfte (ohne Finanz usw.)
Büroangestellte (buchhaltungsnah)
Medizinberufe (ohne Ärzte)
Einkäufer
Vertriebsmitarbeiter, Industrie
Zeichner und Landvermesser
Sicherheitskräfte (außer Polizei)
Techniknahe Berufe
Polizisten und Detektive
Kontrolleure und Inspektoren
Kindergärtner, Grundschullehrer
Leitende Büroangestellte
Sonstige Büroangestellte
Dienstleistungskräfte (außer Sicherheit und Reinigung)
Elektriker
Mechaniker
Vorarbeiter
Automechaniker
Installateure
Landwirte
Metallarbeiter
Bauarbeiter
Bauhandwerker (außer Zimmerleute)
Lkw-Fahrer
Tischler
Präzisionsmaschinenbediener
Fahrzeugführer (außer Lkw)
Baumaschinenmechaniker
Landarbeiter
Monteure
Packer, Lagerarbeiter
Andere Fabrikarbeiter
Maschinenarbeiter
Hausmeister, Totengräber

**Berufe und IQ** (nach Hauser 2002). Die dunklen Balken bezeichnen die Spannweite der IQs in den betreffenden Berufen, der mittlere helle Strich den Zentralwert, die beiden äußeren Striche das 25. und das 75. Perzentil.

jedem Stand sämtliche Begabungsniveaus anzutreffen waren. Als aber die modernen Gesellschaften immer durchlässiger wurden, begannen die Begabteren aus ihrem angestammten Milieu nach oben aufzusteigen. Die Unterschichten verloren intellektuelles Potenzial, das sich weiter oben in der Gesellschaftspyramide ein besseres Auskommen suchte. Zwar war Intelligenz niemals die einzige Ursache für den Aufstieg, vieles andere musste dazukommen. Aber ohne die jeweils erforderliche Mindestintelligenz gab es keine qualifizierte Arbeit, und ohne diese war der Aufstieg höchstens durch Protektion, Korruption, eine Erbschaft oder ein Lotterielos zu schaffen. So begannen die Gesellschaften, sich neu zu stratifizieren – nicht nur, aber auch nach der Intelligenz. Diese Schichtung war schon zu Beginn des 20. Jahrhunderts voll ausgebildet und änderte sich in dessen Verlauf nicht: Im Ersten Weltkrieg hatten amerikanische Akademiker einen IQ von durchschnittlich 123, im Zweiten von 120; am unteren Ende der Skala standen Hilfsarbeiter und Tagelöhner mit 96 und 95. Mehr als 25 IQ-Punkte trennten die höchsten von den untersten Berufsrängen. In England und der kommunistischen Sowjetunion sah es nicht anders aus: Akademikerkinder hatten einen IQ von 115 / 117, die Kinder von Hilfsarbeitern und Tagelöhnern von 96 / 92.[29]

Dieser Transistoreffekt ist es, der dem IQ über die Schule hinaus seine anhaltende und sogar wachsende soziale und politische Brisanz verschafft. Die Allgemeinheit und die politische Kaste sollten die Türhüterrolle der biometrischen Intelligenz, ob erwünscht oder nicht, als Faktum akzeptieren. Sie propagieren die «Wissensgesellschaft», verstehen, dass wir in der globalisierten Moderne anders wirtschaftlich nicht mithalten könnten, wollen aber nicht zur Kenntnis nehmen, dass die Menschen sich in ihrer intellektuellen Befähigung unterscheiden und den kognitiv Unbegabten der Zugang zu dieser Wissensgesellschaft von vornherein verwehrt ist. Ob sie wegen bildungsferner Eltern, mangelhafter Schulen oder genetischer Grenzen minderbefähigt sind, kann in diesem Zusammenhang sogar gleichgültig sein, denn bisher lässt sich weder erzieherisch noch biologisch aus einem Minderbegabten ein Hochbegabter machen, und wer sich der Illusion hingibt, dass es eines Tages, vielleicht nach der nächsten Schulreform, doch möglich sein müsste, verliert nur Zeit – die Minderbegabten, die nicht Hochqualifizierten brauchen jetzt Jobs, wenn sie nicht perspektivlos ins Prekariat abdriften sollen.

So formulierte es ein Dissident in der Nichtdebatte um Thilo Sarrazins Buch, Klaus von Dohnanyi: «Immer entschlossener forcieren wir die ‹Wissensgesellschaft›; sie ist das Fundament jedes erfolgreichen Wettbewerbs in der Globalisierung. Aber wir müssten auch erkennen, dass gerade diese konsequente Betonung der geistigen Fähigkeiten des Menschen die Gesellschaft zugleich immer bedrohlicher spaltet … Hier wurzelt die aufreißende Kluft zwischen den besser Befähigten und den anderen … Nur wer die Tatsache akzeptiert, dass es unterschiedliche Befähigungen gibt, kann gegenüber den weniger Befähigten gerechter werden.» [30]

Intelligenz – das ist nicht der Privatbesitz einer versponnenen und arroganten selbsternannten Elite; sie ist eine wertvolle Naturressource, auf die moderne Gesellschaften so angewiesen sind wie auf Energie. Intellektuelle Hochbegabung verdiente ebenso viel neidlose Achtung wie eine hohe musikalische oder sportliche Begabung. Die Wissensgesellschaft muss aber auch Platz für die Minderbegabten haben. Für sie muss es einfachere Jobs geben, mit denen sie sich nicht nur den Lebensunterhalt, sondern auch Anerkennung verdienen können.

Die Biometrik hat nie behauptet, mit einem IQ-Test den ganzen Menschen beschreiben zu können. Eigenschaften wie Ausdauer, Konzentration, Wissbegier, Offenheit für neue Ideen, sozialer Ehrgeiz, Gedächtnis, Motivation, Kreativität, die für die Schulleistung ebenfalls wichtig sind, lässt sie von vornherein außer Acht. Wohl messen IQ-Tests nur einen kleinen Ausschnitt aus den menschlichen Fähig- und Fertigkeiten, die zum logisch-analytischen Denken und seinem sprachlichen Ausdruck. Moralische Kriterien ignorieren sie vollständig. Einer mag seinen hohen IQ dazu benutzen, eine Bank zu managen, ein anderer, den perfekten Banküberfall zu planen, ein Dritter, die Verletzten ärztlich zu versorgen. Der IQ sagt nicht das mindeste darüber, wie angenehm ein Mensch für seine Mitwelt ist und wie nützlich für die Gesellschaft. Nur, wie gut und schnell er abstrakt denken kann.

IQ-Tests sind über hundert Jahre alt und nehmen sich heute geradezu altmodisch aus, wie alte Waagen oder Thermometer. Aber erstaunlicherweise funktionieren sie immer noch. Ein überdurchschnittlicher IQ selbst garantiert noch gar nichts. Doch ohne einen ausreichend hohen IQ wird man wahrscheinlich keine überdurchschnittlichen Schulleistungen erbringen und ganz gewiss in keinem wissenschaftlich-technischen Beruf reüssieren. Gerade wer seine abstrakte Intelligenz für eine Selbstverständlichkeit hält und es mit ihrer Hilfe in die oberen Ränge einer modernen Industriegesellschaft geschafft hat, sollte nicht vergessen, dass sie im Menschheitsmaßstab nicht alles und nicht immer und überall von Nutzen ist.

Was immer die biometrische Intelligenz auch «ist» und wie man es auch nennen will: Wegen seiner Vorhersagevalidität in den modernen Industriegesellschaften hat sich der IQ-Test bisher nicht totsagen lassen. Auch wenn die Pädagogik heute ohne ihn auszukommen glaubt – für die klinische Psychologie und die Verhaltensgenetik ist er nach wie vor ein unverzichtbares Diagnose- und Forschungswerkzeug.

# Der Test

Die folgenden Aufgaben orientieren sich in Art und Gruppierung an dem weltweit meistverwendeten breitgefächerten Intelligenztest, der *Wechsler Adult Intelligence Scale* (WAIS), in seiner neuesten, vierten Fassung von 2008 (WAIS-IV). Ursprünglich entwickelt wurde er 1939 von David Wechsler (1896–1981), einem klinischen Psychologen am New Yorker Bellevue Psychiatric Hospital. Seit 1956 gibt es ihn auch in deutschen Fassungen ([Hamburg-]Wechsler-Intelligenztest für Erwachsene, [HA]WIE). Da Testaufgaben grundsätzlich nicht veröffentlicht werden dürfen, wurden hier die Beispiele durch etwa gleichartige ersetzt. Die WAIS-Matrizen werden von drei originalen Raven-Matrizen vertreten. Hinzugefügt wurde ein Beispiel für «Mentale Rotation».

## Sprachverständnis

### 1. Gemeinsamkeiten                          *g*-Gehalt 0,68

**Was haben diese beiden Dinge gemein?**
Katze / Maus  –  Berg / See  –  Anfang / Ende …

### 2. Wortschatz                               *g*-Gehalt 0,72

**Was bedeuten:** Maulesel  –  Philister  –  Hyponym …
Es zählt die Menge der bekannten Wörter, nicht die Güte der Definition.

### 3. Allgemeinwissen                          *g*-Gehalt 0,65

Wie viele Zentner hat eine Tonne?
Wie groß ist der Erdumfang?
Was ist Symbiose?

### 4. Allgemeinverständnis                     *g*-Gehalt 0,68

Was bedeutet «Zwei Fliegen mit einer Klappe schlagen»?
Warum sollte man Versprechen halten?
Was ist der Sinn des Geldes?

## Wahrnehmungsdenken

### 5. Mosaiktest                               *g*-Gehalt 0,68

**Aus neun Würfeln mit diesen sechs Seiten**

**soll u. a. dieses Muster gebaut werden**

## 6. Gewichte

g-Gehalt 0,77

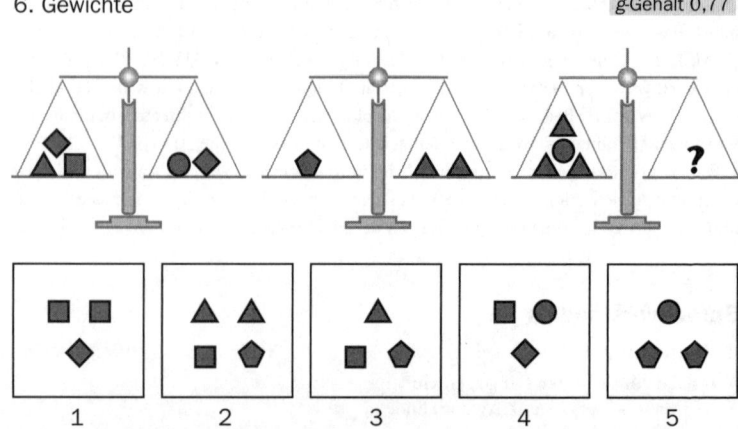

## 7. Bilderordnen

g-Gehalt 0,66

(Für Kinder und Jugendliche)

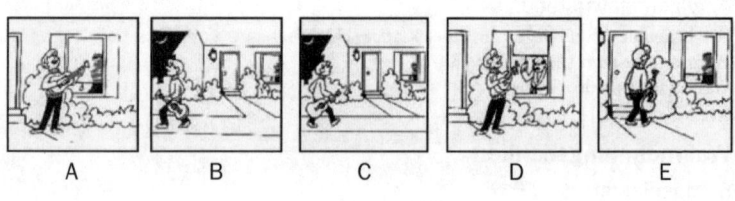

## Arbeitsgedächtnis

### 8. Rechnerisches Denken

g-Gehalt 0,78

a) Ein Mann hat 12 Flaschen Bier gekauft, trinkt 2 und verschenkt 7.
Wie viele bleiben ihm?

b) Eine Taxifahrt kostet eine Grundgebühr von 3,20 Euro und eine Kilometergebühr
von 1,70 Euro, außerdem eine Wartegebühr von durchschnittlich 10 Prozent des
Kilometerpreises. Wie viel kostet eine Fahrt von 6 Kilometern?

c) A und B spielen Karten. Jeder beginnt mit 54 Euro. Sie vereinbaren, dass am Ende
jeder Runde der Verlierer dem Gewinner ein Drittel des Geldes zahlen muss, das
er gerade besitzt. A gewinnt die ersten drei Runden. Wie viel Geld hat B zu Beginn
der vierten Runde noch?

## 9. Reihenfortsetzung

*g*-Gehalt 0,66

**Welches sind die nächsten beiden Zahlen?**

a) 1, 4, 2, 5, 3, — , —

b) 52, 36, 28, 24, — , —

c) 28, 34, 31, 37, 34, — , —

## Verarbeitungsgeschwindigkeit

### 10. Durchstreichen

*g*-Gehalt 0,38

**So schnell wie möglich alle schwarzen Vierecke und alle grauen Dreiecke durchstreichen**

### 11. Figurendrehung

*g*-Gehalt 0,73

**Von den vier unteren Figuren sind zwei mit der oberen Figur identisch. Welche?**

1

2

3

4

## Lösungen:

**1** a) 1 Punkt: Fell, Vierbeiner; 2 Punkte: Lebewesen, Tier, Säugetier. b) 1 Punkt: Gegenden, Teile der Natur; 2 Punkte: Landschaftsmerkmale. c) 1 Punkt: am äußersten Ende; 2 Punkte: Grenzbegriffe von Ort / Zeit, Extreme einer Reihe. **6** 2. **7** C-E-A-D-B. **8** a) 3; b) 14,42 €; c) 16 €. **9** a) 6, 4; b) 22, 21; c) 40, 37. **11** 1, 3.

## Matrizen

**Welches der unteren Muster passt in die Lücke?**

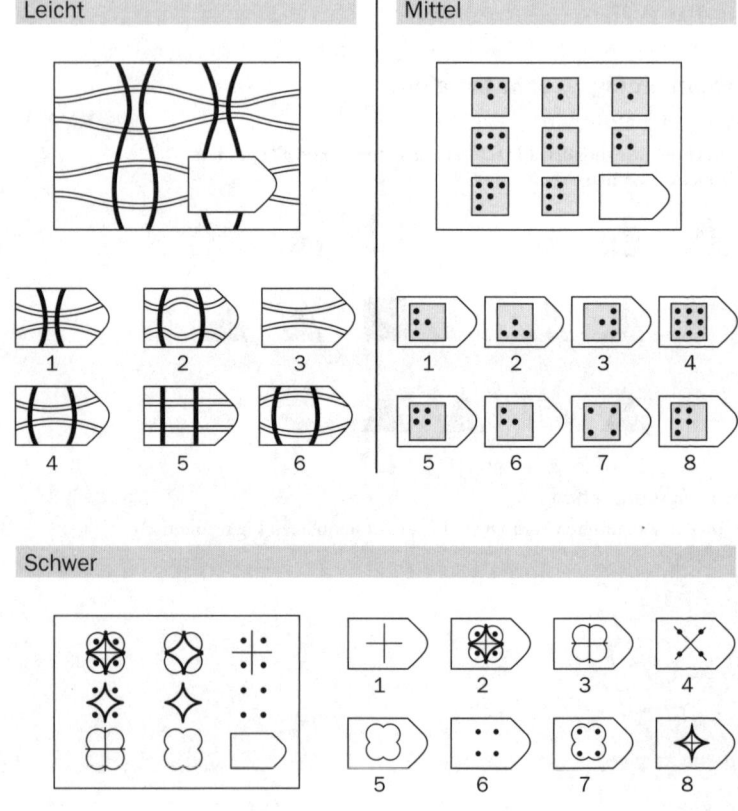

Drei Aufgaben aus *Raven's Progressive Matrices*, einem IQ-Test mit einem *g*-Gehalt von 0.73, entwickelt 1936 von dem englischen klinischen Psychologen John C. Raven (1902–1970). Der Standardtest enthält 60 stetig schwieriger werdende Aufgaben. Entnommen einer Online-Version (www.raventest.net) und darum hier ohne Angabe der Lösungen. Da völlig sprachfrei, sind Matrizenaufgaben «kulturneutral» und finden auf der ganzen Welt Verwendung. In der Gruppe «Wahrnehmungsdenken» enthält auch der WAIS-IV einige. ‹Matrizen› heißen sie, weil alle Aufgaben aus einer gleichförmigen Matrix, bei Raven aus 3 × 3 Mustern bestehen.

## KAPITEL 5
# EINE PYRAMIDE AUS FAKTOREN

Was ist Intelligenz? Man merkt, was sie tut; was sie «ist», weiß man nicht. Einiges von dem, was sie tut, lässt sich unter Laborbedingungen vorführen und objektiv messen; damit hat dann die Höhe der Intelligenz mit dem IQ auch eine Zahl. Diese ist ihrerseits die Zusammenfassung mehrerer Messwerte. Denn die breitgefächerten Intelligenztests stellen mehrere unterschiedliche Arten von Denkaufgaben, meist zehn bis vierzehn. Die Testpersonen müssen rechnen, allgemeine Wissensfragen beantworten, dreidimensionale Figuren im Geist drehen und wenden, Wortbedeutungen finden, Zahlenreihen nachsprechen, Zahlenreihen fortsetzen, erkennen, was zwei Dinge gemeinsam haben, Bilder zu Geschichten ordnen, logische Schlüsse aus den Veränderungen von Piktogrammen ziehen – ein mit pragmatischer List zusammengestelltes Aufgabenpotpourri.

Was die Intelligenz «ist», weiß man dann jedoch so wenig wie vorher. Im Übrigen weiß man auch nicht, was Kreativität oder Extraversion «ist». Wir kennen sie zwar aus eigenem Erleben, aber sie sind nicht wissenschaftlich erklärt. Solange sie nicht erklärt sind, handelt es sich um Konstrukte – hypothetische Wesenheiten, die man postuliert, um die Welt «auf den Begriff zu bringen». Fast die ganze Psychologie arbeitet mit Konstrukten, findet Belege für ihre Gültigkeit, verwirft sie wieder, bildet neue. Falls die Hirnforschung die Intelligenz eines jedenfalls nicht nahen Tages erklärt haben sollte, dürfte die Sache so kompliziert werden, dass der menschliche Normalverstand sich nach den einleuchtenden alten Konstrukten zurücksehnt.

Aber auch wenn die Intelligenz vorläufig nur ein Konstrukt mit einem Namen und einer Zahl ist und die psychologische Biometrik, die Psychometrik, damit ganz gut auskommt – man wüsste doch gerne Näheres darüber. Da sie sich nicht sezieren lässt, kann man immerhin versuchen, den Messdaten Aufschlüsse über ihr Wesen zu entnehmen. Eine einheitliche, nicht weiter zerlegbare Hirnfunktion wie zum Beispiel das Gesichtererkennen ist sie ganz offensichtlich nicht; im Laufe eines vollen Tests muss man zuhören, sehen, lesen, schreiben, erkennen, wiedererkennen, erinnern, voraussehen, sich etwas vorstellen, etwas im Geist bewegen, vergleichen, rechnen, Worte wählen, Schlüsse vom Besonderen aufs Allgemeine ziehen. Intelligenz ist kein separates Gehirnmodul, sondern ein komplexes Bündel von auf vielfältige Art zusammenwirkenden kognitiven Funktionen und Prozessen. Aber misst jede Art von Testaufgabe eine gesonderte Kompetenz, zum Beispiel die Kompetenz, Analogien zu erkennen oder die richtigen Wörter zu finden? Oder hängen alle diese gesondert messbaren Kompetenzen irgendwo zusammen? Partizipieren sie alle an einer Grundbefähigung zum denkerischen Problemlösen? Und was wiederum hätte es mit dieser auf sich?

Noch vor der Erfindung des IQ-Tests war dem englischen Psychologen und Statistiker Charles Spearman (1863–1945) beim Studium von Schulzensuren etwas aufgefallen, was alle wussten, was aber bis dahin niemand zu einem Gegenstand wissenschaftlicher Forschung gemacht hatte: Gute Schüler waren in der Regel nicht nur in einem Fach gut, schlechte nicht nur in einem Fach schlecht. Kannte man die Zensur in einem der Hauptfächer, so konnte man mit einiger Wahrscheinlichkeit eine Spannweite für die übrigen Zensuren angeben. Typische Ausnahmen bildeten genau jene Fächer, bei denen abstraktes logisches Denken kaum gefragt war: Sport, Musik, Handarbeit, Religion. Eine Eins in Sport ließ keine Wette darauf zu, wie die Note in Algebra ausfallen würde. Aber die übrigen Noten hatten eine gewisse Tendenz, gemeinsam zu variieren. Wie stark diese Tendenz genau war, ließ sich in dem Auf und Ab der Zensuren nur schwer ausmachen. Spearman entwickelte aus Galtons Korrelationsidee ein mächtiges mathematisches Werkzeug, dem Problem auf den Grund zu gehen: die Faktorenanalyse.

Mittels Faktorenanalyse lässt sich in einer unübersehbaren Menge von Einzeldaten aus verschiedenen Untertests erkennen, ob und in welchem Ausmaß einzelne dieser Untertests miteinander variieren: ob etwa jene Testpersonen, die bei Untertest B ein hohes Ergebnis erreichen, es vermehrt auch bei Untertest D erreichen, nicht aber bei Untertest C, während dieser wiederum mit Untertest E korreliert. Solche Pools gemeinsam variierender Einzelwerte nannte er Faktoren.

Zunächst ist ein solcher Faktor nur ein Rechenergebnis, ein rechnerisches Konstrukt auf der Suche nach einer Erklärung. Kein Faktor kommt mit einem Namensschild aus dem Computer, das angibt, für welchen Inhalt er steht. Das ist eine Frage der Deutung. Um herauszufinden, was dahintersteckt, muss man prüfen, was die Aufgaben gemein haben, die sich dank ihrer gemeinsamen Variation in einem solchen Pool anfinden. Vielleicht stellte man fest, dass in dem einen Pool vorwiegend sprachliche, in dem anderen rechnerische Aufgaben stecken. Es wäre dies ein leichter Fall, und man könnte den beiden errechneten Faktoren getrost Namensetiketten anheften und den einen Sprach-, den anderen Rechenfaktor nennen.

So einfach macht es einem die Natur aber meist nicht. Oft ist nur schwer auszumachen, was dazu geführt haben könnte, dass mehrere beim ersten Hinsehen völlig verschieden erscheinende Aufgabenklassen gemeinsam variieren; manchmal lässt es sich gar nicht erkennen. Regelmäßig kommt es außerdem vor, dass sich Aufgabenklassen in mehreren Pools wiederfinden, in jedem in anderer Stärke. Schließlich muss man versuchen, die Faktoren und ihre Beziehungen untereinander in einem Modell so anzuordnen, dass es der «Breite» der einzelnen Faktoren und der Stärke ihrer wechselseitigen Interkorrelationen gerecht wird: in einem Gebäude aus Faktoren.

Mit seiner neuentwickelten Faktorenanalyse erkannte Spearman schon 1904, was die Intelligenzforschung über ein Jahrhundert lang mehr als alles andere beschäftigen und zu heftigsten Kontroversen Anlass geben sollte, was verlacht und abgetan wurde und sich nicht entsorgen ließ. In seiner damaligen Formulierung: «Alle Zweige der Geistestätigkeit haben eine fundamentale Funktion (oder Gruppe von Funktionen) gemeinsam, während die übrigen oder spezifischen Elemente der Tätigkeit in jedem Fall von allen anderen völlig verschieden zu sein scheinen.»[1] Das hieß: Jeder Test, der irgendeine Art von abstraktem komplexem Nachdenken erfordert, alle Untertests eines solchen Tests haben einen Faktor gemein. Er bildet sozusagen den größten, den «breitesten» Pool, zu dem sämtliche Aufgabenklassen beisteuern. Spearman nannte ihn g, für *general intelligence* (allgemeine Intelligenz) – und war, wenn er von g sprach, glücklich die Schwammigkeit des Intelligenzbegriffs los. Hier soll g mit (kognitive) ‹Grundfähigkeit› übersetzt werden.

Direkt lässt sich g nicht messen; es gibt keinen Test, der g und nichts als g misst. Der g-Faktor lässt sich nur aus den Interkorrelationen der Aufgabenklassen eines IQ-Tests errechnen. Je stärker die Interkorrelationen einer Aufgabenklasse sind, so

Spearmans Logik, desto höher ist ihr $g$ *loading*, wie der Fachausdruck lautet, der hier mit ‹$g$-Gehalt› wiedergegeben werden soll.

Man kennt heute die ungefähren $g$-Gehalte einzelner Aufgabenklassen. Sie werden in Form eines Korrelationskoeffizienten (0 bis 1) angegeben. Etwa bei der neuesten amerikanischen Version des Wechsler-Tests, WAIS-IV: Einen mäßigen $g$-Gehalt (um 0.68) hat der Subtest «Gemeinsamkeiten» («Was haben Hase und Igel gemein?»), den höchsten (0.78) das «Rechnerische Denken», einen der niedrigsten (0.41) das «Zahlennachsprechen». Aber wenn die Zahlenreihen rückwärts nachgesprochen werden sollen, muss die Serie im Kopf umgewendet werden, und der $g$-Gehalt springt sofort auf 0.69.[2] Was ist mehr, was weniger auf $g$ angewiesen? «Der $g$-Faktor kommt vor allem dort ins Spiel, wo eine Testaufgabe verlangt, eine Lücke zu füllen, etwas im Geist zu drehen und zu wenden, Vergleiche zu ziehen, einen Input zu verwandeln, um zum Output zu gelangen» (Arthur Jensen).[3] Also wenn nicht nur nachgesprochen, sondern gedacht werden muss.

Manche Aufgabenklassen lassen sich nur lösen, wenn man ein spezifisches Wissen mit in den Test bringt; sie sind «kulturabhängig». Andere lassen sich spontan oder sogar ohne Zuhilfenahme von Sprache lösen: Sie sind kulturneutral oder nahezu kulturfrei. Wie kulturnah oder -fern ein Test ist, spielt für seinen $g$-Gehalt keine Rolle. Ein Wortschatztest zum Beispiel ist extrem kulturabhängig – nur Angehörige ein und derselben Sprachkultur können ihn auch nur verstehen. Der Inbegriff eines kulturneutralen Tests dagegen ist der Matrizentest, bei dem eine nach einem impliziten Prinzip abgewandelte Serie von Piktogrammen vervollständigt werden muss. Beide aber, Wortschatz- und Matrizentest, haben einen etwa gleich hohen $g$-Gehalt (0.72 und 0.73).

Die Entdeckung (oder besser: Erfindung) des $g$-Faktors löste in der Psychologie alsbald eine Debatte um die «Struktur» der Intelligenz aus, die bis heute anhält. Sie geht davon aus, dass die menschliche Intelligenz ein Bau aus mathematischen Faktoren ist, die ihrerseits aus Interkorrelationen verschiedener Stärke bestehen. Wie viele Faktoren lassen sich identifizieren? Wie unabhängig sind sie voneinander? Wie sind sie neben- oder untereinander anzuordnen? Was steckt hinter ihnen? In Spearmans eigenem Modell gab es den einen primären Oberfaktor $g$ und dazu so viele gleichrangige selbständige sekundäre Faktoren, wie es verschiedenartige Aufgabenklassen gibt – weshalb sein Modell die «Zwei-Faktoren-Theorie» heißt («zwei», weil für jede Klasse von Aufgaben der Ober- und einer der vielen Spezialfaktoren herangezogen wird).

1938 glaubte der amerikanische Psychologe L. L. Thurstone (1987–1955), mehrere «breite» eigenständige Faktoren identifiziert zu haben und ohne $g$ auskommen zu können, musste aber schon wenige Jahre später einsehen, dass dies ein Irrtum war. Er hatte seine Untersuchungen an Studenten mit nahe beieinanderliegenden IQs und damit sehr ähnlicher Grundfähigkeit vorgenommen, sodass sich das gemeinsame $g$ hinter ihren Spezialkompetenzen unsichtbar gemacht hatte. 1943 schlug der britisch-amerikanische Psychologe Raymond B. Cattell (1905–1998) als Erster ein hierarchisches Modell für das Faktorengebäude vor: unten um die hundert auf verschiedene Weise zusammenwirkende enge Faktoren, oben zwei große breite Hauptfaktoren. Den einen nannte er die «fluide» (flüssige), den anderen die «kristallisierte» Intelligenz.[4] Die fluide Intelligenz wird herangezogen, wenn es um schnelle, spontane Lösungen neuartiger Probleme geht, die kristallisierte Intelligenz greift mehr auf erworbenes Wissen zurück. Beide zeigen ein unterschiedliches Alterungsverhalten: Schon um die Mitte 20 beginnt die fluide Intelligenz leicht abzunehmen, die kristallisierte aber steigt noch zwanzig Jahre lang weiter an und beginnt erst gegen Ende des siebten Lebensjahrzehnts zu sinken[5] (Näheres dazu in Kapitel 8).

Manche Tests versuchen, sich von erworbenem Wissen freizuhalten, und messen darum vorwiegend die fluide Intelligenz – nicht zufällig war Cattell derjenige, der den «Kulturfairen Intelligenztest» entwickelte, zusammen mit John C. Ravens «Matrizen» aus dem Jahr 1936 bis heute der weltweit meistverwendete kulturneutrale Test. Über zwanzig Jahre später wies Cattell nach, dass es sich so verhielt, wie er bei der Konstruktion seines Kulturfairen Intelligenztests vermutet hatte: Herkömmliche IQ-Tests mit ihrer breitgefächerten Palette von Aufgaben, darunter vielen, die nach versprachlichtem Wissen fragten, messen in erster Linie die kristallisierte Intelligenz, kulturneutrale Tests, für die versprachlichtes Wissen keine Rolle spielt, in erster Linie die fluide.[6] Den $g$-Faktor hielten Cattell und sein Mitarbeiter John L. Horn für widersinnig und glaubten, ohne ihn auskommen zu können. Wie sich später herausstellte, ist jedoch Cattells fluide Intelligenz praktisch identisch mit Spearmans $g$.[7]

Fortgesetzt wurde die Architektur mit dem Pyramidenbau des amerikanischen Erziehungspsychologen John B. Carroll (1916–2003), dem «Drei-Schichten-Modell». Er versammelte alle 477 faktoranalytischen Intelligenzstudien, deren er habhaft werden konnte, analysierte sie neu und entwarf in seinem Jahrhundertwerk *Human Cognitive Abilities* eine dreistöckige Pyramide, die bis heute Bestand zu haben scheint, auch wenn die genaue Bestückung der beiden unteren Etagen noch immer fraglich ist.[8] Ganz oben steht wieder der große umfassende primäre Generalfaktor, Spearmans $g$, darunter befinden sich acht bis zehn breite Sekundärfaktoren und unter diesen über sechzig enge Spezialfaktoren. Die prominentesten Sekundärfaktoren sind: die fluide Intelligenz (gedeutet als die Fähigkeit, komplexe neuartige Probleme durch induktives und deduktives Schlussfolgern, Begriffsbildung und Klassifizierung weitgehend unabhängig von Lernerfahrungen zu lösen), die kristallisierte Intelligenz (schlussfolgerndes Denken unter Einschluss von erworbenem explizitem Wissen, nicht dieses Wissen oder das Gedächtnis selbst), die «breite visuelle Wahrnehmung» (die Fähigkeit, visuelle Bilder hervorzubringen, zu behalten und zu verändern), die «breite auditive Wahrnehmung», die kognitive Verarbeitungsgeschwindigkeit.[9]

Neben Spearmans Zwei-Faktoren-Modell, Cattell/Horns Fluid-Kristall-Modell und Carrolls Drei-Schichten-Modell wurden im Lauf der Jahrzehnte diverse andere Modelle entworfen und erprobt und immer wieder modifiziert. Dazu gehören Joy P. Guilfords S-o-I-Theorie (*Structure-of-Intellect*) mit nicht weniger als 120 separaten Faktoren, Adolf Otto Jägers Berliner Intelligenz-Struktur-Modell (BIS)[10], an dessen Spitze sich ebenfalls ein umfassender *g*-Faktor findet, und das des britischen Psychologen Philip E. Vernon (1905–1987)[11], das unter einem Generalfaktor zwei breite Gruppenfaktoren vorsieht, die er «v:ed» und «k:m» nannte – «v:ed» fasst die verbalen, numerischen und schulischen Intelligenzleistungen zusammen, «k:m» die praktischen, mechanischen und räumlichen.

Manche lehnen die ganze faktorenanalytische Methode ab[12], weil sie so viele verschiedene, sich widersprechende Modelle liefere. Aber die Modelle widersprechen sich gar nicht radikal, besonders seit sich Cattells «fluide» Intelligenz als praktisch gleichbedeutend mit Spearmans Oberfaktor «*g*» erwiesen hat, sondern ordnen nur die nämlichen Tatsachen probeweise anders an. Das eine endgültige Modell kann es erst geben, wenn die Aktivitäten des Gehirns so vollständig beschrieben sind, dass keiner es mehr braucht.

Alles dies wäre von eher akademischem Interesse, wäre da nicht die eine Frage: Spiegelt der *g*-Faktor etwas Reales wider? Die Gegner der IQ-Tests und der Verhaltensgenetik haben immer wieder versucht, ihn abzuschießen. Zum Beispiel Stephen J. Gould, als er *g* zu einem bloßen mathematischen Artefakt – einem irreführenden und verhängnisvollen – und die ganze Intelligenzpsychometrik zu einem reaktionären Irrtum erklärte. Ein Irrtum sei «die Abstrahierung der Intelligenz zu einer losgelösten Entität, ihre Lokalisierung im Gehirn, ihre Quantifizierung als eine Kennzahl für jedes Individuum und die Verwendung dieser Zahlen, um jedem Menschen einen Platz in einer Wertrangordnung zuzuweisen, um unweigerlich zu dem Schluss zu gelangen, dass unterdrückte und benachteiligte Gruppen – Rassen, Klassen oder Geschlechter – angeborenenermaßen minderwertig sind und ihren Status verdienen.»[13]

Auf den ersten Blick versteht der Laie gar nicht, woher die Abneigung kommt. Schließlich ist *g* zunächst schlicht ein Rechenergebnis, das sich beim Abgleich von Messreihen einstellt, und kein ideologischer Kampfbegriff. Bei näherem Hinsehen aber leuchtet es schon ein, warum *g* geradezu zu einem Hassobjekt werden konnte. Ohne *g*, ohne diese eine Grundfähigkeit, kann der Nichtfachmann das, was unter dem Begriff Intelligenz zusammengefasst wird, für eine Art lose Konföderation selbständiger intellektueller Kompetenzen halten und meinen, die Tests fragten vorwiegend ab, was einer gelernt hat, und wenn einer in Algebra nicht so gut ist, weil er sie in der Schule versäumt hat, dann vielleicht im geistigen Rotieren von Objekten, das er bei einem Computerspiel üben konnte. Der IQ wäre dann in erster Linie eine Art Gesamtzensur für eine facettierte Lernkarriere. Kann jemand im Kopfrechnen ziemlich schlecht, dafür aber bei Wortschatzübungen ziemlich gut sein, brauchte man sich auch keine großen Sorgen um die Erblichkeit des IQ zu machen – jeder sollte dann ja etwaige Schwächen durch Stärken kompensieren können.

Es gab (und gibt) auch wissenschaftliche Zweifel an dem g-Faktor. Sie nährte vor allem der Umstand, dass er nicht konstant ist, sondern bei jeder Testbatterie ein wenig anders ausfällt.[14] Diese Inkonstanz ist zwar unschön, aber unvermeidlich, wenn eine Variable nicht direkt gemessen werden kann, sondern sich aus den Anteilen an einer Vielzahl verschiedener Tests ergibt, die alle nicht ganz dasselbe messen. Arthur Jensen errechnete, dass alle erprobten breitgefächerten IQ-Tests einen g-Gehalt zwischen 0.83 und 0.88 haben.[15] Offensichtlich ist g nicht irgendein Faktor unter vielen, sondern ein mächtiger – mit großem Abstand der mächtigste. Und alle Versuche, Tests zu entwerfen, die zum einen relativ g-frei sind, zum anderen beanspruchen können, eine Fähigkeit zu messen, die irgendetwas mit denkerischem Problemlösen zu tun hat, sind gescheitert. Wo immer Probleme vorkamen, die analysiert und mit logischem Schlussfolgern bewältigt werden mussten, gleich ob sprachlich oder rechnerisch oder figurativ, korrelierten die Aufgabenklassen miteinander. Die Interkorrelationen waren einfach nicht wegzubekommen, und mit ihnen blieb auch dieses mysteriöse Etwas, g.

Ein weiteres Indiz für die Realität von g kam aus einer Ecke, wo man sich keine Flausen leisten kann: aus der Wirtschaft. Die Personalleitungen amerikanischer Betriebe suchen seit den 1920er Jahren nach Instrumenten, mit denen sich die berufliche Leistungskraft von Stellenbewerbern möglichst zuverlässig vorhersagen lässt. Seit langem war klar, dass Intelligenztests ein brauchbares Instrument sein können. Aber dann, im Gefolge der Theorien der multiplen Intelligenzen, kamen Zweifel auf; eine Zeitlang wurden lieber stellenspezifische Spezialkompetenzen getestet, zum Beispiel sprachliche, numerische oder räumliche Fähigkeiten. Anfang der 1990er Jahre begannen Psychologen zu untersuchen, ob diese Spezialtests bessere Prädiktoren für den Erfolg im angestrebten Beruf waren als allgemeine Intelligenztests. 2004 ließ der Industriepsychologe Frank L. Schmidt diese Forschung Revue passieren und kam zu dem Schluss: Sie waren es nicht. Allgemeine IQ-Tests seien durchweg die besseren Prädiktoren. Und nicht nur das. «Es wurde auch eine Erklärung für diesen Sachverhalt gefunden. Es wurde nämlich festgestellt, dass auch die Spezialtests vor allem die Grundfähigkeit messen und dann noch etwas Spezielles über die Grundfähigkeit hinaus, zum Beispiel die numerische Kompetenz. Die Basiskomponente scheint verantwortlich für die Güte der Vorhersage, was von einem Menschen im Beruf und in der Berufsausbildung zu erwarten ist, während die Spezialkompetenzen der Güte der Vorhersage wenig oder nichts hinzufügen.» [16] Für den Erfolg im angestrebten Beruf kommt es vor allem auf «g» an, eine ausreichende Grundfähigkeit, die es nicht mit den speziellen Anforderungen eines Jobs, sondern mit seiner Komplexität als solcher aufnimmt. Der «g»-Bedarf der Berufe nimmt auch mit wachsender Berufsroutine nicht ab.

Auch Charaktereigenschaften (Psychologen nennen sie heute lieber ‹Persönlichkeitsmerkmale›) sind längst nicht so entscheidend für den Erfolg im gewählten Beruf, wie man lange meinte. Nach Ansicht vieler Psychologen lässt sich der individuelle Charakter eines Menschen recht vollständig mit den «Großen Fünf» beschreiben, fünf voneinander unabhängigen, stabilen Persönlichkeitsdimensionen. Nur eine von ihnen besitzt eine Vorhersagekraft für den Berufserfolg, die an die der kognitiven Grundfähigkeit heranreicht. Die «Extraversion»? Nein. Der «Neurotizismus» (etwa: Unausgeglichenheit, Reizbarkeit, Launenhaftigkeit)? Sowieso nicht; hoher Neurotizismus senkt die Wahrscheinlichkeit, im Beruf zu reüssieren. Die

«Verträglichkeit» (Wohlwollen, Mitgefühl, Altruismus)? Nein, obwohl es bei enger Teamarbeit auch auf sie ankommt. Selbst die «Offenheit» (gemeint ist die für neue Erfahrungen) ist nicht entscheidend, obwohl sie mit der Intelligenz korreliert ist. Von den Großen Fünf zählt für den Berufserfolg einzig die «Gewissenhaftigkeit», wohl weil sie die Motivation erhöht, seine Sache gut zu machen. Grundfähigkeit und mit einigem Abstand Gewissenhaftigkeit – das sind in fast allen Berufen die verlässlichsten Prädiktoren dafür, ob jemand einer Stelle gewachsen sein wird.

Nach endlosen Querelen scheint heute die Mehrzahl der Psychologen und Verhaltensgenetiker überzeugt, dass «$g$» alles andere ist als ein bloßes mathematisches Artefakt.[17] Die individuell unterschiedliche Grundfähigkeit ist etwas höchst Reales, und angesichts immer komplexerer Berufsanforderungen und eines immer komplexeren Alltags wird sie immer dringender gebraucht.

Wenn aber alle Spezialkompetenzen auf einer einzigen latenten Basiskompetenz aufsetzen, dann lässt diese sich unmöglich verharmlosen und wegeskamotieren. Man bekommt sie nicht direkt und rein zu fassen, sie ist weitgehend unabhängig von erlerntem Wissen und Können und scheint etwas geradezu Neurobiologisches an sich zu haben.

Den Zwillingsforschern in Minneapolis stand ein einzigartiges Datenmaterial zur Verfügung, anhand dessen sie rivalisierende Strukturmodelle der Intelligenz auf ihre Tauglichkeit überprüfen konnten. Zwischen 1979 und 2000 hatten sie Tausenden von Personen, den Zwillingen selbst und mitgebrachten Ehegatten, Verwandten und Freunden, unter anderem drei Batterien kognitiver Leistungstests mit 42 Einzeltests zugemutet. Aus ihrer Sammlung wählten sie die Daten von 436 erwachsenen Testpersonen verschiedenen Alters und mit unähnlichem

Bildungshintergrund (dies, weil sie wussten, dass Alter und Bildungsgrad die Faktorenstruktur verzerren können) und drehten sie durch die Mühle der Modelle, die international den meisten Anklang gefunden hatten: das von Cattell / Horn, das von Vernon und das von Carroll. Welches davon würde am besten zu ihren Daten passen? Alle passten einigermaßen, aber keines wirklich gut. Am besten schlug sich Vernons Modell. Allerdings erforderte es einige Modifikationen, um optimale Passgenauigkeit zu erreichen: Vernons zwei «breite» Unterfaktoren mussten auf einen Faktor «Sprache» und einen Faktor «Wahrnehmung» verengt werden, und als dritter musste ein Faktor hinzugefügt werden für die Fähigkeit, Bilder in der Vorstellung zu drehen («Visualisierung»). Er wird mit Tests wie «Mentale Rotationen» gemessen; dieser hat einen ebenso hohen $g$-Gehalt wie der Matrizentest (0.73). Die Autoren nannten ihr Modell «VPR» (Verbal-Perzeptorisch-Rotation) und resümierten: «Unsere Resultate deuten unmissverständlich auf die Existenz eines Generalfaktors, der Erhebliches zu allen Aspekten der Intelligenz beiträgt. Sie stellen auch die Tauglichkeit der Unterscheidung von fluider und kristallisierter Intelligenz in Frage. Stattdessen legen sie nahe, dass [wie in Vernons Modell] eine Unterscheidung von Sprach- und Wahrnehmungsfunktionen für viele Zwecke aufschlussreicher wäre und dass den Visualisierungsprozessen, die bei der geistigen Bildrotation ablaufen, bisher nicht die gebührende Aufmerksamkeit geschenkt wurde.»[18]

Die Autoren dieser Studie überprüften später auch die Erblichkeiten der einzelnen Faktoren[19]: Für den $g$-Faktor lag sie bei 0.77, bei den untergeordneten Faktoren in ähnlicher Höhe (0.67 bis 0.79), nur bei einem weiteren Unterfaktor, «Content Memory», blieb sie mit 0.33 erstaunlich weit darunter[20]. Unsere – mit den Jahren nachlassende – Fähigkeit, Gedächtnisinhalte ab-

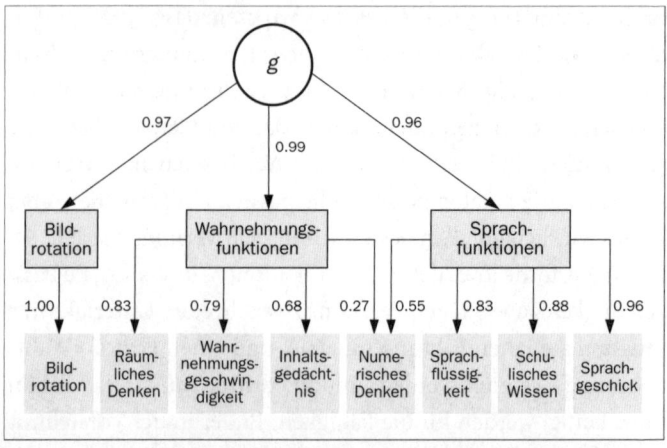

**Beispiel für eine aktuelle Faktorenpyramide** (nach Johnson/Bouchard 2005, S. 408). Die Zahlen geben an, wie stark die höheren mit den niedrigeren Faktoren korreliert sind.

zurufen, scheint vom Genotyp nahezu unabhängig zu sein, denn eine Korrelation von 0.33 klärt nur 10 Prozent der Varianz auf.

Als einen der Vorzüge ihres Modells nannten die Autoren ausdrücklich die größere Nähe ihrer Faktoren zu den Funktionen, die die Hirnforschung untersucht – es müssten sich nachprüfbare neuropsychologische Hypothesen über die Organisation des Gehirns daraus ableiten lassen.[21] Die Aufgabe, das Wesen, im Wortsinn die Natur von *g* zu klären, gaben sie damit an die Hirnforschung weiter.

Aber, so wird mancher fragen, ist da nicht Howard Gardners «Theorie der multiplen Intelligenzen», die dem *g*-Faktor den Garaus gemacht, den IQ verabschiedet (im deutschen Titel des Buchs sogar ausdrücklich) und nachgewiesen hat, dass es «Intelligenz» nur im Plural gibt?[22] Gardners Buch verdient die Beachtung, die es weltweit gefunden hat – es enthält anschauliche, anregende Beschreibungen einiger Glanzleistungen des menschlichen Gehirns. Doch es führt auch in die Irre. Zum einen, weil es den Intelligenzbegriff überstrapaziert. Zwar ist er nicht patentierbar; jeder ist frei, ihn nach Belieben zu verwenden und etwa strategisch geschickten Pokerspielern eine hohe «Pokerintelligenz» nachzusagen. Aber die Ausweitung, die er bei Gardner erfährt, dient nicht der Klärung, sondern der Verunklärung. Hätte Gardner nicht von multiplen ‹Intelligenzen›, sondern etwa von ‹Kompetenzen› gesprochen, so hätte er sich viel weniger angreifbar gemacht – aber dann wäre das Buch bei den Kämpfern gegen den IQ auch nicht so erfolgreich gewesen. Die Fähigkeit, geometrische und mathematische Probleme zu lösen, wird jeder gern der Intelligenz zurechnen. Die komplexen navigatorischen Leistungen, die im Puluwat-Archipel erbracht werden, um in kleinen Segelbooten bei wechselnden Winden, Wellen und Strömungen nachts an ein fernes, unsichtbares Ziel zu gelangen, sind gewiss hoch – aber ob sie eine spezielle Intelligenz verlangen und nicht auch von der herkömmlichen Intelligenz erbracht werden können, ist unbekannt. Ob die Fähigkeit mancher iranischer Kinder, in wenigen Jahren den gesamten Koran auswendig zu lernen, überhaupt als Intelligenzleistung betrachtet werden sollte, dürfte schon zweifelhafter sein. Und was braucht eine Ballerina, ein Sportler oder ein Pantomime vor allem – ist es «Körperlich-kinästhetische Intelligenz»? Nichts dagegen, jemandem einen hohen «Fußballverstand» oder «Pferdeverstand» oder «Computerverstand» zuzusprechen, in dem Sinn, er verstehe etwas von Fußball oder Pferden oder Computern und wisse gut zu gebrauchen, was er versteht – aber es müssen doch nicht gleich separate Intelligenzen sein, jede mit einem eigenen, nur für sie reservierten kognitiven Modul im Gehirn. Genau das aber postuliert Gardner:

«Die Theorie der multiplen Intelligenzen postuliert eine kleine Schar von intellektuellen Potenzialen, vielleicht nicht mehr als sieben, die sämtlichen Mitgliedern der Gattung Mensch zu eigen sind … Im normalen Lauf der Dinge interagieren diese Intelligenzen miteinander und bauen aufeinander auf … Trotzdem glaube ich, dass im Kern jeder Intelligenz eine eigene Rechenkapazität oder ein eigener Datenverarbeitungsapparat existiert, den nur diese spezielle Intelligenz besitzt und der die Grundlage für ihre komplexeren Realisationen und Verkörperungen bildet.» [23]

Aber nicht nur darum führt das Buch in die Irre. Vor allem enthält es gar nicht die Theorie, die es verspricht – jedenfalls keine, aus der sich überprüfbare wissenschaftliche Hypothesen ableiten ließen –, sondern nur lockere Spekulation. Gardner sagt nicht einmal, wie viele Intelligenzen es sein sollen: eine Linguistische, eine Musikalische, eine Logisch-mathematische, eine Räumliche, eine Körperlich-kinästhetische, eine oder mehrere Persönliche Intelligenzen, nebenbei erwähnt er auch eine Metaphorische Intelligenz. Vielleicht, ich glaube, ich postuliere … Eine wissenschaftliche Theorie sieht anders aus.

Um die Eigenständigkeit seiner Intelligenzen zu behaupten, hätte Gardner nachweisen müssen, dass sie unabhängig von $g$, von der kognitiven Grundfähigkeit der Mainstream-Psychologie sind. Diesen Nachweis bleibt er schuldig. Hätte er wenigstens den Versuch gemacht, so hätte er die Frage der Unabhängigkeit bei einigen seiner Intelligenzen auf Anhieb beantworten können. Breitgefächerte Intelligenztests fragen ausgiebig nach sprachlichen und logisch-mathematischen Kompetenzen. Alle Strukturmodelle enthalten entsprechende Faktoren, und ein Blick auf deren $g$-Gehalt hätte ihm gezeigt, dass er bei beiden besonders hoch ist (0.72 und 0.78), dass also seine «Linguistische Intelligenz» und seine «Logisch-mathematische Intelligenz» zwar verschiedene Kompetenzen sind, aber in besonders hohem Maß abhängig von der einen Grundfähigkeit, also keineswegs selbständig. Relativ, wenn auch nicht völlig unabhängig von $g$ ist das Auswendiglernen. Aber es involviert vor allem das Gedächtnis, nicht das analytische Lösen abstrakter Probleme, und genau darum zögert man, es als Intelligenzleistung zu betrachten. Ob man das, was Musiker oder Tänzer und Akrobaten brauchen, spezielle Intelligenzen nennen will, ist Geschmackssache. Einen Pas de deux lernt man nicht durch Nachdenken, das Inlineskaten nicht durch die Aneignung der ihm zugrunde liegenden Theorie; zu vieles Nachdenken wäre wohl sogar hinderlich. Allerdings dürfte etwas $g$ niemandem schaden.

Ein wenig mehr lässt sich zu Gardners angeblicher Musikalischer Intelligenz sagen. Man weiß nicht von vornherein, inwieweit Musiker beim Musizieren überhaupt auf herkömmliche Intelligenz angewiesen sind, ob sie mehr oder weniger davon brauchen. Es wurde in Amerika untersucht, und die Antwort war: Sie sind überdurchschnittlich intelligent. Eigentlich wollte die Studie[24] herausfinden, ob das langjährige Üben auf einem Musikinstrument die Fähigkeit zu «Divergentem Denken» stärke. So nennt die Kreativitätsforschung die Fähigkeit, angesichts neuartiger, unscharf umrissener Probleme, für die es keine bewährten Lösungen gibt, unorthodoxe Lösungen durchzuspielen. Getestet wird das divergente Denken zum Beispiel mit der Aufgabe, innerhalb einer Minute möglichst viele Worte zu finden, die mit einem bestimmten Buchstaben anfangen, oder sich einfallen zu lassen, wozu ein, zwei oder mehrere beliebige Objekte zu gebrauchen wären. Divergentes Denken setzt neben Intelligenz auch Persönlichkeitseigenschaften wie Neugier, Nichtkonformität, Risikofreudigkeit und Ausdauer voraus.

Die Forscher rekrutierten aus der Studentenschaft ihrer Universität zwei Gruppen, die sich in nichts als dem Umstand unterschieden, dass die eine aus Musikstudenten bestand, die mindestens acht Jahre lang intensiv auf einem Instrument geübt hatten. Zunächst fiel auf, dass die Musikstudenten einen acht Punkte höheren IQ (116) hatten als die Kontrollgruppe. Im Divergenten Denken erzielten sie ebenfalls deutlich bessere Ergebnisse. Während des Tests beobachteten die Forscher mittels Nahinfrarotspektroskopie einige Areale des Gehirns und stellten charakteristische Unterschiede zwischen beiden Gruppen fest: Die Musiker aktivierten mehr bilaterale Netzwerke im Stirnlappen, während sich die Nichtmusiker stärker auf ihre linke Gehirnhälfte verließen, die normalerweise für die Sprachverarbeitung zuständig ist. Beim Klavierspielen müssen beide Hirnhemisphären koordiniert und integriert werden; die linke steuert die rechte, die rechte die linke Hand, beide Hände machen unterschiedliche, aber aufs feinste aufeinander abgestimmte Bewegungen.

Musiker, schlossen die Forscher, könnten möglicherweise dank jahrelangen Übens auf ihrem Instrument rivalisierende Informationen aus beiden Gehirnhälften besser verwerten und steuern, und genau das mache sie besser in Divergentem Denken und sei letztendlich auch die Ursache für ihren erhöhten IQ. Zugespitzt ausgedrückt: Das Musizieren braucht keine ganz andere Intelligenz, sondern die ganz normale. Wahrscheinlich stärkt es diese sogar. Keine guten Aussichten also für Gardners Musikalische Intelligenz. Nicht einmal ansatzweise ist es ihm gelungen, seine ungefähr sieben menschlichen Intelligenzen als völlig verschieden von g und IQ zu etablieren.

Wenn man Gardners wacklige Theorie beiseitelässt, gibt es möglicherweise immerhin zwei Intelligenzen, die den Namen verdienen und relativ selbständig neben der Intelligenz der IQ-Tests bestehen: die soziale und die emotionale Intelligenz. Im

Vergleich zu der biometrischen Intelligenz, die seit über hundert Jahren erforscht wird und für die es weltweit erprobte, validierte Tests gibt, ist ihr Status bisher aber leider höchst ungewiss, und das hat seinen Grund: Man weiß nicht genau, was man zu messen hätte und wie man es objektiv messen könnte.

Dass es neben der abstrakten eine mechanische (das heißt praktische) und auch eine soziale Intelligenz geben müsse, postulierte schon 1920 der Verhaltenspsychologe Edward Thorndike. Er verstand darunter kurzerhand «die Fähigkeit, Männer und Frauen, Jungen und Mädchen zu verstehen und mit ihnen umzugehen». Jeder weiß aus eigener Erfahrung, dass dieses Vermögen nicht unbedingt intelligenzabhängig ist – zu Klassensprechern werden nicht vorzugsweise die mit dem höchsten Notendurchschnitt gewählt. Oft wurde beschrieben oder erfragt, worin die soziale Intelligenz bestehen müsste.[25] Immer lief es auf das Geschick im Umgang mit anderen Menschen hinaus, auf die Fähigkeit, soziale Situationen zu erfassen, Konflikte zu lösen, andere im eigenen Sinne zu beeinflussen und sich im Verkehr mit ihnen zu bewähren.

Über den Inhalt der sozialen Intelligenz hätte man vielleicht sogar Einigkeit erzielen können. Aber es war so gut wie unmöglich, diese Inhalte zu quantifizieren und zu messen. Um jemandes soziale Kompetenz zu beurteilen, genügt es ja nicht, ihm einen Fragebogen zur Konfliktbewältigung vorzulegen oder seine Meinungen zu fiktiven sozialen Szenarien zu erfragen oder ihn um Selbstaussagen zu seinen sozialen Fähigkeiten zu bitten. Man müsste sein Verhalten in sozialen Situationen beobachten, und selbst wenn man sie unter Laborbedingungen arrangierte, Videoaufnahmen machte und hinterher auswertete, müsste jemand beurteilen, wie groß das soziale Geschick im konkreten Fall denn nun war, und dazu wiederum brauchte es objektive Kriterien für geschicktes und ungeschicktes Sozialverhalten – eine aussichtslose Situation für Biometriker. So wurden zwar Tests für die Soziale Intelligenz entworfen, aber bald auch wieder verworfen. Als besonders ungünstig erwies es sich, dass jeder Test, der sprachliche und symbolische Aufgaben enthielt, stark mit der allgemeinen Intelligenz, also mit *g* korrelierte und damit nicht geeignet war, die beiden Intelligenzen gegeneinander abzugrenzen.

Schon 1958 zog der Testpsychologe David Wechsler (1896–1981) den Schluss, die Soziale Intelligenz sei nichts anderes als allgemeine Intelligenz, angewandt auf soziale Situationen.[26] Im Internet findet man heute zwar einen Test der Sozialen Intelligenz, der am Ende sogar einen SQ (Sozialquotienten) ausspuckt, aber er will ausdrücklich nicht werten, sondern nur «Einstellungen, Interessen, Hoffnungen und Wünsche» erkunden und ist nichts anderes als ein Marktforschungsinstrument der Firma Ross Honeywill.[27] Resigniert resümierten zwei Experten, die Psychologen John Kihlstrom und Nancy Cantor: «Die Grundfrage bleibt: Ist die soziale Kognition verschieden von der nichtsozialen Kognition? Ist die Soziale Intelligenz etwas anderes als die allgemeine Intelligenz, angewandt auf das Gebiet des Sozialen? Wie Psychologen gerne sagen: Weitere Forschung ist erforderlich, um diese Fragen zu beantworten.»[28]

Nicht viel besser steht es um die Emotionale Intelligenz. Der Begriff tauchte in den 1960er Jahren in amerikanischen Medien auf, 1990 wurde eine erste wissenschaftliche Theorie dazu formuliert[29], und 1995 machte ihn ein Sachbuch von Daniel Goleman[30] immens populär, obwohl viele Psychologen ihn mit Verachtung straften. Seither bemüht man sich auf vielfältige Weise, das Konstrukt zu validieren.

Eigentlich ist die Ausgangslage hier viel sicherer. Aus der Evolutionsbiologie wissen wir, dass unsere Emotionen in einem eigenen archaischen Hirnareal angesiedelt sind, dem Limbischen System, und eine lange Stammesgeschichte haben, die weit hinter den Menschen zurückreicht. Es sind vorverbale, vorrationale, spontane Einschätzungen und Bewertungen konkreter momentaner Situationen, die ihre praktischen Nutzanwendungen in Form von gefühlten Handlungsantrieben gleich mitenthalten. Man kann sehr wohl von einer eigenen «Vernunft der Gefühle» sprechen[31]. Jeder weiß, dass sie dem Menschen oft ganz andere Wege weist als «der Kopf», und es besteht von vornherein keine Gefahr, dass sich die Emotionen am Ende als nichts anderes erweisen denn als $g$, auf innere Zustände angewandt, die nur subjektiv erlebbar sind. Auch gibt es zuverlässige diagnostische Tests für Persönlichkeitseigenschaften, aus denen der Psychologe und Psychiater rückschließen kann, ob stark emotionsgesättigte Dauermerkmale wie Depression, Aggressivität, Ängstlichkeit, Autoritätsgehorsam, Religiosität, Zufriedenheit in über- oder unterdurchschnittlichem Maß vorhanden sind.

Aber, aber: Kein Mensch kann wissen, was der andere tatsächlich fühlt, ob dieser fühlt, was er zu fühlen angibt, ob er überhaupt etwas fühlt. Es lässt sich nicht direkt beobachten, nur aus äußeren Anzeichen schließen, die trügerisch sein können, und es gibt keinen Maßstab dafür, ob die Art und Stärke eines Gefühls angemessen ist. Messen lässt sich hier wenig. Für viele Zwecke werden Veränderungen des Hautwiderstands gemessen, um verborgenen Erregungen auf die Spur zu kommen. Prüfen lässt sich auch die Fähigkeit, einen Gesichtsausdruck richtig zu interpretieren. Eine Metaanalyse solcher Messungen zeigte: Auch unser mimischer Verstand hängt unter anderem von unserer Grundfähigkeit ab. Die Korrelation ist mit etwa 0.2 nur niedrig bis mäßig, aber unabhängig von $g$ ist er jedenfalls nicht.[32]

Gleichwohl gibt es Tests der Emotionalen Intelligenz, vor allem den MSCEIT von John Mayer und Peter Salovey[33]. Er behandelt die Emotionale Intelligenz nicht als Persönlichkeitseigenschaft, sondern als eine spezielle Kompetenz. Auch er misst die Fähigkeit, Emotionen im Gesichtsausdruck und in bildlichen Darstellungen zu erkennen, fragt danach, wie hypothetische Szenarien nach Meinung der Testpersonen die Emotionen und diese wiederum das Denken beeinflussen würden, und nach anderem Wissen auf dem Gebiet der Gefühle. Der Test stellt niemanden vor emotionale Probleme, die sich objektiv richtig oder falsch lösen lassen. Was er als Emotionale Intelligenz ermittelt und mit einem EQ versieht, ist bei dem Übergewicht von verbalen Wissensfragen also ganz gewiss nicht $g$-unabhängig. Der Psychologe Edwin Locke bemerkte, ‹Emotionale Intelligenz› sei kein brauchbarer Begriff für die geistigen Leistungen, die solche Tests verlangen. Sie mäßen nichts anderes als die gewöhnliche abstrakte Intelligenz, angewandt auf das besondere Gebiet der Emotionen.[34]

Auch bei den Spezialkompetenzen und -intelligenzen also ließ sich $g$ bisher nicht abschütteln. Wir werden weiter mit ihm vorliebnehmen müssen.

KAPITEL 6

# DAS *g*-HIRN

Das vermaledeite *g* – die intellektuelle Grundfähigkeit – ist heute kein bloß hypothetisches Konstrukt der Psychologie mehr, kein abstraktes Rechenergebnis. Es schwebt nicht mehr beziehungslos im leeren Raum eines körperlosen Geistes. Die Forschung hat es in mehrerer Hinsicht näher an das Organ herangerückt, das die Intelligenzleistungen hervorbringt: an das Gehirn. Die Intelligenz wurde sozusagen verkörperlicht. Jetzt befassen sich auch Neuropsychologie und Neurobiologie mit ihr.

Beziehungen zur Grundfähigkeit wurden vor allem bei drei Gehirnvariablen gefunden: dem Hirnvolumen, der Gehirnschnelligkeit und der Kapazität des Arbeitsgedächtnisses.

Dass die Leistung des Gehirns auch von seiner Größe abhänge, argwöhnten Anthropologen schon seit Mitte des 19. Jahrhunderts. Aber die genaue Gehirngröße war nur schwer zu messen. Leicht messen ließ sich bei lebenden Menschen nur der Schädelumfang, aber die Hutgröße ist ein außerordentlich krudes Maß für das Hirnvolumen. Sonst hatte man nur präparierte tote Gehirne und die Kalotten von Totenschädeln, die man zum Beispiel mit Schrotkugeln füllte, um abzuschätzen, wie viel Gehirn einmal darin gewesen sein könnte. Es war zwar nicht so, dass diese primitiven Messmethoden keinerlei Beziehung zum

IQ geliefert hätten, aber die Korrelation war nur schwach und unsicher, bewegte sich zwischen 0.17 und 0.26. Die Gehirngröße schien kein aussichtsreicher Kandidat bei der Suche nach physischen Korrelaten der Intelligenz.

Das änderte sich grundlegend, als in den 1980er Jahren die Kernspintomographie aufkam. Mit ihr kann man ohne Strahlenbelastung in das lebende Gehirn hineinblicken und auf den Aufnahmen Pixel oder vielmehr Voxel (Würfel von drei Millimeter Kantenlänge, dreidimensionale Pixel sozusagen) auszählen. Sogleich erhöhten sich die Korrelationen: auf 0.33 und 0.41, eine Untersuchung an chilenischen Oberschülern ergab sogar 0.55[1]. Heute scheint man allgemein davon auszugehen, dass die Korrelation um 0.40 liegen dürfte.[2] Es gibt keinen Fall einer negativen Korrelation – bei keinem Vergleich war der mit dem kleineren Gehirn der Intelligentere.[3] «Es ist ganz einfach ein Märchen, dass in modernen Populationen Gehirngröße und IQ ohne Beziehung zueinander seien. Es ist gleichfalls ein Märchen, dass bei Tieren niemals ein Zusammenhang zwischen Gehirngröße und Verhaltensunterschieden beobachtet wurde», schrieb der kalifornische Anthropologe P. Tom Schoenemann.[4]

Woran liegt es, dass die größeren Gehirne in Maßen auch die intelligenteren sind? Haben sie mehr Nervenzellen? Haben die Nervenzellen mehr synaptische Verbindungen untereinander? Haben die Axone der Nervenzellen dickere Isolierschichten aus dem fettreichen Myelin, die ihre Leitfähigkeit erhöhen? Man weiß es bisher nicht.[5] Immerhin erklärt die Korrelation 16 Prozent der Varianz[6] – das heißt, zu 16 Prozent gehen Intelligenzunterschiede auf Unterschiede im Gehirnvolumen zurück.

Mit der Kernspintomographie lässt sich außerdem von außen beobachten, welche Gehirnareale stärker durchblutet, also mutmaßlich aktiv sind, wenn der Mensch denkt oder rechnet oder erinnert oder schlussfolgert. Wie nicht anders zu erwarten, nehmen Denkaufgaben viele Gehirnareale in Anspruch, und nicht jede Aufgabe die gleichen. Die Intelligenz ist also kein separates Modul irgendwo im Gehirn, sie beruht auf Netzwerken, die über fast das gesamte Organ verteilt sind. Aber eine Region ist bei allen kognitiven Aufgaben immer aktiv: die graue Substanz der Hirnrinde gleich hinter der Stirn (genauer: im seitlichen präfrontalen Kortex[7]).

Mit zunehmendem Alter lässt die Intelligenz nach (Näheres dazu in Kapitel 8). Mit zunehmendem Alter schrumpft auch das Gehirn. Es ist dies schon lange bekannt, aber strittig war, welche Areale stärker und welche schwächer betroffen sind. Die internationale Mammutstudie eines norwegischen Teams um Kristine Walhovd[8] hat hier vorläufige Klarheit geschaffen. Ab dem 20. Lebensjahr schrumpfen sämtliche Hirnstrukturen, mit am stärksten (fast minus 25 Prozent) die Hirnrinde und der für die Gedächtnisbildung zuständige Hippocampus. Die Schrumpfung des Hippocampus setzt erst mit dem 40. Lebensjahr ein, während sich die der Hirnrinde ab 20 stetig vollzieht, zwischen 30 und 50 jedoch nur schwach, und mit 70 fast ganz zum Stillstand kommt. Die weiße Substanz unterhalb der Hirnrinde, die aus Leitungsbahnen besteht und für die Konnektivität des Zentralnervensystems verantwortlich ist, beginnt erst ab 40 zu schrumpfen, tut es dann dann aber immer schneller und hat bis 95 an die 20 Prozent ihres Volumens verloren. Relativ verschont bleibt im ganzen Gehirn nur der Hirnstamm (minus 11 Prozent). Das Einzige in der Hirnschale, was das Leben lang zu wachsen scheint, sind die Ventrikel, die mit Hirnflüssigkeit gefüllten Hohlräume.[9]

Ein niederländisches Team um Daniëlle Posthuma hat in einer Zwillingsstudie auch einige Erblichkeiten berechnet. Die des gesamten Hirnvolumens betrug in ihrem Sample 0.85, die der grauen Substanz 0.82, die der weißen Substanz 0.87, die des Arbeitsgedächtnisses 0.67 und die der Grundfähigkeit 0.86. «Die Korrelation zwischen dem Hirnvolumen und dem $g$-Faktor», schloss Posthuma, «wird ganz allein von genetischen Faktoren bestimmt.»[10] Schlechte Aussichten für die, die meinen, die Intelligenz genfrei halten zu können. Aber wie gesagt, die Unterschiede in der Gehirngröße erklären erst 16 Prozent der Intelligenzunterschiede.

Ein zweites Korrelat der Grundfähigkeit ist die Verarbeitungsgeschwindigkeit des Gehirns, die wiederum mit der Leitungsgeschwindigkeit der Nervenbahnen zusammenhängen dürfte. Schon Ende des 19. Jahrhunderts meinten Galton und andere, gut denke, wer schnell denke. Viele Jahre lang haben er und andere Reaktionszeiten gemessen. Der Aufbau solcher Versuche ist denkbar einfach: Der Proband sitzt an einem Tisch mit einer Lampe und zwei Schalttasten, hält den Finger auf die eine gedrückt, und sobald ein Licht aufblinkt, hebt er den Finger und drückt die andere. Dabei kann man zweierlei messen: wie lange er braucht, um den Finger zu heben, und wie lange, bis er die andere Taste gedrückt hat. Aber die Korrelationen mit der Intelligenz fielen so lächerlich niedrig aus, dass man die Versuche schließlich aufgab.[11]

Etwas aussichtsreicher wurden sie, als man begann, nicht die einfache Reaktionszeit, sondern die sogenannte Wahlreaktionszeit zu stoppen: Es gibt mehrere Glühbirnen, und der Proband weiß nicht von vornherein, welche aufleuchten wird; oder es gibt mehrere Tasten, und er muss zunächst entscheiden, welche er zu drücken hat. Damit ist der Reaktion ein kleiner Denkvorgang vorgeschaltet. Er erhöht die Korrelation mit dem IQ auf 0.40 bis 0.50 [12] (genauer −0.50, denn es ist eine negative Korrelation – je länger die Reaktion auf sich warten lässt, desto niedriger der IQ). Das wäre immerhin nicht ganz unerheblich, aber

Korrelationen sind bekanntlich keine Kausalitäten, und man weiß nicht, was hier Ursache und was Wirkung ist: Verkürzt ein höherer IQ die Reaktionszeit, oder führt eine kürzere Reaktionszeit zu einem höheren IQ?[13] Bestenfalls erklärt die Wahlreaktionszeit bis zu 20 Prozent der IQ-Varianz.

Ein anderes Maß für die Schnelligkeit des Gehirns ist die Betrachtungszeit: Wie lange braucht jemand, sich eine Figur einzuprägen, an die er sich kurz darauf erinnern soll? Ältere brauchen länger, so viel ist klar.[14] Bei diesen Aufgaben fanden sich Korrelationen bis −0.55.[15]

Hoch sind die Korrelationen der Reaktions-, Wahlreaktions- und Betrachtungszeit zum IQ also nicht, aber unbedeutend sind sie auch nicht, ebenso wenig wie die des Gehirnvolumens. Auch dass die Alterung der Intelligenz wesentlich zum einen mit der Verlangsamung, zum anderen mit der Schrumpfung bestimmter Gehirnareale zusammenzuhängen scheint, sollte einen von einer Unterschätzung der Schnelligkeit abhalten. Im Übrigen ist auch die Verarbeitungsgeschwindigkeit des Gehirns erblich. Zusammengenommen ergaben mehrere ihrer Maße in Zwillingsstudien eine Erblichkeit um 0.52.[16]

Eine wesentlich heißere Spur für den Zusammenhang von *g* und seinem physischen Substrat scheint das «Arbeitsgedächtnis» zu sein. Der Begriff entstand in den 1960er Jahren, als die damals junge Kognitive Psychologie das Gehirn mit dem Computer zu vergleichen begann. Der Computer benötigt ein RAM (*Random Access Memory*), einen Arbeitsspeicher, in den er die Programmfunktionen und Daten lädt, mit und an denen er gerade seine Rechenoperationen ausführt; ist er mit dem laufenden Geschäft fertig, werden die Bits und Bytes aus dem Arbeitsspeicher gelöscht, und dieser wird für neue Aufgaben frei. Analog definierten Akira Miyake und Priti Shah in einem Sammelband zum Thema das Arbeitsgedächtnis etwas umständlich als «jene Mechanismen und Prozesse, die mit der Kontrolle, der Steuerung und dem aktiven Verfügbarhalten der aufgabenrelevanten Information im Dienste komplexer Kognition zu tun haben».[17] Der britische Gedächtnisforscher Alan Baddeley sagte es einfacher: Das Arbeitsgedächtnis sei jenes Gehirnsystem, «mit dessen Hilfe mehrere Informationen gleichzeitig festgehalten und zueinander in Beziehung gesetzt werden können».[18] Das Arbeitsgedächtnis hält uns für eine kurze Zeitspanne alle jene Inhalte unmittelbar präsent, die wir zur Lösung einer Denkaufgabe heranziehen müssen.

Dafür beansprucht es unter anderem den Kurzzeitspeicher. Dieser wurde in der zweiten Hälfte der 1950er Jahre unter dem Namen «Magische Sieben» populär. Der amerikanische Psychologe George Miller[19] hatte damals in einer Versuchsreihe festgestellt, dass die allermeisten Menschen nicht mehr als sieben plus/minus zwei Zahlen oder Buchstaben behalten können, die man ihnen in Abständen von etwa zwei Sekunden vorspricht oder zeigt. Nach etwa sechs bis zehn Sekunden entschwinden sie ihnen wieder – sofern sie keine Gelegenheit haben, die Reihe im Geist zu rekapitulieren. Am Rekapitulieren kann man sie beispielsweise hindern, indem man sie vor der Wiedergabe der Symbolreihe eine einfache, aber mehrgliedrige Rechenaufgabe wie «$17 \times 18$» lösen lässt. Es muss, so schlossen Miller und viele andere Psychologen in der Folge, im Gehirn einen speziellen Kurzzeitspeicher geben. Wir brauchen ihn etwa, wenn wir uns eine siebenstellige Telefonnummer vom Blick ins Telefonbuch bis zum Tastenfeld am Telefon im Nebenzimmer merken wollen; ist der Weg zu weit, müssen wir sie uns unterwegs zuflüstern, damit sie uns nicht entgleitet. Da Millers «Magische Sieben» auf Untersuchungen an Collegestudenten beruhte, war die Zahl zu hoch gegriffen. In der Breite der Bevölkerung fasst der Kurzzeitspeicher durchschnittlich nur vier gleichartige Elemente; die Spanne reicht von zwei bis zehn. Üben hilft wenig – über die eigene Höchstzahl kommt man schlechterdings nicht hinaus. Scheinbar erhöhen lässt sich die Kapazität des Kurzzeitspeichers nur, wenn wir einzelne Symbole geschickt zu Gruppen (*chunks*) zusammenfassen, eine lange Kontonummer etwa in rhythmische Dreiergruppen zerlegen – dann kann sich unser Kurzzeitspeicher bestenfalls so viele Dreiergruppen merken wie einzelne Zahlen oder Buchstaben. Heute nimmt man an, dass die Informationen im Kurzzeitspeicher nur in Form von elektrischen Signalen bestehen, die nach ein paar Sekunden unwiderruflich abklingen. Länger überleben kann nur, was im Langzeitgedächtnis neurophysiologisch fixiert wird. Der Kurzzeitspeicher würde jedoch unterschätzt, wenn man ihn als bloßen Hilfsmechanismus zur kurzzeitigen Aufbewahrung von Symbolketten verstünde. Zum einen gibt es nebeneinander mindestens zwei Kurzzeitspeicher, einen visuellen und einen auditiven, zum anderen kann er mehr Informationen aufnehmen als Zahlen und Buchstaben. Wenn man misst, wie lang die Symbolketten sein dürfen, die einer über ein paar Sekunden hin im Gedächtnis behalten kann, so nur darum, weil solche maximalen Kettenlängen ein sehr kommodes Maß für die Kapazität des Kurzzeitspeichers sind.

Kompliziert wird es schon bei der Sprachverarbeitung. Beim Lesen hält der Kurzzeitspeicher ganz gewiss mehr als sieben Buchstaben fest, gewöhnlich auch mehr als sieben Wörter. Aber nur in einer uns geläufigen Sprache – in einer uns völlig fremden Sprache müssen wir tatsächlich zeichenweise vorgehen, an einer teilweise unverständlichen Stelle einer bekannten Fremdsprache können wir versuchen, uns einen Satz wortweise zu merken. In der eigenen Sprache müssten wir, ehe wir ihm seinen Sinn extrahieren können, bei einem wortweisen Verständnis eigentlich bis zum Ende des jeweiligen Satzes durchhalten, da sich seine Bedeutung oft erst am Ende einstellt, besonders in einer Sprache wie Deutsch mit ihrem «Rahmungszwang», die das sinnentscheidende Verb oft ganz ans Ende rückt. (Man überlege, welche langen Einschübe vor dem letzten Verbum stehen könnten.) Kürzere Sätze können wir gleich nach dem Lesen im Wortlaut wiederholen, aber je länger sie werden, desto schwerer fällt es uns, und irgendwann können wir es gar nicht mehr und geben nur noch die dem Satz extrahierten Sinneinheiten wieder. Und da wir ständig damit rechnen müssen, dass gleich die Kapazitätsgrenze für einzelne Wörter überschritten wird, müssen wir beim Lesen oder Zuhören von vornherein laufend Wortgruppen zu Sinngruppen zusammenfassen. Wenn es deren zu viele werden und uns überdies die entscheidende bis zum Ende vorenthalten wird, ist uns aber auch eine sinngemäße Wiedergabe des ganzen Satzes nicht mehr möglich.

Die Begriffe ‹Arbeitsgedächtnis› und ‹Kurzzeitspeicher›, obwohl manchmal austauschbar gebraucht, bedeuten nicht dasselbe. Das Arbeitsgedächtnis ist zwar auf den Kurzzeitspeicher angewiesen, aber der Begriff meint etwas Umfassenderes. Die Bearbeitung von Informationen braucht mehr als einen Kurzzeitspeicher. Sie muss bei Bedarf auch den aktuellen sensorischen Input und Inhalte des Langzeitgedächtnisses heranziehen. Sie braucht ebenfalls, was die Psychologie heute «exekutive Funktionen» nennt: Planung, Prioritätensetzung, Konzentration, Impulskontrolle oder Selbstkorrektur, sozusagen die Ausführungsbestimmungen des Gehirns. Die bloße Wiederholung einer Telefonnummer ist ein Auftrag an den Kurzzeitspeicher. Sie im Geist mit einer anderen Telefonnummer zu vergleichen und sich an deren Besitzer zu erinnern, ist dagegen eine Aufgabe für das Arbeitsgedächtnis.

Nun hat ein Madrider Forscherteam um Roberto Colom festgestellt, dass die kognitive Grundfähigkeit und das Arbeitsgedächtnis extrem hoch miteinander korreliert sind (0.96), so hoch, dass 92 Prozent der *g*-Unterschiede aus Unterschieden des Arbeitsgedächtnisses vorhergesagt werden können.[20] Die beiden sind damit nahezu identisch. («Isomorph» wäre das richtigere Wort, weil sie vielleicht nicht die gleichen Prozesse in Anspruch nehmen, sondern nur die gleichen Kapazitätsgrenzen des Gehirns teilen.) Das Thema ließ Colom nicht los, und er fragte weiter: Welches sind die entscheidenden Komponenten des Arbeitsgedächtnisses? Der Kurzzeitspeicher? Die «exekutiven Funktionen»? Welche? Alles zusammen? In drei großen Studien ging er der Frage nach[21] – und kam zu einem verblüffenden Ergebnis: Die Grundfähigkeit hängt so stark von der schieren Kapazität des Kurzzeitspeichers ab, dass man das umfassendere Arbeitsgedächtnis vernachlässigen kann. (Die Kapazität des Kurzzeitgedächtnisses wurde unter anderem mit schlichten Testaufgaben wie «Zahlenreihen vorwärts wiederholen» gemessen.) Genauer gesagt, lässt sich die Varianz von *g* zu 53 Prozent (Korrelation 0.73) aus der unterschiedlichen Kapazität des visuellen wie des auditiven Kurzzeitspeichers vorhersagen (beide stimmen nicht unbedingt überein).

Eine Rolle, eine wesentlich geringere, spielt ansonsten nur eine einzige exekutive Funktion, die den Namen «Updating» trägt: die Fähigkeit, bei der Aufnahme neuer Informationen den Inhalt des Kurzzeitspeichers fortlaufend auf den neuesten Stand zu bringen. Sie erklärt 16 Prozent der Varianz von *g* (Korrelation 0.40).

Ein gewisses, wenn auch nicht sehr großes Gewicht schien in Coloms Experimenten auch die Verarbeitungsgeschwindigkeit zu haben, deren Nachlassen bekanntermaßen die Hauptursache dafür ist, dass die kognitiven Leistungen mit dem Alter abnehmen. Aber wie Colom selbst bemerkte: Da seine Probanden sämtlich Studentinnen und Studenten um die 20 waren, in der schnellsten Phase ihres Lebens, konnte sich die Bedeutung der Variable «Arbeitsgeschwindigkeit» in diesen Experimenten nicht so recht abzeichnen – wahrscheinlich ist sie in Wirklichkeit wesentlich größer, als sie hier erschien.

Vor allem die Kapazität des Kurzzeitspeichers, dazu das nötige Aktualisierungsvermögen und sehr wahrscheinlich noch die Schnelligkeit – möglicherweise werden noch einige Variablen dazukommen, aber zurzeit sieht es aus, als wären es genau diese drei Komponenten, die die kognitive Grundfähigkeit ausmachen. Es wäre auch plausibel: Besser denkt, wer relativ viel schnell wechselnde Information im Geist präsent halten kann; was nicht präsent oder sofort wieder vergessen ist, lässt sich auch nicht bedenken. Die Umgangssprache hat ein schönes Wort dafür: Geistesgegenwart.

So hat die abstrakte Faktorenanalyse der Tests nach einem Jahrhundert zu einer konkreten Entdeckung geführt. Die Grundfähigkeit ist kein undurchschaubares Bündel von kognitiven Funktionen und Prozessen und Fähigkeiten, sondern eher eine Art dreidimensionale neurobiologische Eigenschaft des menschlichen Gehirns. Wer der Grundfähigkeit nachspürt, gerät aus der Psychologie mitten in die *brain sciences* und damit einen großen Schritt näher an die Aktion der Gene, die die Enzyme und Proteine für Aufbau, Unterhaltung und Verknüpfung der Gehirnzellen erzeugen.


Jeder Genotyp ist einzigartig; er besitzt außer den homologen Genen, die bei allen die gleichen sind und auf denen die invarianten Merkmale der Gattung Mensch beruhen, eine spezielle, nur ihm zugeteilte Kombination von Genvarianten, Allelen, die noch nie da war und nie wieder da sein wird. Diese Allele begründen die individuellen Differenzen. Wie stellen die Antibiologisten, die Kulturisten sich das wohl vor? Legen die unzählbaren individuellen genetischen Profile (die man auch als Baupläne für den menschlichen Körper betrachten kann) bei jedem trotz ihrer Unterschiedlichkeit ein identisches Gehirn an, ein leeres Allzweckorgan, das dann von der «Umwelt» mit Intelligenz geladen wird, leider nicht bei jedem mit gleich viel davon? Oder bringen die unterschiedlichen Genotypen zwar unterschiedliche Gehirne mit unterschiedlichen Präferenzen, Prädispositionen, Neigungen, Begabungen, Fähigkeiten hervor, aber es wäre Aufgabe der kulturellen Umwelt, diese Unterschiede einzuebnen oder zumindest weniger sichtbar zu machen? Und das Leben wäre als ein Kampf gegen das eigene Gehirn zu verstehen, in dem es darum ginge, es auf ein gerechtes Mittelmaß herauf- oder hinabzuzwingen? Oder mag das Gehirn tun und wünschen, was es will, uns muss es nicht scheren, denn unser Geist kommt auch ohne es aus? Von der Warte der Hirnforschung aus erscheint es als eine naive, kuriose, in ihrer dualistischen Trennung von Geist und Körper geradezu mittelalterliche Illusion, dass die intellektuellen Fähigkeiten gen- und hirnunabhängig sein könnten.

Der Geist ist kein unkörperliches Gespenst, das wesenlos in unseren Köpfen spukt. Sämtliche geistigen Funktionen haben ihre neuroanatomischen und -physiologischen Substrate, die die Hirnforschung zu entschlüsseln begonnen hat. Bewusst macht uns unser Gehirn nur die Ergebnisse eines winzigen Teils unserer Denk-, Fühl- und Entscheidungsprozesse; was zu ihnen geführt hat, bleibt uns weitgehend verborgen. Die funktionelle Architektur des Gehirns – seine 170 Milliarden spezialisierter Nervenzellen und ihre Verknüpfungen durch ein dichtes Geflecht von Nervenfasern – wird nach dem im genetischen Programm festgelegten Bauplan Zelle für Zelle aufgebaut und das Leben hindurch aufrechterhalten. Im Bauplan steckt eine Unmenge implizites Wissen, das im Lauf der Evolution erworben wurde und von dem wir gar nicht wissen, dass wir es besitzen, aber ohne das wir zu einer sinnvollen Interpretation unserer unmittelbaren irdischen Umwelt so außerstande wären, wie wir es ohne technische Hilfsmittel bei der kosmischen und mikroskopischen Welt sind. (Wir wissen zum Beispiel von vornherein, dass eine zusammenhängende Fläche in unserem Gesichtsfeld, die sich zusammen bewegt, ein Objekt sein muss, möglicherweise ein Tier, und dass bei entsprechender Größe Vorsicht geboten ist.)

Die Erfahrungen im Laufe der Reifejahre – also die Umwelt – modifizieren diesen Bauplan, löschen viele der in Erwartung ihres Gebrauchs angelegten Verknüpfungen als irrelevant, bauen dafür andere, relevantere, nützlichere auf und fügen eine Unmenge explizites, gelerntes, «kulturelles» Wissen hinzu, das wir bei Bedarf heranziehen. So ist das menschliche Gehirn in der Lage, auch eins mit einem relativ geringen IQ, sich auf mehr unterschiedliche Umgebungen und Situationen einzustellen als irgendein Tier. Die Mechanik des Gehirns, die Frequenzen seiner Signale, die Schnelligkeit der Signalübertragung, die Kapazitäten seiner Gedächtnisspeicher aber bleiben nahezu unverändert, und mit ihnen auch die Grundfähigkeit («$g$»). Ohne Umwelterfahrungen bliebe das Gehirn leer und arbeitslos, aber ohne eine genetisch festgelegte funktionelle Architektur gäbe es gar kein arbeitsfähiges Gehirn.

Die Erblichkeitsfrage ist ausgereizt. In Zukunft wird die Hirnforschung Genaueres auch über jene Leistungen des Gehirns zutage fördern, die wir unter dem Begriff ‹Intelligenz› zusammenfassen. Dann wird die Aufregung über eine Frage wie die «Erblichkeit des IQ» allenfalls noch eine mitleidige wissenschaftshistorische Fußnote wert sein.

## KAPITEL 7

# WAS DAS IST: ERBLICHKEIT

Die Sammlung der nötigen Daten ist langwierig und mühevoll und auf günstige Gelegenheiten angewiesen, ihre statistische Auswertung und Entwirrung setzt hochspezialisierten Sachverstand voraus, die verklausulierte Beweisführung gleicht manchmal juristischem Gehirnjogging – die Logik der Erblichkeitsberechnung aber ist schlicht und einfach und für jedermann nachvollziehbar.

Schon in unvordenklichen Zeiten muss den Menschen aufgefallen sein, dass Verwandte eine gewisse Ähnlichkeit besitzen und dass diese Ähnlichkeit umso größer ist, je näher sie verwandt sind. Doch sie sind immer nur mehr oder weniger ähnlich, nie völlig gleich, sodass sich aus solchen Beobachtungen nicht mehr als eine grobe Wahrscheinlichkeitsregel machen ließ: Der Apfel fällt nicht weit vom Stamm. Darwins Evolutionstheorie kam dem Rätsel dieser Ähnlichkeiten einen großen Schritt näher. Die Organismen mussten mit ihren Geschlechtszellen irgendeine Erbsubstanz weitergeben, die Instruktionen für den körperlichen Aufbau ihrer Nachkommen enthielt; und manchmal mussten dabei Fehler, Mutationen, auftreten, bei denen die Evolution ansetzen kann, indem sie erfolgreiche Mutationen belohnt und erfolglose ausmerzt. Was diese Erbsubstanz war, konnte Darwin nicht wissen. Er vermutete vage, die Körperzellen gäben «Gemmulae» in die Geschlechtszellen ab. Gregor Mendels Erbsenzuchtexperimente dann brachten an den Tag, dass die Erbsubstanz aus einem Satz diskreter Elemente bestehen müsse, die sich bei der Fortpflanzung jeweils neu kombinieren. Er nannte diese Elemente nicht ‹Gene›, sondern ‹Anlagen› – das Wort ‹Gen› erfand erst 1909 der dänische Arzt Wilhelm Johannsen. Als Mendels in klösterlicher Abgeschiedenheit unternommene Zuchtexperimente Anfang des 20. Jahrhunderts bekannt wurden, wusste man auch schon, wo jene Gene zu finden sind: in den Chromosomen jedes Zellkerns jeder Körperzelle.

Aber um zu untersuchen, woher die Ähnlichkeiten und die Unterschiede zwischen Verwandten rühren, musste man die Ähnlichkeit quantifizieren können, und dazu war zweierlei nötig: die Merkmale, die einen interessierten, objektiv zu messen, und den Grad einer Ähnlichkeit mathematisch auszudrücken. Darwins Cousin Francis Galton interessierte es brennend, ob intellektuelle Fähigkeiten vererbt werden. Er widmete sein Hauptwerk der Frage, ob intellektuelle Hochbegabung (er nannte sie noch ungeniert ‹Genie›) in manchen Familien gehäuft vorkomme[1], erkannte in Zwillingen einen idealen Untersuchungsgegenstand, um die Frage zu klären[2], und führte die Idee der ‹Korrelation› in die Wissenschaft ein. Aber erst Anfang des 20. Jahrhunderts wurde die Korrelationsrechnung entwickelt, mit der sich Ähnlichkeiten in Zahlen ausdrücken ließen. Bald standen mit den Intelligenztests von Binet und seinen Nachfolgern auch objektive Messinstrumente für die intellektuellen Fähigkeiten der Menschen bereit. Aber es vergingen noch Jahrzehnte, bis den Psychologen klar wurde, dass inzwischen das Instrumentarium vorhanden war, es Pflanzen- und Tierzüchtern nachzutun und nach der «Erblichkeit» körperlicher und geistiger Merkmale des Menschen zu fragen.

Züchter hatte immer interessiert, wie groß ihre Chancen waren, bestimmte erwünschte Eigenschaften von Pflanzen und Tieren zu verstärken und unerwünschte abzuschwächen. Züchtung hatte nur Sinn, insoweit die Unterschiede zwischen den Zuchttieren nicht von irgendwelchen «Umwelt»-Umständen abhingen, der Fütterung, dem Wetter, der Düngung und so weiter. Die Züchter wollten wissen, wie groß die «Effektstärke» der Erbsubstanz im Vergleich zu jener der verschiedenen Umweltbedingungen war. Zu diesem Zweck wurde für sie die Erblichkeitsberechnung erfunden: eine Methode, die relativen Effektstärken von Genen und Umwelt abzuschätzen. Genau das ist die Erblichkeit: ein Maß für die Effektstärke der Gene, ausgedrückt in einer Prozentzahl. Eine Erblichkeit von 50 Prozent (in anderer Schreibweise 0.50) besagt, dass sich bei dem betreffenden Merkmal die beobachteten und gemessenen Unterschiede zu einer Hälfte unter der Kontrolle der Gene befinden, zur anderen aber nichtgenetischen Ursprungs, also auf unterschiedliche Umweltbedingungen zurückzuführen sind. Der Züchter setzt zwangsläufig auf die Erblichkeit.

Und was in der ganzen Natur gilt, sollte für den Menschen nicht gelten?

Zur Erblichkeitsberechnung verhelfen systematische Vergleiche von Blutsverwandten, deren genetische Nähe bekannt ist. Die Grundfrage lautet: In welchem Ausmaß sind sich nähere Verwandte ähnlicher als fernere? In welchem Ausmaß bildet eine tatsächlich gemessene Ähnlichkeit die genetische Nähe ab, der Phänotyp den Genotyp? Welcher Teil der Varianz (der Gesamtheit der Unterschiede) ist auf Unterschiede im Genom zurückzuführen?

Dass ein Kind seinen Eltern und Geschwistern physisch und psychisch ähnelt, besagt noch gar nichts, denn jede Übereinstimmung könnte sowohl auf die Ähnlichkeit ihrer Genotypen wie auf die Ähnlichkeit ihrer Umwelten zurückgehen, oder auch auf beides. Aber wenn sich nahe Blutsverwandte ähnlicher sind als ferne und noch nähere noch ähnlicher, wenn also die Ähnlichkeit im Gleichschritt mit der genetischen Nähe zunimmt, kommt der Verdacht auf, dass die Gene zu dieser Ähnlichkeit beigetragen haben. Ginge es allein nach ihrer genetischen Nähe, so dürften sich Halbgeschwister nur halb so ähnlich sein wie volle Geschwister. Da aber zu ihrer Ähnlichkeit nicht nur ihre gemeinsamen Gene, sondern auch ihre gemeinsame Umwelt beigetragen haben wird, werden sie sich tatsächlich mehr als halb so ähnlich sein. Beim IQ beispielsweise beträgt die Korrelation zwischen zusammen aufwachsenden Geschwistern 0.47. Bei Halbgeschwistern ließe die nur halb so nahe genetische Verwandtschaft, ginge es allein nach den Genen, eine nur halb so hohe Korrelation erwarten. Tatsächlich aber liegt sie bei 0.31.[3] Aus der Differenz – 0.075 in diesem Fall – lässt sich auf die Effektstärke des Umweltbeitrags schließen und aus diesem auf die Erblichkeit.

Die Erblichkeit heißt technisch Heritabilität oder einfach $h^2$ und ist nicht zu verwechseln mit der Heredität an sich, der Vererbung. Sie ist der Prozentanteil der Genvarianz (also der von unterschiedlichen Genen bewirkten Unterschiede bei dem betreffenden Merkmal) an der Gesamtvarianz. Im einfachsten aller Modelle setzt sich die gesamte Varianz aus Gen- und Umweltvarianz und nichts sonst zusammen. Seine Grundformel lautet: Gesamtvarianz gleich Genvarianz plus Umweltvarianz. Die Gesamtheit der in einem Sample gemessenen Unterschiede wird so in zwei Teile zerlegt, in eine Varianz genetischen und eine nichtgenetischen Ursprungs, der Einfachheit halber Umweltvarianz genannt. Allerdings können sich hinter der «Umwelt» auch ganz andere Faktoren verbergen als die, an die

Umwelttheoretiker üblicherweise zuerst denken (Schichtzugehörigkeit, Bildungsgrad der Eltern, Erziehungsstil, Dauer des Schulbesuchs).

Die feste Bezugsgröße des Verwandtenvergleichs bildet der Verwandtschaftsgrad. Er drückt die genetische Korrelation zwischen Verwandten aus und gibt mithin den Prozentsatz der Gene an, die zwei Verwandte gemeinsam haben. Von Mutter und Vater hat das Kind je 50 Prozent seiner Gene, seine genetische Korrelation mit jedem Elternteil ist 0.5. Mit jedem seiner vier Großeltern, mit seinen Tanten und Onkeln wie mit seinen Halbgeschwistern dagegen hat man 25 Prozent seiner Gene gemein (genetische Korrelation 0.25), mit seinen Cousins und Cousinen je 12,5 (genetische Korrelation 0.125) – mit jeder Generation halbiert sich also die Zahl der gemeinsamen Gene.

Geschwister sind ein Fall für sich. Die genetische Korrelation zwischen ihnen beträgt ebenfalls 0.5, sie haben die Hälfte ihrer Gene gemein. Aber in ihrem Fall ist das nur ein Durchschnittswert. Denn die DNA wird jedes Mal anders gemischt und neu kombiniert, ehe sie in die Keimzellen gelangt, sodass jede Zygote, jede befruchtete Eizelle, zwei in sich verschiedene Hälften der Erbinformation erhält, die sie dann wieder zu einem vollständigen Genom verschmilzt. Diese Rekombination ist eine Lotterie. Jedes Geschwister erhält seine eigene spezielle Kombination. Immer stammt die eine Hälfte der Erbinformation von der Mutter und die andere vom Vater, sodass die genetische Korrelation mit jedem Elternteil immer präzise 0.5 ist. Aber zwei Geschwister können gleichere oder ungleichere Mischungen erhalten und korrelieren darum nur *durchschnittlich* mit 0.5. Entsprechend sind sich Geschwister manchmal ungewöhnlich ähnlich, manchmal aber ungewöhnlich unähnlich.

Auf die kommodeste Methode, beim Menschen die Erblichkeit irgendeines Merkmals zu ermitteln, kam 1924 der Berliner

Dermatologe Herrmann Werner Siemens.[4] Er zählte bei ein- und bei zweieiigen Zwillingspaaren, wie viele Muttermale sie jeweils gemeinsam hatten, berechnete daraus Korrelationen und verglich diese miteinander. So stellte er fest, dass die Korrelation bei eineiigen Zwillingspaaren doppelt so hoch war wie bei zweieiigen und damit genau dem Verhältnis der gemeinsamen Gene entsprach. Sein Schluss: Den Genen kam beim Entstehen von Muttermalen ein wesentlich höheres Gewicht zu als allen anderen Ursachen.

Die Methode ist also die: Man berechnet die «Intraklassenkorrelationen» von ein- und von zweieiigen Zwillingspaaren. Das heißt, man fragt, wie stark ein- und zweieiige Zwillingspaare jeweils miteinander korrelieren. Sind die beiden Korrelationen gleich, sind sich also die zweieiigen Zwillinge genauso ähnlich wie die eineiigen, so haben offensichtlich die Gene nichts zu der Ähnlichkeit beigetragen, und die Erblichkeit ist gleich null. Besteht dagegen eine Differenz zwischen den beiden Korrelationen, so geht aus dieser hervor, um wie viel sich die eineiigen Zwillinge im Durchschnitt ähnlicher sind. Diese größere Ähnlichkeit kann nur auf ihre größere genetische Übereinstimmung zurückgehen – jedenfalls solange man nicht annimmt, dass eineiige Zwillinge ähnlicher erzogen werden als zweieiige (es wurde ausgeschlossen). Diese Differenz, dieser Überschuss an Ähnlichkeit ist es, worauf es ankommt. Je größer sie ausfällt, desto stärkere Geneffekte müssen im Spiel gewesen sein. Aber da zweieiige Zwillinge nur die Hälfte ihrer Gene gemeinsam haben, bildet Differenz auch nur deren halbe Effektstärke ab. Man muss die Differenz also noch mit 2 multiplizieren. Dann erhält man $h^2$, den meistgebrauchten Index für die Erblichkeit. (Gemeint ist hier immer die Erblichkeit im weiten Sinn; die ‹Erblichkeit im engeren Sinn› ist nur für Züchter von Interesse.)

Ein kurzes Beispiel: Bei der Fahndung nach den Ursachen weiblicher Depressionen stießen Forscher in einem schwedischen Zwillingsregister auf über tausend Zwillingspaare, die sie befragen und untersuchen konnten.[5] Die Intraklassenkorrelation der zweieiigen Paare betrug etwa 0.2, die der eineiigen etwa 0.4. Differenz: 0.2. Mal 2: 0.4. Erblichkeit der Depression: etwa 40 Prozent (0.4 in anderer Schreibweise).[6]

Bei einer epochemachenden Zusammenstellung aller bis dahin gesammelten Verwandtenkorrelationen für den IQ[7] aus dem Jahr 1981 ergab sich für die 4672 eineiigen Zwillingspaare aus 34 Studien eine durchschnittliche Intraklassenkorrelation von 0.86, für die 5546 in 41 Studien untersuchten zweieiigen Zwillingspaare von 0.60. Die Differenz war 0.26. Wegen der Heterogenität der Studien versagten es sich die Autoren, daraus die Erblichkeit zu berechnen. Hätten sie sie skrupellos geschätzt, so hätte sich 0.52 ergeben (0.26 × 2). Als zehn Jahre später ein anderes Forscherteam die Heterogenität der Studien mit vielen statistischen Finessen ausglich, die Daten in verschiedene theoretische Modelle einpasste und das Beste von ihnen zur Berechnung der Erblichkeit benutzte, ergab sich 0.51.[8] Der ganze mathematische Aufwand führte zu praktisch dem gleichen Ergebnis wie eine halbe Minute Kopfrechnen. Beide Teams bemerkten wenig später, dass ihre und die meisten anderen früheren Erblichkeitsschätzungen zu niedrig ausgefallen waren, die an getrennt aufgewachsenen eineiigen Zwillingen ausgenommen. Sie hatten nicht berücksichtigt, dass die zugrundegelegten Studien vorwiegend auf Testergebnissen von Kindern und Jugendlichen beruhten, bei denen die Erblichkeit des IQ niedriger ist als bei Erwachsenen.[9] (Näheres dazu in Kapitel 8.)

Es ist aber eine noch direktere Erblichkeitsschätzung möglich. Sie hat nur den Nachteil, dass es sehr schwierig ist, ein genügend großes Sample zusammenzubekommen. (Die Signifikanz eines Ergebnisses – das heißt die Wahrscheinlichkeit, dass es sich nicht dem bloßen Zufall verdankt – hängt nämlich von der Größe des Samples und der Auffälligkeit der gesuchten Effekte ab: Je weniger Testpersonen und je undeutlicher die gesuchten Effekte, desto insignifikanter sind die Schlüsse.) Diese optimalen, aber seltenen Verwandten sind eineiige Zwillinge, die bald nach der Geburt von anderen Familien adoptiert wurden und getrennt aufgewachsen sind, kurz MZA genannt (Näheres über sie in Kapitel 3). Eine MZA-Studie ist Zwillings- und Adoptionsstudie in einem. MZA sind genetisch zu 100 Prozent gleich. Wenn man annimmt, dass ihre verschiedenen Familienumwelten sich nicht überdurchschnittlich ähnlich sind, so ist das Maß ihrer Übereinstimmung ohne weitere Rechnerei gleich jenem Anteil an der gesamten Varianz, der auf das Konto der Gene geht, während das Maß ihrer Nichtübereinstimmung die Effektstärke der «Umwelt» ausdrückt. Eine der letzten Analysen des zwanzigjährigen MZA-Projekts der Universität Minnesota ergab für die Intelligenz eine Intraklassenkorrelation von 0.75, und diese war gleichzeitig eine Schätzung der Erblichkeit des IQ: 75 Prozent.[10] Die Gene waren bei der Schaffung von IQ-Unterschieden dreimal so effektiv gewesen wie die Umwelt.

Gleichsam die Gegenprobe zu den Erblichkeitsschätzungen aus MZA-Daten sind Adoptionsstudien. Bei monozygoten Zwillingen ist die genetische Korrelation 1, also vollkommen, während die genetische Korrelation von Adoptivkindern mit den Angehörigen ihrer Adoptivfamilie 0 ist: Sie haben keine relevanten Allele (Genvarianten) gemein. Im günstigen Fall werden, möglichst über einen längeren Zeitraum hin, Adoptivkinder, ihre Adoptivmütter, die leiblichen Kinder ihrer Adoptivmütter und ihre leiblichen Mütter getestet. Die Umwelttheorie sagt voraus, dass Adoptivkinder ihren Adoptivmüttern und deren leiblichen Kindern, mit denen sie ja im selben Haushalt leben, mit der Zeit immer ähnlicher werden müssten, ihren leiblichen Müttern aber, mit denen sie nicht zusammen leben und die sie oft nicht einmal kennen, immer unähnlicher.

Das Gegenteil jedoch ist der Fall. In einer der aufschlussreichsten Adoptionsstudien, John Loehlins *Texas Adoption Project*, wurden in den 1960er Jahren dreihundert Kinder gleich nach ihrer Adoption und zehn Jahre später noch einmal unter anderem auf ihren IQ getestet und mit ihnen ihre Adoptivmütter und -geschwister sowie wo immer möglich auch ihre leiblichen Mütter. In diesen zehn Jahren sank die Korrelation zwischen Adoptivmüttern und -kindern von 0.13 auf 0.05, die Ähnlichkeit war also von Anfang an schwach und wurde immer geringer, bis sie sich fast so unähnlich waren wie beliebige Fremde. Die Ähnlichkeit mit ihren leiblichen Müttern war zu Anfang ebenfalls sehr gering (0.04), wurde mit der Zeit aber immer größer (0.14).[11]

Die Erbtheorie, die in Wirklichkeit eine Erbe-plus-Umwelt-Theorie ist, gründet sich vor allem auf die Tatsache, dass eineiige Zwillinge sich ähnlicher sind als zweieiige, dass auch in verschiedenen Umgebungen lebende nahe Blutsverwandte miteinander übereinstimmen, und dass die Ähnlichkeit zwischen Blutsverwandten den Grad ihrer genetischen Nähe widerspiegelt. «Zusammen genommen demonstrieren Zwillings-, Familien- und Adoptionsstudien so sinnfällig, wie etwas in den Verhaltenswissenschaften … überhaupt demonstriert werden kann, dass es genetische Einflüsse auf den IQ gibt», resümierte leise und bestimmt Matt McGue. «Ohne die Postulierung genetischer Einflüsse lassen sich [diese Korrelationen] einfach nicht erklären.»[12]

Erblichkeit – das ist nicht eine möglicherweise parteiische Ausdeutung irgendwelcher Messergebnisse. Sie ist nichts anderes als deren mathematische Transformation, und zwar nach bestimmten theoretischen Modellen, zum Beispiel dem allereinfachsten, bei dem sich Gen- und Umweltvarianz nebeneinander aufreihen und zusammen 100 Prozent ergeben. Heute lassen sich alle denkbaren Verknüpfungen zwischen Variablen in hypothetischen Modellen abbilden, die dann mit den vorhandenen Daten gefüttert werden, sodass der Forscher erkennen kann, zu welchem sie am besten passen und welches somit das wahrscheinlich richtigste ist. Der Computer, der diese durchsichtigen Abgleichungen vornimmt, nimmt keinerlei Rücksicht auf etwaige ideologische Vorlieben seiner Benutzer. Er geniert sich auch nicht, dem Forscher zu bedeuten, dass keines seiner Modelle etwas taugt und er sich Alternativen einfallen lassen muss. Das Übrige tun die auf Fehler lauernden Kollegen.

In den Zwillingsstudien von Minnesota, aber nicht nur dort, wurden Erblichkeiten außer für die Intelligenz auch für eine große Zahl messbarer körperlicher Merkmale berechnet, für Krankheiten, psychische Störungen, Interessen und Persönlichkeitseigenschaften (früher im deutschen Volksmund ‹Charakterzüge› genannt), von der Aggressivität über den Arbeitseifer, die Autoritätshörigkeit, die Beherrschtheit, die Herrschsucht, die Religiosität, den religiösen Fundamentalismus, die Risikofreudigkeit, die soziale Umgänglichkeit bis hin zur Stressempfindlichkeit (um den abstrakten psychologischen Begriffen Namen zu geben, unter denen sich jeder etwas vorstellen kann). Dazu auch für persönliche Interessen: an der Mathematik, der Natur, der Wissenschaft, der Kunst oder am Sport. Alle hatten sie ihre Erblichkeit. Die niedrigste (0.26) fand sich bei der Offenheit für neue Erfahrungen bei Männern, die höchste (0.61), ebenfalls bei Männern, bei dem Entfremdungs- oder Opfergefühl (*Alienation*). Bei diesem bestand auch der größte Abstand zwischen Frauen und Männern – was nicht etwa heißt, dass sich die Männer intensiver oder häufiger als Opfer empfanden, sondern dass es bei ihnen weniger von den Umweltverhältnissen abhing, ob sich einer als Opfer fühlte. Im Mittel betrug die Erblichkeit all dieser Eigenschaften und Interessen 0.44.[13]

Die Erblichkeit der Körpergröße ist mit 0.75 bis 0.95 besonders hoch. Fast ebenso hoch, 0.87, ist die der kognitiven Grundfähigkeit («$g$»), wie eine japanische Zwillingsstudie berechnete. Die des IQ bei Erwachsenen ist mit 60 bis 80 nicht ganz so hoch. Bei den meisten anderen körperlichen und geistigen Merkmalen bewegt sie sich im Bereich von 0.20 bis 0.60. Alles hat seine Erblichkeit. Es gibt nichts, so scheint es, was zwischen den Menschen nicht variiert, und was variiert, tut es in erheblichem Maß auch aufgrund der unterschiedlichen genetischen Mitgift.

Warum sollte das jemanden interessieren? Ein Beispiel. Lange wurde in der Erziehungspsychologie darüber gestritten, wie Eltern am besten mit ihren Kindern umgehen sollten: autoritär (kalt und streng), permissiv oder, gleichsam als Kompromiss, «autoritativ» (gleichzeitig warm und streng); später wurde auch noch der Erziehungsstil «gleichgültig» erwogen – und verworfen. «Autoritativ» sollten die Eltern sein, entschied aufgrund ihrer empirischen Langzeitforschung die Doyenne dieser Disziplin, Diana Baumrind in Berkeley, sie hätten die ausgeglichensten, selbstbewusstesten und glücklichsten Kinder.[14] Damit schien eine Frage beantwortet, die um 1970 eine ganze Elterngeneration verunsichert und gequält hatte.

Nur hatten die Hunderte von Sozialisationsforschern, die zu diesem Ausgang beitrugen, eines übersehen: Auch das Elternverhalten hat seine Erblichkeit, und zwar eine hohe, 50 bis 70 Prozent.[15] Die Transmission von einer Generation auf die nächste ist vorwiegend genetischer Art. Wenn ausgeglichene, selbstbewusste und glückliche Eltern ebensolche Kinder haben, so liegt das weniger an ihrem Erziehungsstil als an ihren Genen, die sie an die Kinder weitergereicht haben und die diese ausgeglichen und selbstbewusst machen. Und wenn der Zeitgeist sie überredete, ihre Kinder fortan permissiv zu erziehen, zwar warm, aber disziplinlos, so würde das an den Persönlichkeitseigenschaften ihrer Kinder nicht viel ändern. Der spezielle Erziehungsstil sei relativ gleichgültig, meinte Sandra Scarr; die Hauptsache sei, dass der Korridor des Normalen nicht verlassen werde – nur extreme Abweichungen von der Normalität könnten den Kindern Schaden zufügen. Aber etwas bewirkt der Erziehungsstil doch? Das war eine berühmte Kontroverse Anfang der 1990er Jahre, zwischen Diana Baumrind und Sandra Scarr.[16] Ja, etwas vielleicht. Auch diese hohe Erblichkeit lässt dem Erziehungsstil einen Spielraum.

Was bedeutet nun aber die Aussage, die Intelligenz sei zu 75 Prozent erblich? Sie bedeutet genau das, was die Definition des Terminus technicus $h^2$ besagt: dass nicht die Intelligenz selbst, sondern die in einer Gruppe gemessenen Intelligenzunterschiede zu 75 Prozent auf unterschiedliche Gene zurückgehen, genauer: auf unterschiedliche Varianten (Allele) der für die Intelligenz relevanten Gene. Was eine solche Aussage impliziert, welchen gestalterischen Raum sie der Umwelt lässt, ist der Gegenstand des übernächsten Kapitels. Um Missverständnissen vorzubeugen, die unausrottbar scheinen, muss zunächst jedoch gesagt werden, was jene Aussage NICHT bedeutet.

1. Erblichkeit ist eine Aussage über ein Kollektiv. Sie ist keine Aussage über den Einzelmenschen und lässt auch keine Rückschlüsse auf ihn zu. Auf der Ebene des Individuums determinieren die Gene keinen festen IQ, sondern stellen ein Potenzial bereit. Damit dieses sich entfalten kann, ist sozusagen immer beides zu hundert Prozent vonnöten, eine genetische Anlage und eine Umwelt, in der sie sich entfalten

kann. Aussagen wie «Ich verdanke drei Viertel meiner Intelligenz meinen Genen» sind so unsinnig wie «Mein Durchschnittsalter ist 35 Jahre» oder «Mein Pro-Kopf-Einkommen ist 25 000 Euro». Die Vorstellung einer Art Thermometersäule, bei der die unteren drei Viertel der Temperatur von den Genen erzeugt werden und die Umwelt das obere Viertel beisteuert, ist ganz und gar abwegig. Eine Erblichkeit von 75 Prozent bedeutet, dass die IQ-Unterschiede zwischen den Menschen zu drei Vierteln auf unterschiedlichen Genen beruhen, und keineswegs, dass der Mensch von seinen durchschnittlich 100 IQ-Punkten 75 den Genen und 25 der Umwelt verdankt.

2. Erblichkeit ist keine Naturkonstante wie die Lichtgeschwindigkeit, der man durch genauere Messungen und ausgeklügeltere Rechenmodelle immer näher kommen könnte. Sie ist eine Ableitung aus empirischen Messwerten, die bei jedem Merkmal von Population zu Population, von Test zu Test, von Zeitpunkt zu Zeitpunkt anders ausfallen werden. Selbst wenn man die gleiche Gruppe drei Tage später noch einmal einen gleichartigen Test machen ließe, käme ein anderes Ergebnis heraus – kein völlig anderes Ergebnis, aber auch nicht genau dasselbe. Sir Cyril Burt wurde postum der Datenfälschung überführt, weil die im Protokoll seiner Langzeitstudie notierten Korrelationen in seinen letzten zwanzig Lebensjahren immer und immer wieder die gleichen waren.[17] Über Jahre hin die gleichen Korrelationen – daran musste etwas faul sein. Darum wird keine einzelne Studie je das letzte Wort haben. In der Verhaltensgenetik sind Reviews sehr beliebt, weil nur noch sie die unübersehbare Forschungsliteratur wenigstens ausschnittweise übersehbar machen. Immer wieder werden alle seriösen Studien zu einem Thema gesichtet, um aus ihnen Mittelwerte abzuleiten. Keiner wird je der

endgültige wahre Wert sein. Bedauerlich ist das nicht weiter: Niemand braucht einen aufs Komma genauen Wert.

3. Jede Erblichkeitsschätzung gilt zunächst nur für das ihr zugrundeliegende Sample. Um auf die ganze Population übertragen werden zu können, müsste das Sample in jeder erdenklichen Hinsicht für die Gesamtbevölkerung repräsentativ sein. Solche Samples gibt es nur äußerst selten; etwa wo ganze Bevölkerungsquerschnitte getestet worden sind, zum Beispiel sämtliche Rekruten oder sämtliche Schüler eines Jahrgangs oder sämtliche Zwillingspaare eines nationalen Zwillingsregisters. Zufallssamples («Alle Zwillingspaare, deren Nachname mit N beginnt») wären ein Ersatz, aber nur, wenn die Lotterie sämtliche Zwillingspaare der Bevölkerung enthielte. Zusammenstellen lassen sich repräsentative Samples kaum; man weiß ja nicht einmal von vornherein, welches eigentlich die kritischen Variablen sind, die man besonders im Auge zu behalten hätte. Bei den Versuchen, Widersprüche zwischen einzelnen Studien aufzuklären, stellte sich Anfang der 1990er Jahre heraus, dass zwei Variablen besonders wichtig sind: Alter und Sozialschicht. Im Alter von sieben bis achtzehn Jahren steigt die Erblichkeit regelmäßig stark an, von etwa 40 auf etwa 75 Prozent (Näheres dazu in Kapitel 8). In der untersten Sozialschicht ist die Erblichkeit regelmäßig niedriger als in der Mittel- und unteren Oberschicht.[18] Auch für Menschen, die traumatisierende Situationen extremer Deprivation hinter sich haben, besitzen die aus der Normalbevölkerung gewonnenen Erblichkeitsschätzungen keine Gültigkeit.[19] Da die meisten IQ-Tests Schülerinnen und Schülern gegeben wurden, ist in vielen Studien die Jugend über- und die Unterschicht unterrepräsentiert. Annähernd realistische Werte bringt eine Studie nur, wenn Alter und soziale Herkunft «kontrolliert» wurden. Wo das nicht

möglich war, können die ermittelten Werte nur bedingte Gültigkeit beanspruchen. Das Alter dürfte meist bekannt sein, die Schichtherkunft nicht unbedingt. Also setzen sich viele Studien dem Verdacht aus, dass die Erblichkeit anders ausgefallen wäre, hätte man sie in der Unterschicht erhoben. Seitdem diese beiden möglichen Sample-Fehler – Alter und Schichtzugehörigkeit – aber erkannt und besser unter Kontrolle sind, widersprechen sich die Schätzungen kaum noch, so wenig, dass sich in der Wissenschaft das Gefühl auszubreiten scheint, die Sache sei nun zur Genüge erforscht und man könne sich lohnenderen Zielen zuwenden als der Jagd auf diese eine Zahl, die sich mit allerletzter Genauigkeit sowieso niemals feststellen lassen wird und die auch niemand benötigt.[20]

4. Die Erblichkeit lässt keinerlei Rückschlüsse auf die Höhe der Intelligenz oder die faktische Größe der Unterschiede zu. Für die Höhe der Intelligenz gibt es kein absolutes Maß und damit auch nicht für die Größe der individuellen Unterschiede. Aus der Warte einer Gottheit mag die menschliche Intelligenz so gering erscheinen, dass ihre Variation unerheblich wäre, aus der Froschperspektive so riesig groß, dass ihre Variation dem Frosch gar nicht auffiele. Zum Maß nehmen können wir uns nur die menschliche Intelligenz so, wie sie nun einmal ist. Genau das tun IQ-Tests. Für sie wird ein Durchschnittswert ermittelt, als «100» bezeichnet. Er ist ihr Normal-Null, und die Variabilität wird auf einer Skala von 100 Punkten um das Mittel herum verteilt, 50 auf jeder Seite.

5. Die Erblichkeit ist eine relative Größe, die nur ausdrückt, in welchem Verhältnis genetische und nichtgenetische Varianzquellen zueinander stehen. Wenn irgendein Geschehen die Intelligenz allgemein um 15 Punkte erhöhte, würde man das nicht an einer Veränderung der Umweltvarianz erkennen,

sondern nur daran, dass die Menschen bei den bisherigen Tests allesamt 15 Punkte besser abschnitten, sich auch das Mittel auf 115 verschöbe und die Tests neu normiert werden müssten. Genau das hat der Flynn-Effekt im Laufe des 20. Jahrhunderts bewirkt (Näheres dazu in Kapitel 11), und es wäre den Menschen bis heute nicht einmal aufgefallen, hätten nicht die alten, nämlich auf veraltete Normen gründenden IQ-Tests es an den Tag gebracht. Denn die allgemeine Anhebung des Intelligenzniveaus hat die individuellen Unterschiede nicht eingeebnet, sondern unverändert fortbestehen lassen, und da auch die Differenzen der Intraklassenkorrelationen die gleichen geblieben sind, hat sich an der Erblichkeit nichts geändert. Sie ist eine reine Verhältniszahl, die keine Notiz davon nimmt, wie klein oder groß die beiden Mengen «Erbe» und «Umwelt» sind, deren Effektstärken sie vergleicht – es kommt nur darauf an, in welchem Verhältnis beide zueinander stehen. Wenn ein Wunder geschähe und sich die gesamte Variation plötzlich innerhalb von nicht hundert, sondern nur zehn IQ-Punkten abspielte, wären die Menschen effektiv sehr viel gleicher als vorher, aber Unterschiede gäbe es immer noch, und da die Übereinstimmung zwischen Verwandten nach wie vor deren genetische Nähe widerspiegelte, wäre die Erblichkeit die gleiche wie zuvor. Sollte in irgendeiner Gruppe im Lauf der Jahre die Erblichkeit ansteigen, so besagte das nicht, dass die Gene irgendwie stärker, aktiver geworden wären. An der Genaktion hätte sich nichts geändert – aber die Umwelt wäre homogener und damit weniger effektiv bei der Erzeugung von Differenzen geworden.

6. Die Erblichkeit sagt nicht das Geringste darüber, wie viele und welche Gene an der zentralnervösen Infrastruktur der Intelligenz beteiligt sind und auf welchen Wegen sie ihre

Wirkungen ausüben. Das ist die Schwäche und Stärke dieses Konzepts zugleich. Eine Schwäche, weil man natürlich brennend gerne wüsste, wie ein paar hundert Anleitungen für den Bau von Proteinen und Enzymen etwa darüber entscheiden, wie viele Wörter einer beliebigen Sprache jemand im Lauf seines Lebens lernen wird. Eine Stärke, weil nichts und niemand die Grundaussage jeder Erblichkeitsberechnung erschüttern kann. Dass bestimmte Gene verdächtigt werden und der Verdacht dann wieder fallengelassen werden muss – ein häufiges Vorkommnis in der jungen Molekulargenetik –, kompromittiert die Erblichkeitsberechnung nicht im mindesten. Wo eine Erblichkeit ist, da werden auch für das betreffende Merkmal zuständige Gene sein.

7. Je homogener die Umwelt, desto höher wird die Erblichkeit. Wenn die Differenziertheit der Umwelt keine Varianz mehr liefert, tut es nur noch das Genom. Es könnte zwar sein, dass eine Einebnung der Umweltunterschiede die Menschen tatsächlich etwas gleicher macht, aber die unverändert weiter bestehenden genetisch bedingten Unterschiede träten umso deutlicher hervor und schlügen sich in einer Erhöhung der Erblichkeit nieder. Es gäbe weniger Quellen für die Umweltvarianz, und entsprechend stiege die Erbvarianz. Anders gesagt: «Die Erblichkeit steigt in Umwelten, die den vollen Ausdruck des Genotyps erlauben, und nimmt in restriktiven Umwelten ab» (H. H. Goldsmith).[21]

8. Ihre hohe Erblichkeit bedeutet nicht, dass der Genotyp die Intelligenz unveränderbar auf eine bestimmte Zahl festlegte. Sie setzt jedoch der Veränderbarkeit durch Umweltoptimierungen Grenzen. Diese sind umso enger, je höher die Erblichkeit ist (Näheres dazu in Kapitel 9). Auch enge Grenzen könnten von neuen oder der Veränderung bisher unerkannter Umweltvariablen gesprengt werden. Sofern solche hypo-

thetischen Umweltoptimierungen nicht wie der Flynn-Effekt allen gleichmäßig zugutekämen, würden sie die Umweltvarianz erhöhen und mithin die Erblichkeit herabsetzen. An den Mechanismen der Vererbung hätte sich nichts verändert.

Für die radikale Umwelttheorie, die glaubt, die genetische Mitgift völlig außer Acht lassen zu können, sind nicht die statistischen Transformationen der Messdaten das Problem, sondern die verräterischen Korrelationen selbst – oder vielmehr der Umstand, dass sie zwar unscharf, aber unverkennbar die genetischen Verwandtschaftsverhältnisse widerspiegeln; und dass sie das nicht nur manchmal tun, sondern überall, wo immer man nach ihnen sucht. Zur Beantwortung der schlichten Frage, ob Gene überhaupt zu den IQ-Unterschieden beitragen, reicht die Existenz dieser Korrelationen. Wo sich aus ihrem Vergleich eine Erblichkeit ergibt, werden auch die Gene da sein, die sie erzeugen. Und wenn die Erblichkeit hoch ist, ist auch die Effektstärke der Gene hoch.

Der hier vorgeführten Erblichkeitsberechnung liegt das einfachste aller Modelle zugrunde, nach dem sich die genetische und die nichtgenetische Komponente unabhängig voneinander auf zusammen 100 Prozent addieren. Die Wirklichkeit ist komplizierter, und moderne Modelle versuchen, den Komplikationen Rechnung zu tragen. Die wichtigsten beschreibt der Annex 1 des Buchs.

KAPITEL 8

# DAS ALTERN DER INTELLIGENZ

Der ausgereifte IQ ist stabil. Wer bei einem Test heute 115 Punkte erzielt, wird ungefähr dieses Ergebnis auch erzielen, wenn er einen ähnlichen Test nach ein paar Tagen oder Monaten oder Jahren wiederholt, je nach Tagesform höchstens zehn Punkte mehr oder weniger; auch Testerfahrung kann ihm noch ein paar zusätzliche Punkte einbringen. Eine solche Stetigkeit ist bei psychologischen Tests nicht die Regel. Genau sie hat normierte IQ-Tests zu so verlässlichen Messinstrumenten gemacht. Sie setzten von vornherein voraus, dass das, was sie messen sollen, kein vorübergehender wechselnder Zustand ist, sondern eine dauerhafte Eigenschaft.

Wer sich deswegen auf die Unverwüstlichkeit seines IQ verlassen möchte, könnte sich am Ende dennoch getäuscht haben. Die Beständigkeit gilt nur für Zeiträume von ein paar Jahren. Über die ganze Lebenszeit gilt sie nicht. Die biometrische Intelligenz altert.

Wie sie sich im Laufe des Lebens verändert, kann man auf zweierlei Art messen. Die eine Methode ist die Langzeitstudie: Man muss ein repräsentatives Sample der Bevölkerung über Jahre und Jahrzehnte immer und immer wieder testen. Es dauert nicht nur sehr lange, bis eine solche Studie Ergebnisse zeitigt. Während ihrer Laufzeit wird das Sample immer kleiner.

Teilnehmer erkranken, ziehen weg, kommen in Pflegeheime, werden dement, sterben, wollen nicht mehr oder sind einfach nicht mehr zu erreichen. Mit der Zeit wird das Sample darum auch immer unrepräsentativer. Die übrig bleiben, sind die Robusteren, denen das Alter weniger anhaben kann. Damit sind es wahrscheinlich auch die, deren Intelligenz unter dem Alter weniger leidet. Langzeitstudien haben darum die Tendenz, den etwaigen Altersverfall geringer erscheinen zu lassen, als er in der breiten Bevölkerung tatsächlich ist.[1]

Die andere Methode ist die Kohortenstudie. Sie geht schnell: Zu irgendeinem Zeitpunkt misst man gleichzeitig Samples vieler verschiedener Altersstufen (Kohorten). Dem Ergebnis ist jedoch leider ebenfalls nicht ganz zu trauen. Menschen verschiedener Jahrgänge haben andere Lebensgeschichten, möglicherweise auch andere Geschichten ihrer Intelligenz hinter sich – zum Beispiel mag der eine Jahrgang in der Kindheit eine Notzeit durchgemacht haben, die Jüngeren erspart geblieben ist.

Dazu kommt der Flynn-Effekt (Näheres in Kapitel 11), dem während des 20. Jahrhunderts jede Generation einen IQ-Anstieg von etwa sieben Punkten verdankt, sodass die Tests immer wieder nachjustiert werden mussten. Gibt man verschiedenen Kohorten einen älteren Test, so lässt er die Jüngeren als intelligenter erscheinen, als sie nach aktuellem Maßstab wären. Gibt man ihnen einen aktuellen Test, so wird ihr IQ von vornherein niedriger erscheinen, auch wenn er sich gar nicht verändert hat. Insgesamt tendieren Kohortenstudien dazu, den Abstand der Älteren zu den Jüngeren zu übertreiben.

Wenn heute dennoch einige Klarheit über das Alterungsschicksal der Intelligenz besteht, so ist sie vor allem das Lebenswerk des amerikanischen Psychologen K. Warner Schaie. Von 1956 bis 1991, 36 Jahre lang, hat seine *Seattle Longitudinal Study* das Altern von insgesamt über fünftausend Erwachsenen verfolgt.[2] Alle sieben Jahre wurde die Gruppe aufs Neue getestet. Da sie von Mal zu Mal kleiner wurde – von den 500 Probanden des Jahres 1956 waren 1991 nur noch 71 dabei –, füllte sie Schaie jedes Mal mit einer jüngeren Altersgruppe wieder auf. 1991 waren es auf diese Weise noch 690 Probanden aus sechs Altersstufen.[3] Somit war es eine Langzeit- und eine Kohortenstudie zugleich.

Die Schlussergebnisse lieferten folgendes Bild: Ja, die abstrakte Intelligenz beginnt mit 60 Jahren merklich abzunehmen, und nach dem 74. Lebensjahr beschleunigt sich der Niedergang. Aber diese allerallgemeinste Feststellung sagt noch nicht viel und ist in einiger Hinsicht sogar irreführend.

Zum einen ist sie das darum, weil es große individuelle Unterschiede gibt – manche bauen rascher ab als der Durchschnitt, aber es gibt auch relativ altersresistente Menschen, bei denen sich die Intelligenz langsamer und weniger verringert. So belegte es die große *Berliner Altersstudie*, die speziell das Intelligenzschicksal jenseits der 70 unter die Lupe nahm. Für die Grundfähigkeit («*g*») ermittelte sie mit 70 Jahren einen durchschnittlichen Indexwert von 60, der bis zum 100. Lebensjahr um zwanzig Punkte auf etwa 40 sank. Aber im Alter von 90, als der mittlere Indexwert bei 50 angekommen war, reichte die Spanne im überlebenden Teil des Samples immer noch vom Indexwert 30 bis 65 – auch mit über 90 waren einige hinsichtlich ihrer Grundfähigkeit also noch fitter als der Durchschnitt zwanzig Jahre vorher.[4]

Zum anderen spricht gegen voreilige pessimistische Schlüsse, dass die verschiedenen Intelligenzkomponenten unterschiedlich altern. Die Wahrnehmungsgeschwindigkeit beginnt schon im 25. Lebensjahr zu sinken und fällt dann immer nur stetig ab; jenseits von 74 beschleunigt sich der Niedergang.

Dagegen bleibt die Rechenfähigkeit bis in die 40er Jahre etwa gleich, beginnt dann aber deutlich nachzulassen. Und logische Denkfähigkeit, Raumorientierung, Sprachgedächtnis und Ausdrucksfähigkeit nehmen bis Anfang 40 sogar zu, bleiben bis um die 60 auf ihrem höchsten Niveau und sinken danach langsamer als Rechenfähigkeit und Wahrnehmungsgeschwindigkeit; die Ausdrucksfähigkeit gar sinkt bis zum 88. Lebensjahr nur auf das Niveau, das sie mit 25 hatte – über die ganze erwachsene Lebenszeit gesehen also gar nicht. Dagegen haben mit 88 logische Denkfähigkeit und Sprach*gedächtnis* um mehr als eine halbe Standardabweichung (das dimensionslose Maß für normalverteilte Merkmale) nachgelassen, Raumorientierung um fast eine Standardabweichung und die Rechenfähigkeit wie die Wahrnehmungsgeschwindigkeit um über anderthalb Standardabweichungen. Um eine Vorstellung von dieser abstrakten Größe zu geben: Wessen Wahrnehmungsgeschwindigkeit mit 25 genau eine Standardabweichung über dem Durchschnitt lag, war schneller als 84 Prozent seiner Mitmenschen (er lag auf dem 84. Perzentil); anderthalb Standardabweichungen tiefer ist er mit 88 auf dem 34. Perzentil angekommen, also nur noch schneller als 34 Prozent und damit deutlich unter dem Durchschnitt – über die Hälfte der Bevölkerung ist an ihm vorbeigezogen.

Üblicherweise macht man sich das Altern der Intelligenz klar, indem man die «fluide» von der «kristallisierten» Intelligenz unterscheidet: Zwar sinke mit zunehmendem Alter die fluide Intelligenz, aber tröstlicherweise behaupte sich die kristallisierte wacker. Genau das hat Cattells beiden Hauptfaktoren zu ihrer relativen Popularität verholfen. Es ist auch nicht falsch. Aber da es recht abstrakte Faktoren sind und da überdies ihre Tauglichkeit von der Wissenschaft in Zweifel gezogen wird, seit sich die fluide Intelligenz als mehr oder weniger identisch mit

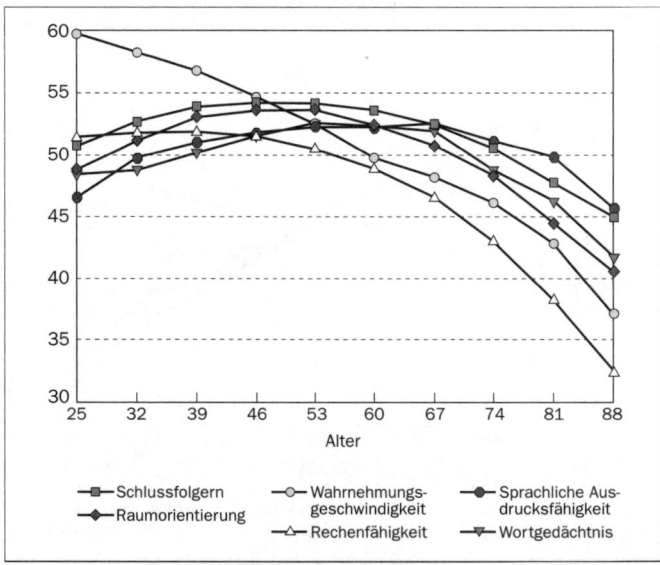

**Altersverläufe einiger Intelligenzkomponenten** (nach Schaie 1994, S. 308). Die Wahrnehmungsgeschwindigkeit sinkt ab 25 kontinuierlich, die sprachliche Ausdrucksfähigkeit ist mit 88 noch fast so hoch wie mit 25.

der Grundfähigkeit (Spearmans «*g*»-Faktor) erwiesen hat, will ich hier den Altersverlauf der Intelligenz noch einmal in anderen, moderneren Begriffen beschreiben.

Es bieten sich die eines Psychologenteams um Denise Park an.[5] Ihrer Untersuchung zufolge sinkt die Verarbeitungsgeschwindigkeit des Gehirns, die mentale Schnelligkeit, vom 20. bis 80. Lebensjahr in einer unerbittlichen geraden Linie, um insgesamt zwei Standardabweichungen – wer mit 20 schneller war als 75 Prozent seiner Mitmenschen, ist mit 80 nur noch schneller als 25 Prozent. Nur geringfügig weniger lassen Arbeits- und Langzeitgedächtnis nach, für die sich der Niedergang zwar zwischen 50 und 70 verlangsamt, die danach

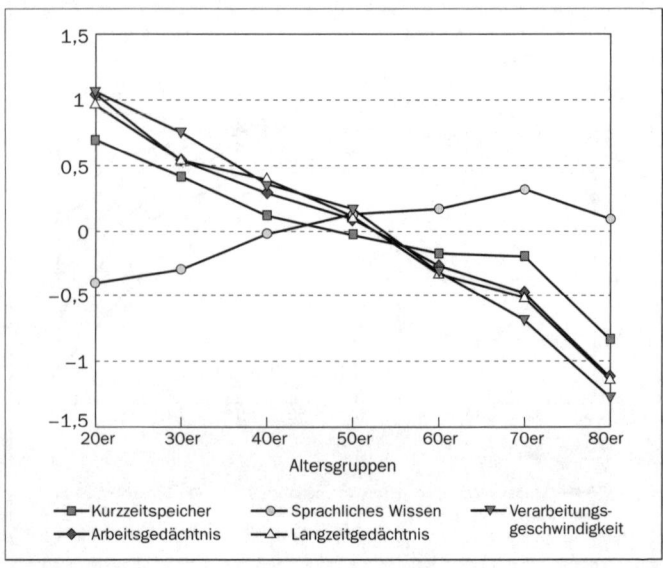

**Altersverläufe einiger Intelligenzkomponenten** (nach Park u. a. 2002, S. 305). Alle Funktionen nehmen ab, am stärksten die Verarbeitungsgeschwindigkeit. Nur das sprachliche Wissen nimmt bis in die 70er Jahre zu.

aber umso stärker abbauen. Das Arbeitsgedächtnis wiederum ist die Hauptkomponente der Grundfähigkeit. Der Wortschatz dagegen, die Herrschaft über Synonyme und Antonyme sowie das Allgemeinwissen steigern sich bis zum 70. Lebensjahr und sind auch mit 80 noch höher als mit 40 oder 50.

Der deutsche Altersforscher Paul Baltes machte eine Unterscheidung, die Cattells Unterscheidung von fluider und kristallisierter Intelligenz nicht unähnlich war. Er unterschied zwischen «mechanischer» und «pragmatischer» Intelligenz. Die mechanische schlage sich in der Wahrnehmungsgeschwindigkeit, der Denkfähigkeit und dem Gedächtnis nieder, und sie altere stärker. Die pragmatische zeige sich im Wissen und der

Wortflüssigkeit und sei relativ alterungsresistent.[6] Tatsächlich ist nichts so beständig wie die Sprachkompetenz, nichts so alterungsanfällig wie Wahrnehmungsgeschwindigkeit und Rechenkompetenz. Es mag also kein bloßes Vorurteil sein, wenn manche Branchen die Erfahrung der Älteren ausschlagen und lieber auf die intellektuelle Agilität der Jüngeren setzen.

Dazu passen auch Befunde der aktuellen Hirnforschung. Mit fortschreitendem Alter schrumpft das Volumen fast aller Hirnregionen außer dem Hirnstamm, auch der grauen und der weißen Substanz der Hirnrinde, die wahrscheinlich an den meisten Intelligenzleistungen beteiligt ist. Die Gehirnmasse schrumpft, und im gleichen Maß vergrößern sich die Ventrikel, die mit Hirnflüssigkeit gefüllten Hohlräume, besonders deutlich jenseits der 60[7]. Weniger Gehirn, mehr «Hirnwasser», weniger Intelligenz. (Näheres zu den körperlichen Korrelaten der Intelligenz in Kapitel 6.)

Die einzelnen Komponenten der Intelligenz altern also in unterschiedlichem Tempo. Altert jede vor sich hin, und es ist nur Zufall, dass sie alle abnehmen? Oder gibt es irgendetwas Bestimmtes, das sie bei seiner Alterung alle gleichzeitig in Mitleidenschaft zieht, die eine mehr, die andere weniger? Was könnte das sein? Die weitgehende Klärung dieser Frage verdanken wir dem amerikanischen Psychologen Timothy Salthouse. Er eruierte, wann der Altersniedergang der Komponenten einsetzt, mit erheblichen individuellen Unterschieden[8]. Ihm zufolge erreicht die Intelligenz ihre höchste Leistung mit 22, ab 27 beginnen abstraktes Denken und die Schnelligkeit des Gehirns nachzulassen, das Gedächtnis verschlechtert sich ab 37, Wissen und Wortschatz aber steigen bis mindestens 60 noch an. Salthouse rechnete noch und noch Interkorrelationen nach und kam zu dem Ergebnis, dass sich der kognitive Schwund fast vollständig auf einen Niedergang der Grundfähigkeit («$g$») zurückführen lässt und dieser auf den starken Abfall der Wahrnehmungsgeschwindigkeit. Das Gehirn wird langsamer – das ist es. Wenn man aus den Abwärtskurven die Abnahme der Wahrnehmungsgeschwindigkeit hypothetisch herausrechnet, altern die anderen Komponenten kaum oder gar nicht.[9] Das Alter, so resümierte Ian Deary, führt zu einer Minderung des geistigen Tempos (manchmal auch Informationsverarbeitungsgeschwindigkeit genannt), diese Verlangsamung bewirkt eine Minderung der kognitiven Grundfähigkeit, und diese wiederum zieht Veränderungen bei vielen spezielleren Geistestätigkeiten nach sich.[10] Wer sich seine Geschwindigkeit am jüngsten zu erhalten wüsste, hätte intellektuell im Alter die besten Karten.

Ungeklärt scheint bislang die Frage, ob Demenz ein spezieller pathologischer Zustand ist oder der normale extreme Endzustand der menschlichen Intelligenz, der nur bei dem einen früher, dem anderen später eintritt und dem wieder andere durch ihr Ableben zuvorkommen.[11]

K. Warner Schaie hat im Verlauf seiner Untersuchung an den fünftausend Alten von Seattle auch zu klären versucht, ob es bestimmte Faktoren gibt, die begünstigen, was Paul Baltes «erfolgreiches Altern» nannte, die also den kognitiven Niedergang bremsen können.[12] Sieben solche Faktoren hat er identifiziert.

1. Die Abwesenheit von Herz-Kreislauf- und anderen chronischen Krankheiten.
2. Günstige Lebensumstände (überdurchschnittliches Einkommen, überdurchschnittliche Bildung, komplexe und routinefreie frühere Berufstätigkeit).
3. Teilnahme an Aktivitäten in komplexen und intellektuell stimulierenden Umwelten (ausgiebiges Lesen, Reisen, Besuch von Kulturereignissen, Teilnahme an Fortbildungsveranstaltungen).
4. Flexibilität und Ausdauer in den mittleren Lebensjahren.

5. Das Leben mit einem intellektuell anspruchsvollen Partner.
6. Alles, was die Wahrnehmungsgeschwindigkeit trainiert und hoch hält.
7. Lebenszufriedenheit vor dem Anbruch des hohen Alters.

Als sich die Psychologie zunehmend mit dem Altersschicksal der Intelligenz befasste, kam etwas Merkwürdiges zutage, mit dem niemand gerechnet hatte und von dem zunächst kaum jemand Notiz nahm: Von der Kindheit bis ins frühe Erwachsenenalter steigt die Erblichkeit, und entsprechend sinkt der Umweltanteil an der Varianz. Erstmals nachgewiesen wurde das Ende der 1970er Jahre. In Louisville, Kentucky, lief damals eine Langzeitstudie, bei der fast 500 Zwillingspaare vom Kleinkindalter bis zur Pubertät mehrmals getestet wurden. Wie wir gesehen haben, besteht eine Methode der Erblichkeitsberechnung im Vergleich zwischen ein- und zweieiigen Zwillingen. Im Sample des Louisville-Projekts befanden sich beide Arten. Ronald S. Wilson, der Leiter der Studie, berichtete 1978: Bei jüngeren Kindern sei die Erblichkeit niedriger als bei älteren, und im gleichen Maß, wie die Erblichkeit zunehme, verringere sich die Umweltvarianz – die Gene scheinen also immer mehr die Kontrolle über die Unterschiede zu übernehmen. Tom Bouchard hat später vorgeschlagen, dies den «Wilson-Effekt» zu nennen. Im *Task Force*-Bericht von 1996 stand er schon als gesicherter Tatbestand: «Wir wissen inzwischen, dass sich die Erblichkeit des IQ mit dem Alter verändert: Vom Kleinkind- bis zum Erwachsenenalter steigt die Erblichkeit und sinkt der Einfluss der Familienumwelt.» [13]

Genaueres darüber, in welcher Lebensspanne sich diese Verschiebung vollzieht, wurde jedoch erst danach in Erfahrung gebracht, vor allem durch zwei britische Studien und eine niederländische.[14] Sie deckten verschiedene Lebensabschnitte ab, lagen aber dort, wo sie sich überschnitten, so nahe beieinander, dass es möglich scheint, sie zu einer einzigen Altersfolge zu kombinieren. Danach beträgt die Erblichkeit der Grundfähigkeit («$g$») mit zwei Jahren 0.26, mit fünf 0.25 bis 0.30, mit sieben 0.38 bis 0.40, mit zehn 0.46 bis 0.55, mit sechzehn 0.59, mit siebzehn 0.66, mit achtzehn 0.82, mit siebenundzwanzig 0.85. Etwa auf diesem Niveau verharrt sie dann das Leben lang. Eine schwedische Zwillingsstudie ergänzte, dass sie auch noch weit jenseits der 80 in der Nähe von 70 Prozent bleibt.[15] Es ist ein linearer Anstieg von der Kleinkindzeit bis zum Anfang des Erwachsenenalters. Gleichzeitig sinkt der Einfluss der Familienumwelt bis zur Pubertät auf nahezu null.[16]

Da hatte man nun endlich einen der Gründe, warum frühere Erblichkeitsschätzungen zu so unterschiedlichen Ergebnissen gekommen waren. Dass sie sich jemals auf eine genaue Zahl einpendeln würden, hatte zwar niemand erwartet. Dass sie so stark schwankten, wie sie das getan hatten, wurmte dennoch.[17] Zum Beispiel hatten die Forscher des Zwillingsprojekts von Minnesota, ehe sie mit ihren eigenen Ergebnissen auf den Plan traten, in einer großen Übersicht zusammengestellt, was alle früheren Verwandtenuntersuchungen mit zusammen über 55 000 Gegenüberstellungen ergeben hatten[18], aber angesichts der Heterogenität des Datenmaterials davon Abstand genommen, daraus Erblichkeiten zu errechnen. Mit fortgeschrittenen Analysemethoden gelang es einer anderen Arbeitsgruppe zehn Jahre später, die Bilanz zu ziehen, die sie schuldig geblieben waren: Sie errechnete eine Erblichkeit von 51 Prozent.[19] Zur gleichen Zeit legte die Arbeitsgruppe in Minnesota endlich vor, was ihre eigene Untersuchung getrennt aufgewachsener eineiiger Zwillinge ergeben hatte: 75 Prozent.[20]

Der Grund für diese Diskrepanz? Beide Gruppen hatten es schon geahnt: Das Durchschnittsalter der Probanden in beiden

Studien war sehr verschieden. In den früheren Untersuchungen waren vorwiegend Schüler unter 20 getestet worden[21], Kinder und Jugendliche also, die Zwillinge von Minnesota dagegen waren allesamt Erwachsene; ihr Durchschnittsalter lag bei 41[22]. Ein anderer Grund für die Diskrepanz war, dass den früheren Verwandtenvergleichen der IQ zugrunde gelegen hatte, der Zwillingsanalyse aber die Grundfähigkeit, «g». Der IQ wurde mit einer Vielzahl ganz verschiedener Tests mit unterschiedlichem g-Gehalt gemessen, meist mit Abkömmlingen des *Wechsler*- und des *Stanford-Binet*-Tests. Der Zwillingsanalyse lag von vornherein der g-Faktor zugrunde. Dieser aber hat eine höhere Erblichkeit als viele der Unterfaktoren. So steht es heute «im Plomin», dem führenden Lehrbuch der Verhaltensgenetik.[23] Der Testmix konventioneller, breitgefächerter IQ-Tests hatte sozusagen die Erblichkeit verdünnt.

Eine neuere niederländische Zwillingsstudie, die von vornherein ausdrücklich nicht den IQ, sondern den g-Faktor ins Visier genommen hatte, ergab eine Erblichkeit von nicht weniger als 86 Prozent[24]. Bei einer japanischen Studie kamen 83 Prozent heraus. Sie verwendete gar keinen der altbewährten Intelligenztests, sondern unter anderen einen neueren mit dem Namen «Syllogismen», der eigentlich zur Erfassung der Fähigkeit zu logischem Schlussfolgern bestimmt war. Er stellt in mehreren, auch graphischen Formaten Aufgaben wie «Alle A sind B. Alle B sind C. (1) Alle A sind C. (2) Einige A sind nicht C. (3) Alle C sind A. (4) Einige C sind nicht A. (5) Nichts hiervon ist richtig.» Oder ein besonders tückischer, weil dem allgemeinen Bescheidwissen zuwiderlaufender Syllogismus: «Alle Barbaras sind Reptilien. Einige Barbaras sind Menschen. (1) Kein richtiger Schluss. (2) Einige Menschen sind keine Reptilien. (3) Keine Menschen sind Reptilien. (4) Alle Menschen sind Reptilien. (5) Einige Menschen sind Reptilien.» Die Lösung von derartigen

Syllogismen gilt als der Inbegriff intelligenten Denkens. Es ist ein Test mit hohem $g$-Gehalt (über 0.7). Einer seiner Untertests (graphische Syllogismen ohne Worte) brachte es auf eine Rekord-Erblichkeit von 88 Prozent.[25]

Seither achtet man bei Erblichkeitsschätzungen sehr darauf, was man eigentlich testet, $g$ oder IQ, und ebenso auf das Alter. Da sich die wahre Erblichkeit eines Merkmals erst zeigt, wenn es sich voll ausgewachsen hat, wird heute empfohlen, zu Vergleichszwecken immer nur die Daten Erwachsener mit vollentwickeltem IQ zu verwenden.

Der Wilson-Effekt hat in diesem Punkt zwar für Klarheit gesorgt, läuft im Übrigen aber allem zuwider, was die Allgemeinheit und auch die Verhaltensgenetik erwartet hatte. Je länger man lebt, sollte man meinen, desto mehr Gelegenheit hatte die Umwelt, sich über etwaige angeborene Neigungen hinwegzusetzen, auf einen einzutrommeln, einen zu biegen, zu formen, zu verformen, von sich selbst zu entfremden. Das aber ist offenbar ein schwerer Irrtum.

Wie das? Die Frage ist so wichtig, dass man es gar nicht genau genug wissen kann. Fördermaßnahmen für benachteiligte Kinder, die eine Intelligenzoptimierung anstreben, beginnen in der Regel im Vorschulalter, also in einer Zeit, in der der Genotyp eine relativ schwache Varianzquelle ist. Entsprechend kann die Nachhilfe in dieser Zeit eindrucksvolle Ergebnisse bringen. Dieser Anstieg scheint aber meist nicht dauerhaft zu sein; später – wenn die Erblichkeit zunimmt – sinkt der IQ wieder. Warum tut er das? Weil die frühere Plastizität des Gehirns nur vorübergehend ist und es auf ein genetisch vorgezeichnetes Niveau zurückfällt? Weil der Mensch intellektuell nicht über seine Verhältnisse leben mag und die Anstrengung von sich aus aufgibt? Lässt sich intelligentes Verhalten überhaupt vergessen oder verlernen? Zuweilen scheint von dem frühen Anstieg aber doch einiges zurückzubleiben und dem Betreffenden zu einer besseren Schulbildung und einem qualifizierteren Beruf zu verhelfen. Wie lässt sich der Anstieg der Erblichkeit bis zum Ende der Pubertät erklären?

Es gibt wohl nur drei Möglichkeiten.

1. Im Lauf des Heranwachsens kommen mehr und mehr Gene ins Spiel und lassen den Umwelterfahrungen immer weniger Chancen, sich gegen sie durchzusetzen. Das aber ist wenig wahrscheinlich. Das ganze Leben über sind in jeder einzelnen Körperzelle sämtliche Gene vorhanden, immer dieselben, und gebraucht werden die meisten pränatal und in den frühesten Lebensjahren, wenn sie die Körperstrukturen und Organe schaffen. In dieser Zeit entstehen die Nervenzellen des Gehirns, finden ihre vorbestimmte Lage, differenzieren sich dort weiter, bilden Kontaktstellen (Synapsen) und damit das Grundmuster ihrer funktionalen Verschaltung; mit ihm und in dieses hinein lernt der Mensch, am meisten und schnellsten in der frühen Kindheit, wenn er die Sprache erlernt. Obwohl die Gene kein einziges Wort zur Verfügung stellen und das Kind sie alle einzeln lernt, das heißt in der Regel aus dem zufälligen und unvollkommenen Sprachangebot seiner Umgebung herausfiltert, ist der Umfang des Wortschatzes in hohem Maße erblich – weil dem Gehirn genetisch bestimmte Analysefähigkeiten eingebaut sind und der Wörterspeicher seine genetisch bestimmten Kapazitätsgrenzen hat. Nachdem die Aufbauarbeit geleistet ist, erhalten die Gene nur noch die von ihnen geschaffenen Strukturen aufrecht, reparieren sie wo nötig.

2. Das Gehirn ist am Anfang plastischer, unspezifizierter, empfänglicher für Umwelteinflüsse – es reift nach dem in den Genen beschlossenen Plan, der die Zahl seiner Optionen immer stärker verringert. Wer beispielsweise die Phase der

Lautanalyse seiner Muttersprache hinter sich hat, wird später eine andere Sprache meist nicht mehr akzentfrei sprechen können – er hört fremde Laute gar nicht mehr richtig (der vielbelächelte r/l-Fehler der Japaner). So erklärt unter anderen Thomas Bouchard die Zunahme der Erblichkeit in den Jahren um die Pubertät: «Sicher sein können wir nicht, aber bei jüngeren Menschen hängt sie sehr wahrscheinlich mit der biologischen Reifung zusammen. Aus EEG-Studien wissen wir seit langem, dass sich das Gehirn mit der Entwicklung verändert. Das moderne Instrumentarium der Neurowissenschaften hat uns sehr viel genauer aufgezeigt, wo das Gehirn diese Veränderungen durchmacht.» [26]

3. Die Menschen haben im Lauf ihrer Entwicklung immer mehr Möglichkeiten, sich von ihrer Familienumwelt unabhängig zu machen und sich andere, ihnen gemäßere Umwelten zu suchen oder diese selber zu schaffen, und nicht zufällig sind das solche, die besser mit ihren (genetischen) Anlagen, mit ihren Begabungen und Nichtbegabungen übereinstimmen. Es ist eine Theorie, die erstmals von den Psychologinnen Sandra Scarr und Kathleen McCartney entwickelt wurde und seither weite Zustimmung gefunden hat. In ihren Worten: «Menschen suchen die Umwelt auf, die sie gemäß und anregend finden. Wir alle wählen aus unserer Umgebung einige Aspekte, die uns ansprechen, über die wir Näheres in Erfahrung bringen – oder die wir ignorieren. Unsere Wahl korreliert mit den Motiven, Charaktereigenschaften und den intellektuellen Ansprüchen, die uns von unseren Genen nahegelegt werden. Der aktive Genotyp→Umwelt-Effekt, so möchten wir behaupten, ist die mächtigste Verbindung zwischen den Menschen und ihren Umwelten und der direkteste Ausdruck des Genotyps im Leben … Auch wir sind durchaus der Ansicht, dass der Phänotyp von der Um-

welterfahrung herausgearbeitet und aufrechterhalten wird, aber wir meinen ebenfalls, dass der Impetus für die Umwelterfahrung vom Genotyp kommt.» [27]

Eine Arbeitsgruppe um Thomas Bouchard erklärte ganz ähnlich, warum die der Familie gemeinsame Umwelt immer unwichtiger wird: «Für das Kind wird die intellektuelle Erfahrung weitgehend von den Erwachsenen bestimmt (das heißt von Eltern und Lehrern), und da ein Kind, das Gene für hohe Leistungen geerbt hat, wahrscheinlich in einer Familie heranwächst, die ihm intensive geistige Stimulierung angedeihen lässt, sind in den frühen Entwicklungsjahren die Effekte der Gene und der Erfahrungen passiv korreliert. Im Erwachsenenleben dagegen ist die Erfahrung stärker selbstbestimmt und spiegelt zum Teil ererbte Fähigkeiten, Interessen und Veranlagungen wider, sodass der Erwachsene die Korrelation zwischen Genotyp und Erfahrung weitgehend aktiv selber herstellt. In der Zeit des Heranwachsens spiegelt die Erfahrung nicht nur die zugrundeliegenden genetischen Unterschiede, sondern verstärkt sie noch. Diese Verstärkung ist umso stärker, je mehr man sich seine Erfahrungen selber aussucht und nicht von anderen oktroyieren lässt.» [28]

Kurz gesagt: Sofern die Umwelt passable Angebote für einen bereithält und man weiß, was man will, wird jeder mit dem Heranwachsen sich selbst immer ähnlicher. «Sich selbst» – das heißt den Vorschlägen, die einem die eigenen Gene machen.

# KAPITEL 9
## DER VERBLEIBENDE SPIELRAUM

Erblichkeiten des IQ von 40 Prozent zu Beginn der Schulzeit, von 60 bis 80 Prozent nach der Pubertät, von 85 Prozent für die Grundfähigkeit («$g$») – und was bedeutet das nun? Den Nichtfachmann, der so fragt, dürfte weniger die Definition von $h^2$ und die Berechnungsmethode interessieren. Ihn interessieren die pädagogischen Implikationen. Ihn plagt eine andere, viel praktischere Frage: «Wie stark lassen sich IQ und Schulleistung steigern?» Das war der Titel von Arthur Jensens Aufsatz, der im angelsächsischen Raum 1969 den bewussten Eklat auslöste. Jensens begründete Antwort damals war: Nur sehr wenig. Würde sie heute, nach vier Jahrzehnten weiterer Forschung, anders ausfallen, weniger pessimistisch?

Darauf gibt es keine schnelle und direkte Antwort, in der Art «Diese oder jene Intervention in diesem oder jenem Alter bringt einen IQ-Anstieg von soundso vielen Punkten». Man kann sich der Frage nur aus verschiedenen Richtungen nähern. Dann erhält man in der Tat eine ungefähre Vorstellung von der Stärke all jener Faktoren, die unter dem Passepartoutbegriff ‹Umwelt› zusammengefasst werden. Wer von Fördermaßnahmen Wunder erwartet, wird für wenig tröstlich halten, was tatsächlich möglich ist; wer sich gar nichts von ihnen verspricht, wird überrascht sein.

Bei der Suche nach den wirksamen Umweltfaktoren reicht es leider nicht, Korrelationen zwischen irgendwelchen Umweltvariablen und der Intelligenz zu finden und dann stolz zu verkünden: Die Variable Soundso ist es, die die Menschen intelligenter macht. Solche Korrelationen gibt es zuhauf, aber sofern nicht mitgeprüft wird, ob auch die Gene beteiligt sind, sind sie uninterpretierbar.

Ein anschauliches Beispiel ist die Kurzsichtigkeit. Seit hundert und mehr Jahren geht das Gerücht, Brillenträger seien intelligenter. Kaum eine Karikatur, in der ein *nerd* (ein ‹Intelligenzler›, ein ‹Fachtrottel›, ein ‹Klugscheißer›) nicht eine Brille aufhat. Es ist kein bloßes Vorurteil. In vielen Studien aus vielen Ländern wurde nachgewiesen, dass es tatsächlich eine Korrelation zwischen Kurzsichtigkeit (Myopie) und höherer Intelligenz gibt.[1] Ebenfalls eine Korrelation besteht zwischen Weitsichtigkeit und minderer Intelligenz. Aber warum gibt es diese Korrelationen? Dazu gibt es eine umfangreiche Literatur. Sozialisationstheoretikern fallen nur zwei Möglichkeiten ein. Beide berufen sich auf die «Naharbeit»: Entweder lesen und schreiben intelligentere Kinder mehr und werden darüber kurzsichtig, oder ihre Kurzsichtigkeit nötigt manche Kinder, mehr zu lesen und zu schreiben als andere, und das macht sie intelligenter. Einmal ist «Naharbeit» die Ursache, einmal die Wirkung. Beide Erklärungen haben einige Plausibilität, schließen einander aber leider aus. Außerdem passt die Korrelation zwischen Weitsichtigkeit und minderer Intelligenz zu keiner – oder führt der scharfe Blick in die Ferne zu einer Intelligenzminderung, beziehungsweise scheuen Minderintelligente den Blick in die Nähe? Hätte es nicht nahegelegen, zu berücksichtigen, dass Kurzsichtigkeit erblich ist (in Höhe von 0.3 bis 0.6)?

Nun kam jedoch 2004 aus Singapur eine weitere Studie. Sie stellte zunächst fest, dass unter den elf- und zwölfjährigen Kindern am unteren Ende der Intelligenzskala 46 Prozent kurzsichtig waren, am oberen Ende 68 Prozent. Das war nichts Neues. Doch es stellte sich noch etwas anderes heraus: Von den intelligenteren kurzsichtigen Schulkindern lasen viele weniger als normalsichtige – die Zahl der wöchentlich gelesenen Bücher hatte nur einen geringfügigen Einfluss auf die Myopie. So versuchten die Forscher es mit einer anderen Theorie: «Die bekannten ‹konventionellen› Risikofaktoren spielen vielleicht nur eine geringe Rolle, wenn man erklären will, wer kurzsichtig wird und wie stark der Brechungsfehler ausfällt. Beispielsweise das Lesen spielt kaum eine Rolle ... Die pränatalen Entwicklungen von Gehirn und Auge könnten vielmehr darum eng zusammenhängen, weil sowohl der IQ als auch die Kurzsichtigkeit genetisch gesteuert werden ... Es könnte Gene geben, die pränatal Größe und Wachstum sowohl des Auges (von denen abhängt, ob es zur Myopie kommt) als auch des Neocortex beeinflussen (und mit ihm den IQ).»[2] Bewiesen ist damit noch nichts; aber das Patt der beiden Umwelttheorien ist aufgelöst, und man weiß nun, wo eher eine Erklärung der merkwürdigen Korrelation zu finden sein wird. Und dass eine Lesebrille (das übliche Remedium bei Weitsichtigkeit) die Intelligenz wohl kaum erhöhen dürfte.

Prinzipiell unveränderbar legt der Genotyp die biometrische Intelligenz nicht fest. Nicht ausgeschlossen, dass irgendwann, irgendwo ganz andere Erblichkeitswerte auftauchen. Dann muss ein bisher unbekannter Umweltfaktor wirksam geworden sein und zusätzliche Unterschiede geschaffen haben, die es bis dahin nicht gab, neue Umweltvarianz. Vielleicht ist es einer, der immer schon am Werk war, aber einen so geringen Effekt hatte, dass er im großen Umweltrauschen nicht auffiel, der aber nun groß zum Zuge kam, ein Faktor X. Wenn sich unerwartet herausstellte, dass Kleinkinder zwischen zwei und drei Jahren «nur» regelmäßig ein bestimmtes Spiel spielen oder einen bestimmten Nahrungszusatz erhalten müssten, und schon schnellte ihr IQ dauerhaft nach oben, wäre ein solcher Faktor X gefunden. Erwarten sollte ein solches Wunder jedoch niemand. Eher dürfte es möglich werden, die Intelligenz durch genmedizinische Manipulationen zu erhöhen – was die Menschheit vor ein gewaltiges bioethisches Problem stellte, denn eine beträchtliche Intelligenzerhöhung ließe sich nicht als bloß «kosmetischer» Eingriff von vornherein verbieten.

Für heute müssen wir uns mit dem Stand der Dinge arrangieren, und der lautet: Auf der einen Seite wirken de facto viele einzelne Umweltfaktoren, deren genaue Zahl und Art und Stärke nicht bekannt sind, die sich gerne ineinander verstecken, beispielsweise die Dauer der Schulzeit in der Bildungsnähe des Elternhauses und diese im Lebensstandard und dieser im sozioökonomischen Status, ohne dass man wüsste, was genau es ist, das innerhalb jedes denkbaren Umweltfaktors die Intelligenzentwicklung begünstigt oder bremst. Keineswegs sind alle wirksamen Umwelteinflüsse sozialer oder pädagogischer Art (Erziehungspraktiken, Schulangebote, Stimulierungsprogramme und so weiter). Keineswegs auch muss die Umweltvarianz ausschließlich daher stammen, dass verschiedene Umweltbedingungen der Intelligenzentwicklung unterschiedlich förderlich sind; vielleicht rührt ein Großteil der Umweltvarianz daher, dass manche Lebensereignisse die Intelligenzentwicklung aufhalten und bremsen. Manche biologischen oder medizinischen Umwelteinwirkungen gehören zu dieser Art: prä- und perinatale Schädigungen, Erkrankungen, Unfälle, Traumen. Außerdem muss von dem Varianzanteil, der für Umwelteinwirkungen zur Verfügung steht, noch die Messungenauigkeit der verwendeten Tests in Höhe von 5 bis 10 Prozent abgezogen werden, die Unterschiede erzeugt, welche zwar nicht wirklich vorhanden sind, aber vorhanden zu sein scheinen und als nichtgenetische Varianz in die Rechnung eingehen. Diesen vielfach aufgesplitteten und schwer fassbaren Umwelteinflüssen steht der eine substanzielle Erbfaktor gegenüber, der sich zwar ebenfalls aus den minimalen Aktionen heute noch unzählbarer einzelner Gene zusammensetzt, aber en bloc agiert. Alle Umweltinterventionen können jedoch nur bei jenem Teil der Varianz ansetzen, den die genetische Varianz, die quasibiologische Varianz und die Messfehlervarianz offengelassen haben, und dieser Freiraum wird von der Kindheit bis zur Pubertät immer schmaler (Näheres dazu in Kapitel 8).

Trotzdem ist die Lage nicht so aussichtslos, wie sie angesichts des engen Spielraums für Umwelteinwirkungen erscheinen mag. Denn der Genotyp prädeterminiert grundsätzlich keinen bestimmten IQ. Niemandem ist von seinen Genen ein IQ von beispielsweise genau 97,5 Punkten vorbestimmt, in dem er zeitlebens gefangen bleiben müsste. Vielmehr schaffen die Gene Prädispositionen, genauer: Sie geben ein Potenzial vor, das im Wechselspiel mit der konkreten Umwelt ausgeschöpft, aber auch verschleudert werden kann. Das ist in der Verhaltensgenetik eine Selbstverständlichkeit, seit Irving Gottesman 1963 klarmachte, dass der Genotyp keine festen Ziele setzt, sondern einen Spielraum eröffnet: «Bei den Versuchen, die Frage zu beantworten, wie viel Intelligenz sich der genetischen Ausstattung und wie viel der Umwelt verdankt, hat es viel Hitze und wenig Licht gegeben. Da keines von beiden den Phänotyp allein hervorbringen kann, ist die Frage sinnlos ... Die beste Art, den genetischen Beitrag zur Intelligenz auf den Begriff zu bringen, ist die Vorstellung, dass der Genotyp eine Reaktionsnorm setzt oder eine Reaktionsspanne (*range of reaction*) festlegt.»[3] Innerhalb dieser Reaktionsspanne kommt die Umwelt zum Zuge.

Hier entfaltet sie ihre Wirkungen. Hier macht sie aus dem Potenzial des Genotyps die konkrete Wirklichkeit des Phänotyps. Der gemessene IQ liegt irgendwo innerhalb dieser Spanne. Wie groß aber ist diese? Lässt sich das wenigstens näherungsweise beziffern?

Darauf hat die Wissenschaft zunächst eine prinzipielle Antwort. Sie wurde erstmals 1989 von John Carroll durchgerechnet und besteht in einem mehrfach verklausulierten Wenn-Dann-Satz.[4] Er geht sinngemäß so: Angenommen, sämtliche Umwelteinflüsse auf die kognitive Leistungsfähigkeit des Einzelnen ließen sich zu einem einzigen Faktor zusammenfassen, beispielsweise der «Lebensqualität»; angenommen ferner, dieser träte in verschiedenen Stärken auf, die aber alle in eine Richtung wirken, positiv, intelligenzsteigernd; angenommen schließlich, diese Abstufungen wären so normalverteilt wie der IQ selbst und ließen sich auf einer dem IQ ähnlichen Skala von sechs Standardabweichungen vom Mittelwert ausdrücken, deren jede 15 Qualitätspunkte umfasste – alles dies angenommen, dann würde bei einer Erblichkeit von 0 Prozent eine Umweltverbesserung um 15 Qualitätspunkte eine Intelligenzsteigerung um ebenfalls 15 Punkte bewirken, während bei einer Erblichkeit von 100 Prozent jede Umweltoptimierung wirkungslos bliebe. Bei einer Erblichkeit von 50 Prozent, wie sie für neunjährige Kinder typisch sein dürfte, wäre von jeder Umweltoptimierung um eine Standardabweichung (15 Qualitätspunkte) eine IQ-Erhöhung von einer halben Standardabweichung, also von 7,5 IQ-Punkten zu erwarten. Wohingegen bei einer Erblichkeit von 40 Prozent, wie sie für Siebenjährige typisch ist, eine Umweltoptimierung um 15 Qualitätspunkte, eine Standardabweichung, nur einen IQ-Anstieg um 13 Punkte brächte, bei einer Erblichkeit von 65 Prozent (der unterste Schätzwert für Erwachsene) um 10 Punkte, bei 85 Prozent (der oberste Schätzwert) um 7 Punkte.

Um lernschwachen Kindern mit einem IQ von 70 zu einem durchschnittlichen von 100 zu verhelfen, müssten sie in eine um zwei Standardabweichungen günstigere Umwelt versetzt werden. Und falls sich die besagte «Lebensqualität» vor allem auf den sozioökonomischen Status zurückführen ließe und die Gesellschaft in sechs Schichten unterteilbar wäre, müssten sie aus der Unterschicht in die obere Mittelschicht aufrücken. Die IQ-Anstiege um 20 Punkte, die für erfolgreiche Förderprogramme berichtet wurden, so schloss Carroll, bewegten sich also durchaus im Rahmen dieser theoretischen Voraussagen.[5] Wer als Neunjähriger das Glück hat, eine Umweltverbesserung von zwei Standardabweichungen zu erfahren, müsste um 15 IQ-Punkte reicher aus der Maßnahme hervorgehen. Einem Achtzehnjährigen dagegen nützte sie nichts mehr.

So weit, so gut. Nur sind sämtliche Annahmen dieses Arguments unrealistisch. Es gibt nicht den einen allein wirksamen Umweltfaktor, sondern deren viele; man weiß gar nicht, wie viele es sind und welche unter allen, die in Frage kommen, tatsächlich die effektiven sind. Gewiss wirken sie auch nicht alle in eine Richtung – manche begünstigen, andere behindern die Intelligenzentwicklung, und manchmal kann einem überhaupt der Verdacht kommen, die Umweltvarianz stamme vorwiegend nicht aus unterschiedlichen Begünstigungen, sondern aus unterschiedlichen Beeinträchtigungen. Einige Umweltfaktoren haben ihr Werk schon vor der Geburt vollbracht, sodass nachträglich nichts daran zu korrigieren und zu optimieren bleibt; andere (Krankheiten, Unfälle, Kriege, soziale Umbrüche, Familientrennungen) sind unvermeidbar. Ob die Optimierungskraft irgendeines Umweltfaktors normalverteilt ist und sich säuberlich in sechs Standardabweichungen unterteilen lässt, niemand wüsste es zu sagen.

Kurz, Carrolls theoretische Überlegung hilft nicht weiter. Ob und wie stark der IQ zu steigern ist, lässt sich nur empirisch erkunden: indem man einige Maßnahmen, die benachteiligten Kindern kognitiv auf die Sprünge helfen sollten, als die Experimente betrachtet, als die sie sich teilweise selber verstanden. Als Erstes denkt man an die großen amerikanischen Förderprogramme, die in den 1960er und 70er Jahren aufgelegt wurden und nicht nur, aber hauptsächlich das eine wollten: *boost the IQ.*

Das größte war *Head Start*, ein nationales Programm, das 1965 einsetzte, zur Zeit des Bildungsoptimismus, der wenig später auch die Sesamstraße hervorbrachte. Es wird bis heute fortgeführt und hatte viele Millionen von Teilnehmern: Vorschulkinder, die einige Tage oder Wochen lang Förderunterricht erhielten. In den ersten Jahren wurden nach Absolvierung der Kurse tatsächlich IQ-Anstiege in Höhe von sieben Punkten gemessen. Von diesen waren drei, vier Jahre später noch drei Punkte übrig, und nach zehn Jahren hatten sich alle Effekte verloren.[6] Es war vor allem dies Programm, das Arthur Jensen 1969 so pessimistisch gemacht hatte.

Besser machen wollte es ab 1966 ein Programm, das unter dem Namen *Milwaukee Project* früh zu Medienruhm und Lehrbuchreife kam. Sein Ausgangspunkt war die Überlegung, dass die Förderung intensiver sein, früher einsetzen und länger anhalten müsste; und dass das Hauptrisiko für ein Kind das Aufwachsen im Haushalt einer geistesschwachen Mutter bilde. Siebzehn Hochrisikokinder meist alleinerziehender geistesschwacher Mütter, mit einem IQ unter 75, aus dem ärmsten schwarzen Ghetto Milwaukees wurden praktisch von Geburt an fünf Jahre lang Tag für Tag (außer am Wochenende) in ein Förderzentrum gebracht und dort gesund ernährt, medizinisch versorgt und nach allen Regeln der Pädagogenkunst geistig stimuliert. Eine gleich große Kontrollgruppe blieb ohne Förderung zu Hause bei den Müttern. Als die Kinder mit fünfeinhalb aus dem Förderzentrum in die erste Schulklasse wechselten, meldete das *Milwaukee Project*, beide Gruppen hätten ein Jahr nach dem Beginn der Maßnahme etwa den gleichen IQ gehabt (um 113), aber in der Kontrollgruppe sei er danach immer nur gesunken (auf etwa 95), während er in der Fördergruppe auf 125 gestiegen sei. «Der IQ der Fördergruppe lag dauerhaft 25 bis 30 Punkte über der Kontrollgruppe»[7] – ein sagenhafter Abstand, wie er nie zuvor und nie wieder gemeldet wurde. Aber diesen ersten Erfolgsmeldungen folgte lange gar nichts. Der verantwortliche Leiter, der sich das Kommunikationsmonopol vorbehalten hatte, wurde wegen Unterschlagung zu einer mehrjährigen Haftstrafe verurteilt und verschwand; die wissenschaftlichen Ergebnisse des Projekts kamen erst fünfzehn Jahre später auf den Tisch.[8] Sie nahmen sich wesentlich bescheidener aus als die Vorberichte. Ein Jahr nach dem Ende der Maßnahme waren von den 30 IQ-Punkten Abstand noch 27 übrig, im Alter von zehn Jahren noch 20 und mit vierzehn, als die Kontrollgruppe bei IQ 80 angekommen war, nur noch 10. Aber noch fataler: Selbst diese 10 Punkte standen in Frage, weil sich Förder- und Kontrollgruppe in ihren Schulleistungen praktisch nicht mehr unterschieden. Beide hatten sie Zeugnisse, die einem IQ von 80 entsprachen. Kritiker bemerkten, der ganze Aufwand habe möglicherweise gar nichts bewirkt, und der verbleibende IQ-Abstand sei nur eine Folge der inzwischen großen Testerfahrung – die geförderten Kinder waren insgesamt 22 Mal getestet worden.[9] Für den Berichterstatter hatte das Ziel gar nicht mehr in der Steigerung der Intelligenz bestanden. Es sei vielmehr um den Nachweis gegangen, dass nicht Armut per se der Intelligenz abträglich sei, sondern das deprimierende Leben im Haushalt einer geistig behinderten Mutter, und dieser Nachweis sei gelungen.[10] Dennoch bleibt der anfängliche Intelligenzanstieg bemerkenswert, selbst wenn er – durch die Wiederverwendung überholter Tests und wachsende Testerfahrung – aufgebläht gewesen sein sollte und nicht von Dauer war.

Solche Querschläge blieben dem *Abecedarian Project* in North Carolina erspart. Es lief von 1972 bis 1977 und brachte etwa 50 Risikokinder, fast alle Schwarze aus armen, bildungsfernen Elternhäusern mit alleinerziehenden Müttern, vom dritten Monat bis zum fünften Lebensjahr in den Genuss ganztägiger Versorgung und kognitiver Stimulierung. Eine gleich große Kontrollgruppe blieb bei den Müttern zurück, die nur soziale Beratung erhielten. Mit drei Jahren betrug der Abstand zwischen beiden Gruppen 15 IQ-Punkte, mit viereinhalb, kurz vor Ende des Programms, 9.[11] Bei einem Nachtest im Alter von 21 Jahren hatte sich zwar der Abstand auf 5 Punkte verringert – aber die Kinder aus der Fördergruppe waren in der Schule und danach viel motivierter und erfolgreicher gewesen, waren seltener sitzengeblieben, hatten bessere Zensuren und waren länger zur Schule und teilweise sogar aufs College gegangen. Eine Untergruppe, die nach Ende der Förderzeit noch drei weitere Jahre lang unterstützt worden war, hatte keine zusätzlichen Vorteile zu verzeichnen. Es komme vor allem darauf an, meinten die Berichterstatter, langfristig den Stimulierungswert der frühkindlichen Umgebung zu erhöhen.[12] Heraus aus dem Stumpfsinn!

Es ist schwierig, die Erfolge und Misserfolge dieser Interventionsprogramme zu bilanzieren. Sie bringen, so scheint es, anfangs eindrucksvolle Intelligenzanstiege hervor, von denen mit den Jahren jedoch immer weniger übrig bleibt. Dennoch könnte selbst ein bescheidener dauerhafter Anstieg beim Schul- und Lebenserfolg einen entscheidenden Unterschied machen.

Eine wesentlich direktere Antwort auf Jensens skeptische Ausgangsfrage lieferten drei französische Adoptions-«Experimente», alle aus den 1970er und 1980er Jahren.[13] Sie prüften den

Verdacht, ⌐dass die entscheidende Umweltvariable schlicht der Lebensstandard des Elternhauses sein könnte, ausgedrückt in dessen sozioökonomischem Status.⌐Dass auch genetische Faktoren involviert sein könnten, kam den Experimentatoren anfangs überhaupt nicht in den Sinn. Zwei dieser Studien bestätigten es dann wider Willen.

⌐Im ersten Versuch waren 32 Kinder ungelernter Arbeiterinnen mit vier Monaten von Familien der oberen Mittelschicht adoptiert worden. Bei einigen blieben die Halbgeschwister (die Väter waren andere) bei den Müttern zurück; sie bildeten die Kontrollgruppe. Getestet wurden beide Gruppen zwischen 10 und 11 Jahren. Da hatte die adoptierte Gruppe einen mittleren IQ von 111, die bei den Müttern in der Unterschicht gebliebene Gruppe von 94.⌐Die frühe Versetzung in eine zwei oder drei Stufen höhere Sozialschicht hatte ihnen demnach einen Vorsprung von 17 IQ-Punkten gebracht.

Das zweite Experiment war ähnlich, aber als Crossover-Studie angelegt. Die Forscher fanden etwa zwanzig Kinder aus der Unterschicht und zwanzig aus der Oberschicht, die je zur Hälfte in die Unter- und die Oberschicht adoptiert worden waren. Es gab also vier gleich große Gruppen: zehn Kinder, die von unten stammten und unten geblieben waren; zehn andere, die von unten stammten und nach oben gerieten; zehn, die von oben nach unten, und zehn, die von oben nach oben adoptiert worden waren. Getestet wurden alle um das vierzehnte Lebensjahr. ⌐Da hatte die Gruppe Unten/Unten einen Durchschnitts-IQ von 92, die Gruppe Unten/Oben von 104, die Gruppe Oben/Unten von 107, die Gruppe Oben/Oben von 120. Die Adoption in eine wesentlich höhere Sozialschicht hatte den Unterschichtkindern also einen IQ-Anstieg von 12 Punkten eingebracht, die Adoption in die Unterschicht den Oberschichtkindern einen Verlust von 13 Punkten. Trotzdem lagen die Oberschichtkinder mit ihren 107 Punkten im Mittel drei Punkte über dem höchsten erreichbaren IQ der Unterschichtkinder – ein deutlicher Hinweis darauf, dass hier auch starke nichtsoziale, also wohl genetische Faktoren im Spiel waren. Denn nach der Umwelttheorie hätten sich die Durchschnitts-IQs denen der Sozialschicht angleichen müssen, in der die Kinder tatsächlich aufwuchsen. Nebenbei zeigten die starken IQ-Verluste bei den in die Unterschicht adoptierten Oberschichtkindern, dass der Schichteffekt nicht auf benachteiligte intelligenzschwache Unterschichtkinder beschränkt, also nicht nur am unteren Ende des sozialen Spektrums wirksam ist.

Die dritte Studie verfolgte das Schicksal von 65 vernachlässigten und missbrauchten Kindern aus zerrütteten Familien, die ihren Erziehern von Amts wegen weggenommen und zwischen vier und sechs Jahren zur Adoption freigegeben worden waren. Vor der Adoption lag ihr IQ zwischen 60 und 86, im Mittel bei 78. Erneut getestet wurden sie meist um das fünfzehnte Lebensjahr. Im Durchschnitt hatten sie einen IQ-Anstieg von 14 Punkten zu verzeichnen. Aufgeschlüsselt: Bei einer Adoption in die Unterschicht lag der Anstieg bei 8 Punkten, in die Mittelschicht bei 16, in die Oberschicht bei 19. Aber die Rangordnung ihrer IQs blieb nach der Adoption die gleiche wie vorher – ein Indiz dafür, dass sie alle nur ihr genetisch vorgegebenes Potenzial voller ausgeschöpft hatten. Das Bemerkenswerteste an den beiden letzten Experimenten scheint mir das relativ hohe Testalter. Offenbar war hier der Anstieg von Dauer gewesen. Mit 14, 15 Jahren befanden sich die Kinder in der Pubertät, und große Veränderungen waren bei ihnen kaum mehr zu erwarten.

Auch diese drei Studien sind kritisiert worden, doch ich meine, man sollte sie so stehenlassen, wie sie sind: Eine wesentliche Verbesserung der Lebensbedingungen kann die Intelligenz bei stark benachteiligten Kindern um 10 bis 15 Punkte erhöhen, eine wesentliche Verschlechterung um ebenso viele Punkte nach unten drücken. Die Studien geben immerhin einen Anhaltspunkt, was dem Faktor Umwelt trotz hoher Erblichkeit möglich ist. Und dass es tatsächlich der sehr unspezifische Faktor Schichtzugehörigkeit alias Lebensstandard ist, der erhebliche Veränderungen bewirkt. Auch, dass die Intervention selbst dann noch wirkt, wenn sie erst mehrere Jahre nach der Geburt einsetzt. Das *Abecedarian*-Projekt hat darüber hinaus demonstriert, dass selbst ein geringfügiger dauerhafter IQ-Anstieg dem Bildungserfolg einen entscheidenden Schub gibt und dass der erfolgversprechendste Zeitraum für eine stützende Intervention die Zeit zwischen dem vierten und sechsten Lebensjahr zu sein scheint; frühere Erfolge verlieren sich sehr schnell, spätere Interventionen scheinen nichts mehr hinzuzufügen. Aber vielleicht ist das schon eine Überinterpretation. Alle diese Studien sind dringend replikationsbedürftig.

Eine sehr direkte Möglichkeit, die Spannweite des IQ-Potenzials abzuschätzen, eröffnen Richard Lynns «Länder-IQs» (Näheres dazu in Kapitel 13).[14] Der nordirische Psychologe hat überall auf der Welt nach IQ-Durchschnitten gesucht und die kollektiven IQs von 185 Staaten zusammengestellt. Die Liste krankt vor allem daran, dass die Daten aus den einzelnen Ländern unterschiedlich vertrauenswürdig sind. In einigen Ländern lagen viele Untersuchungen mit Tausenden von Testpersonen vor, in anderen nur eine oder zwei mit ein paar Hundert, einmal mussten gar ein paar Exilanten in einem Heim für ein ganzes Land einspringen. Um die Validität seiner Länder-IQs zu überprüfen, suchte Lynn für die gleichen Länder auch Schulleistungstests wie PISA oder TIMSS.[15] Als er, um die verschiedenen Skalen vergleichbar zu machen, aus den Schulleistungstests einen «BQ» (Bildungsquotienten) errechnet hatte und

Länder-IQs den Länder-BQs gegenüberstellte, entdeckte er eine überraschend hohe Übereinstimmung – höher offenbar, als er selber sie erwartet hatte. Die Ergebnisse des einen Tests ließen sich aus denen des anderen überraschend präzise vorhersagen, auf drei Punkte genau schienen beide Arten von Tests das Gleiche zu messen. Damit waren Lynns skeptisch aufgenommene Länder-IQs von den Länder-BQs auf fast triumphale Weise validiert.

Doch gab es immer wieder Fälle, wo beide um viel mehr als drei Punkte differierten. Manchmal gingen die Schulleistungen weit über das Niveau hinaus, das man allein aufgrund der IQs hätte erwarten können. Manchmal blieben sie weit dahinter zurück. Warum? «Die Umwelt!» In einigen Ländern muss «die Umwelt» aus den Kindern alles vorhandene Potenzial herausgelockt haben, in anderen hatte sie es entschlummern lassen. Natürlich ist solchen Zahlen nicht anzusehen, welche Umstände es waren, die die Intelligenzentfaltung in einem Fall behindert, im anderen unterstützt hatten. Es könnte der allgemeine Lebensstandard, die vorherrschende Einstellung zur Bildung, das Elternverhalten, der unterschiedliche Zukunftsoptimismus (die «Perspektive») gewesen sein. Am wahrscheinlichsten aber spiegelten die negativen und positiven Differenzen hier, im Weltmaßstab, schlicht vor allem die Qualität der Schulsysteme wider – und mit ihnen alles, was ein Schulsystem besser als das andere macht, den Lebensstandard der Bevölkerung, die Traditionsverhaftetheit der Gesellschaft, das politische Regime, die Freiheit, Kinder zu fördern, statt sie als Hilfsverdiener einzusetzen.

Diese Differenzen aber lassen sich benutzen, um an ihnen die Spannweite des Potenzials, den Spielraum der Umwelt abzulesen. Wenn man allein die 86 Länder heranzieht, für die nicht nur geschätzte, sondern gemessene IQs und dazu Schulleistungsdaten vorlagen und bei denen Lynn selber die Daten als qualitativ hochwertig betrachtete, dann sind die zehn Staaten mit den größten Differenzen diese: Vereinigte Arabische Emirate +11, Irland +8, Syrien +8, Kenya +7, Tanzania +5, Hongkong −5, Marokko −5, Argentinien −8, Qatar −13, Yemen −15. Nebenbei ergibt sich aus dieser kurzen Liste, dass es leichter zu sein scheint, Intelligenz verkümmern zu lassen, als sie aufzubauen: Die Ausschläge nach unten sind größer als die nach oben. Wenn man von sämtlichen Differenzen die zwei Punkte abzieht, um die sich bei hochwertigen Daten IQ und BQ unterscheiden (im Mittel aller Länder sind es mehr als drei) und die man als eine Art Messfehler betrachten kann, ergibt sich eine Spanne von +9 (Emirate) bis −13 (Yemen), mithin von 22 Punkten. 22 Punkte, 9 nach oben, 13 nach unten: Das offenbar ist die Spanne, innerhalb derer alle heute auf der Welt herrschenden Umweltbedingungen de facto die biometrische Intelligenz erhöhen oder senken.

Die Ausnahmeländer Europas sind Irland (+7,5), Litauen (+4,7), Finnland (+3,8) und Norwegen (−3,5). In Deutschland und seinen Nachbarländern liegen die Differenzen zwischen IQ und BQ unterhalb des Messfehlers, sodass der Schluss erlaubt ist, hier werde das vorhandene Potenzial nicht im Stich gelassen, aber auch nicht zu besonderen Hochleistungen angespornt.

Auffällig ist der große Abstand zwischen den Vereinigten Arabischen Emiraten und dem Yemen. Es sind Nachbarländer mit der gleichen arabischen Bevölkerung und dem gleichen kulturell-religiösen Hintergrund. Ihr Durchschnitts-IQ ist der gleiche, 83, aber ihr Unterschied beim BQ enorm, 26 Punkte. Beim Pro-Kopf-Einkommen ebenfalls: Die Emirate waren im Stichjahr 1998 mit über 17000 US-Dollar eins der zwanzig reichsten Länder der Welt, der Yemen (mit 719 Dollar) eins der dreizehn ärmsten.] Der 22-Punkte-Abstand bei den Schulleistungen stützt den Verdacht, dass der entscheidende Umweltfaktor tatsächlich schlicht der Lebensstandard der Bevölkerung sein könnte – und alles, was aus ihm folgt, vor allem die Qualität des Schulsystems. Die Reichen können ihr Potenzial sehr viel besser ausnutzen als die Ärmsten, und weil diese ihr Potenzial nicht ausschöpfen, können sie auch nicht reich werden – ein Circulus vitiosus.

Das Optimierungspotenzial des IQ schien immer schon dadurch begrenzt, dass die Grundfähigkeit («$g$»), auf die jede Art von Testaufgabe zurückgreift, die eine stärker, die andere weniger, als unveränderlich galt, als eine quasi biologische Größe, gegen die kein Lernen, kein Training ankommt. Möglicherweise ist das heute nicht mehr ganz richtig. Vielleicht lässt sich auch die Grundfähigkeit optimieren. Seit 1958 gibt es einen von Wayne Kirchner entwickelten psychologischen Test namens $n$-Back, der die Kapazität eines unserer Gedächtnisspeicher ermitteln soll. Der Kurzzeitspeicher hält uns eine begrenzte Zahl von Elementen – Zahlen oder Zahlengruppen, Buchstaben oder Buchstabengruppen – für die kurze Zeit von einigen Sekunden oder, bei rechtzeitiger Aktualisierung, Minuten präsent. Seine Gedächtnisspur wird nicht molekular in einem Synapsennetz aufgezeichnet, sondern besteht in der bloßen elektrischen Erregung eines Neuronennetzwerks, die nach kurzer Zeit abklingt. Der Kurzzeitspeicher wird beansprucht, etwa wenn die Kellnerin unsere Bestellung aus dem Gedächtnis an die Küche weitergibt.

Der $n$-Back-Test ist eine Art frugales Memory-Spiel. In Abständen von drei Sekunden hört oder sieht die Testperson eine Folge verschiedener einzelner Symbole – Zahlen, Buchstaben, Figuren – und muss laufend entscheiden, ob das jeweils letzte eine festgelegte Zahl von Stellen vorher schon einmal vorgekommen war. Dazu muss sie sich bei jedem Schritt das Ende der bisherigen Folge einprägen, also den Inhalt des Kurzzeitspeichers alle drei Sekunden aktualisieren. Das erfordert anhaltende Konzentration; wer in Gedanken abschweift und es einmal versäumt, verliert den Faden. Seitdem bekannt ist, dass die Grundfähigkeit vor allem aus den Komponenten Arbeitsgedächtnis (dem RAM des Gehirns), Aktualisierungsvermögen und Schnelligkeit besteht und dass die Kapazität des Arbeitsspeichers vor allem vom Kurzzeitgedächtnis abhängt, wird versucht, den $n$-Back-Test als Trainingsprogramm zur Erweiterung des Kurzzeitspeichers und damit zur Erhöhung der Grundfähigkeit zu benutzen. Im Internet finden sich mehrere variable Implementierungen, eine bei http://brainworkshop. sourceforge.net/.

Dass man durch «Gehirnjogging» seine Leistungen bei den jeweiligen Denkaufgaben steigern kann, ist bekannt. Aber derlei Fortschritte, hat man immer gemeint, blieben an die betreffende Aufgabe gebunden und übertrügen sich nie auf andere Aufgaben. 2008 aber erschien eine Studie der schweizerisch-amerikanischen Psychologin Susanne Jaeggi[17], der zufolge intensives $n$-Back-Training der fluiden Intelligenz zugutekommt, die mehr oder minder dasselbe ist wie die Grundfähigkeit. Ein tägliches Training von 25 Minuten über 19 Tage führte nicht nur dazu, dass die Testpersonen schon sehr bald immer längere Symbolspannen speichern konnten und nach drei Wochen immer noch Fortschritte machten, sondern dass sich diese Erweiterung verallgemeinerte und einen deutlichen Anstieg ihrer Grundfähigkeit brachte, um erstaunliche 40 Prozent. Das Experiment war keiner der Wunderbeweise, die immer nur Bestätigungen suchen und finden. Es hatte eine Kontrollgruppe, die zwischen dem ersten und dem letzten Test nicht trainierte – und deren fluide Intelligenz gleich blieb. Aber das Experiment wird noch oft repliziert werden müssen, ehe die Generalisierung des Trainingseffekts allgemeinen Glauben findet. Sollte sie sich auch nur annähernd bestätigen, wäre es eine kleine Sensation. Zum ersten Mal hätte sich dann gezeigt, dass die Grundfähigkeit nicht unverbrüchlich fixiert ist, sondern sich zusammen mit der Kapazität des Kurzzeitgedächtnisses durch spezielle Trainingsprogramme erhöhen lässt.

So hoffnungsvoll es stimmt, dass sich die Intelligenz möglicherweise durch gezielte Interventionen zur richtigen Zeit durchaus steigern ließe, dürften die bisherigen Versuche auch eines klarmachen – ein Spaziergang wäre es nicht. Weder würden sich minderintelligente Kinder massenweise ein fortgesetztes langweiliges und anstrengendes $n$-Back-Training zumuten lassen, noch ließe sich der allgemeine Lebensstandard und mit ihm der Bildungsgrad ganzer Bevölkerungsschichten um ein oder zwei Standardabweichungen erhöhen. Darum wird einstweilen nichts anderes übrig bleiben, als sich mit den bestehenden Intelligenzunterschieden abzufinden und nur besonders benachteiligte Kinder dabei zu unterstützen, ihr Potenzial möglichst vollständig auszuschöpfen – selbst geringe dauerhafte Zuwächse können zu gefestigtem Selbstvertrauen, größeren Schulerfolgen und über sie zu qualifizierteren Berufen führen.

Die allermeisten Intelligenzmessungen und die darauf beruhenden Erblichkeitsschätzungen stammen aus den Mittelschichten moderner Gesellschaften. Sie wurden innerhalb eines breiten Korridors des zu der Zeit Normalen vorgenommen und gelten nur für diesen, nicht für extreme Lebensbedingungen. Es gibt Hinweise darauf, dass wiederholte Gewalterlebnisse und schwere Traumatisierungen den IQ siebenjähriger Kinder um mehr als 7 Punkte nach unten drücken.[18] Wenn ein Kind, wie es der kleinen «Genie» in den 1960er Jahren geschah, zwölf Jahre in einem Verschlag zubringen muss, wo ihm jeder normale Umgang mit erwachsenen und gleichaltrigen Bezugspersonen und überhaupt jede Umwelterfahrung vorenthalten wird[19], kann es keinerlei Intelligenz entwickeln. Bei «wilden Kindern», wie Kaspar Hauser vermutlich keines war, lässt sich nur irreversibler Schwachsinn diagnostizieren.[20]

«Anhaltende schwere Unterernährung während der ersten zwei bis vier Lebensjahre, wie sie in einigen Dritte-Welt-Ländern vorkommt, kann die geistige Entwicklung bis zu 20 IQ-Punkte zurückhalten. Forscher sind in Afrika, Mittel- und Südamerika und Indien … auf viele solcher Fälle gestoßen … Eine relativ kurze Hungerzeit von bis zu sechs Monaten dagegen schadet dem IQ sonst ausreichend ernährter Kinder und Jugendlicher nicht» (Arthur Jensen).[21] Sogar der Embryo, so stand es in den Lehrbüchern, scheint vor äußeren Notsituationen relativ geschützt zu sein. Den Hauptbeleg dafür lieferte der niederländische Hungerwinter. Im Winter 1944/45, als die deutsche Besatzung eine Lebensmittelblockade angeordnet hatte, herrschte im Westen der Niederlande fünf Monate lang extreme Hungersnot; die Kalorienmenge fiel auf ein Viertel des Mindestbedarfs. Es war zu erwarten, dass die Unterernährung der Mütter den in dieser Zeit ausgetragenen Feten schwere Schäden zufügen würde. Tatsächlich zeigten sich erhebliche gesundheitliche Spätfolgen. Aber wie sich in Zena Steins und Mervyn Sussers berühmten Untersuchungen der Spätfolgen dieser Hungermonate zeigte, wiesen die in den drei Jahren vor, während und nach der Hungerzeit geborenen jungen Männer keinerlei *Intelligenz*defizite auf, als sie 19 Jahre später, bei der Einberufung zum Militärdienst, getestet wurden; auch von den Rekruten aus den Provinzen ohne Hungersnot unterschieden sie sich nicht.[22] Neuerdings sieht es allerdings aus, als seien sie doch nicht so glimpflich davongekommen. Bei einem Test im Alter von 59

Jahren stellte sich heraus, dass die Hungerkinder zwar tatsächlich kein IQ-Defizit, aber größere Aufmerksamkeitsprobleme hatten – die Autoren der betreffenden Studie interpretierten sie als vorzeitige geistige Alterung.[23]

Eric Turkheimer hat in einer aufschlussreichen Untersuchung über den IQ siebenjähriger Zwillinge nachgewiesen, dass bei denen, deren Eltern an oder unter der Armutsgrenze leben, der Einfluss der Familienumwelt doppelt so hoch ist wie bei Kindern aus günstigeren Sozialverhältnissen und die Erblichkeit entsprechend geringer, am untersten Ende des sozialen Spektrums sogar nahe null.[24] Das ist wohl so zu interpretieren, dass Unterschichtkinder sehr viel unterschiedlicheren Familieneinflüssen ausgesetzt sind als Kinder der Mittel- und Oberschicht. In dieser Schicht sorgen darum weniger die Gene für Unterschiede als die mehr oder weniger intelligenzaffinen Familienverhältnisse. Zugespitzt gesagt: Manche Eltern dieser Schicht überlassen die Kinder dem Stumpfsinn, andere schaffen es trotz ihrer Armut, deren Intelligenz einen günstigen Nährboden zu verschaffen.

Ohne aktive Auseinandersetzung mit einer reichhaltigen Umwelt findet die genetische Anlage keine Ausdrucksmöglichkeit. Besonders anspruchsvoll jedoch scheinen die Gene nicht zu sein, können sie schon darum nicht sein, weil sich das heutige Intelligenzniveau unter Bedingungen entwickelt hat, die nach heutigen Maßstäben durchaus suboptimal waren. Vom speziellen Flynn-Effekt abgesehen (Näheres in Kapitel 11), waren unsere Vorfahren vor zwei- oder dreihundert Jahren sicher nicht wesentlich unintelligenter als wir heute, obwohl sie schlechter und ungesünder aßen, ohne medizinische Hilfe viel mehr Krankheiten ausgesetzt waren, ohne Presse, Rundfunk, Film, Fernsehen, Internet und iPad auskommen mussten, nach heutigen Maßstäben unfassbar autoritär erzogen wurden und eine gründliche Schulbildung ein Privileg war, das nur wenigen zuteilwurde. Die biometrische Intelligenz (der IQ) setzt Schulwissen und Schulerfahrungen voraus. Wer in einem IQ-Test passabel abschneiden will, muss die Kulturtechniken Lesen, Schreiben, Rechnen, eine gewisse sprachliche Verständnis- und Ausdrucksfähigkeit beherrschen und einiges grundlegende Wissen über die Welt besitzen. Er muss gewohnt sein, Fragen zu stellen und gestellt zu bekommen und eigenständig nach den Antworten zu suchen. Das alles stellen ihm seine Gene nicht bereit, nur die Fähigkeit, es zu lernen – und normalerweise lernt es jeder in der Schule. Eine elitäre Schule, überhaupt eine elitäre Umwelt braucht die Intelligenzentwicklung nicht – nur eben das, was der «Korridor des Normalen» genannt wurde, und der dürfte ziemlich breit sein.

«Wir sind der Auffassung», schrieb die Entwicklungspsychologin Sandra Scarr [25], «dass die Natur die wesentliche menschliche Entwicklung nicht von der Gnade von Umständen abhängig gemacht hat, die der Einzelne antrifft oder auch nicht; die notwendigen Umwelterfahrungen sind vielmehr solche, die der ganzen Gattung zur Verfügung gestanden haben. Unterschiedliche Erfahrungen können darum nicht die Hauptursache für individuelle Unterschiede sein. Die Hauptmerkmale der menschlichen Entwicklung sind genetisch programmiert und setzen nur Erfahrungen voraus, wie sie die große Mehrheit aller Menschen im Laufe des Lebens macht.» Auf seine Weise sagte Thilo Sarrazin etwas Ähnliches, und in diesem Punkt hat er recht: «Die beste Schule macht ein dummes Kind nicht klug, und die schlechteste Schule macht ein kluges Kind nicht dumm. Eine gute Schule kann aber entscheidend dazu beitragen, das vorhandene Maß an Intelligenz in vollem Umfang einzubringen und in tatsächliche kognitive Leistung umzusetzen.» [26]

Offen bleibt, wie dauerhaft die mühsam erreichten Zu-
gewinne sind, wie beständig sie überhaupt sein können. Was
bedeutet es, dass die Erblichkeit der kognitiven Fähigkeiten
zwischen der Kindheit und dem Erwachsenenalter so stark ansteigt, von etwa 0.40 mit sieben auf 0.65 bis 0.75 oder noch
höher mit zwanzig? Und dass der Spielraum der Umwelt entsprechend schrumpft?

# KAPITEL 10
# DEINE UMWELT, UNSERE UMWELT

Bei ihren Verwandtenvergleichen stieß die Verhaltensgenetik Anfang der 1990er Jahre nicht nur auf den unerwarteten Sachverhalt, dass die Erblichkeit zwischen Kindheit und dem Ende der Pubertät ansteigt und die Umweltvarianz im gleichen Maß weniger wird. Gleichsam nebenbei kam etwas zutage, womit niemand gerechnet hatte: die verwunderliche Tatsache, dass es zwei kategorisch verschiedene Arten von Umweltvarianz gibt.

Auch diese Erkenntnis stammt aus der Zwillingsforschung. Zusammen aufwachsende eineiige Zwillinge sind sich überaus ähnlich – sie haben ja Gene und Umwelt gemein. Nie aber sind sie sich völlig gleich. Die Korrelation ihres IQ ist hoch (0.86), aber niemals perfekt.[1] Wenn dagegen das Schicksal die Zwillinge dazu verurteilt hat, in verschiedenen Familien heranzuwachsen, beträgt ihre Ähnlichkeit nur 0.72. Eine gleiche Umwelt erhöht die Korrelation also um 0.14. Ebenso viel, 0.14, fehlt an einer perfekten Korrelation. Es muss also auch Umwelteinflüsse geben, die zusammen aufwachsende genetisch identische Zwillinge einander unähnlich machen, Umweltfaktoren, die nur auf den einen oder auf beide unterschiedlich wirken. Der für Verschiedenheit zwischen Geschwistern sorgende Varianzanteil soll hier «Individualumwelt» heißen (die geläufigsten englischen Fachwörter sind *non-shared* oder *within-family environment*). Gemeint sind jene Umweltbedingungen, die für Differenzen zwischen zwei Geschwistern einer Familie sorgen. Mit einem Kind sprechen die Eltern Deutsch. Dann ziehen sie nach Kanada und bekommen ein zweites Kind, mit dem sie von Anfang an nur Englisch sprechen, während sie bei dem ersten bei Deutsch bleiben. Beide Kinder teilen die Familienumwelt und alles, was diese von anderen Familienumwelten unterscheidet, leben aber in individuellen Sprachumwelten.

Wie hat man sich die Individualumwelt vorzustellen? Die Antwort steht noch aus. Arthur Jensen meint erkannt zu haben, dass die wesentlichen Faktoren schon pränatal gewirkt haben müssen, leichte physiologische Vor- und Nachteile im Mutterschoß.[2] Es würde unter anderem erklären, warum der Varianzanteil der Individualumwelt das ganze Leben über etwa der gleiche bleibt, knapp 20 Prozent. Aber sogar eineiige Zwillinge in einer Familie haben ihre Individualumwelt. So gut sie sich sonst auch verstehen, gerade weil sie in einem fort verwechselt werden, muss sich jeder von ihnen bemühen, eine persönliche Identität und seine eigenen Interessen zu kultivieren. Vielleicht ist die Suche nach Einflüssen, die Familienmitglieder einander unähnlich machen, bisher darum so ergebnislos geblieben, weil es sich gar nicht um systematische Einflüsse handelt. Vielleicht ist es auch der pure Zufall, der unser Lebensschicksal mitbestimmt. Jeder hat in seiner Kindheit ein paar prägende Erlebnisse, die seiner Neugier, seinen Neigungen, seinen Abneigungen und seinen Interessen diese oder jene Richtung geben. Es dürften meist Erlebnisse sein, die in seinen genetischen Anlagen ein besonderes Echo finden. Vielleicht haben die Fernsehprogramme, die die Familie gemeinsam sieht, bei beiden Geschwistern die Freude am Sport geweckt. Der eine wird nach ein paar zufälligen Erlebnissen, die ihn darin bestärken, schließlich zu einem Tennis-Ass; sein ebenso sportlicher Bruder aber stolpert zufällig über einen Stein, verliert seine Freude am Sport, verlegt sich lieber auf seine andere Stärke, die Mathematik, und wird aufgrund einiger weiterer Zufälle schließlich Informatiker. Denn jeder hat mehrfache Begabungen, und welche davon er entwickelt oder vernachlässigt, schreiben einem weder die Gene noch die Familienverhältnisse vor. Der Beruf, der ganze mit diesem zusammenhängende Habitus ist vielleicht auf jenen Stein zurückzuführen, über den einer als Kind gestolpert war. Und dann kommen die Wissenschaftler und wollen wissen, welche systematischen Einflüsse es waren, die zwei Brüder so verschieden gemacht haben! Stolpersteine werden sie unter ihnen nicht suchen und nicht finden.

Die andere Art von Umwelt ist jene, die zwei Geschwister einer Familie gemeinsam erfahren und die zu ihrer Ähnlichkeit beiträgt. Die englischen Namen dieser Umweltkomponente sind verwirrend und haben schon manchen aufs Glatteis geführt: *shared, between-family, common.* Hier soll sie einfachheitshalber ‹Familienumwelt› heißen, obwohl es genau genommen jene ist, die zwei Familien voneinander unterscheidet.

Wie stark die Effekte der Familienumwelt sind, kam in Adoptionsstudien zutage, zuerst 1989 in einer Analyse von John Loehlin.[3] Robert Plomin, der selber das *Colorado Adoption Project* auswertete, formuliert in seinem Lehrbuch der Verhaltensgenetik den Sachverhalt so: «Direkte Schätzungen für die Wichtigkeit gemeinsamer Umwelteinflüsse kommen aus den Korrelationen zwischen Adoptiveltern und ihren Adoptivkindern und zwischen leiblichen und adoptierten Kindern in einer Familie. Deren Korrelation, 0.32, ist besonders eindrucksvoll. Da die Adoptivkinder mit den leiblichen Kindern keine Gene gemein haben, muss sich all ihre Ähnlichkeit dem Heranwachsen in der gleichen Familie verdanken – dass sie die gleichen Eltern haben, das Gleiche zu essen bekommen, die gleichen Schulen besuchen und so fort. Die Korrelation von 0.32 bedeutet, dass etwa ein Drittel der gesamten Varianz auf die Familienumwelt zurückgeht.»[4]

Mit dieser Unterscheidung war man auf der Suche nach den tatsächlich wirksamen Umweltfaktoren einen großen Schritt vorangekommen. Die Hauptquelle der nichtgenetischen Varianz war die Familienumwelt; die Individualumwelt spielte eine untergeordnete Rolle. Deren Effektstärke ergibt sich ganz einfach aus dem Varianzanteil, den genetische Varianz, Familienumweltvarianz und Messfehler offenlassen. Erklären bei einem Kind die Gene 50 Prozent der Gesamtvarianz, die Familienumwelt 32 und die Messungenauigkeit 5, so bleiben der Individualumwelt 13 Prozent. Erfahrungen in der Familienumwelt bewirken in diesem Alter zweieinhalbmal so viel wie die Individualumwelt.

So weit, so gut. Waren nicht die der ganzen Familie gemeinsamen Umweltfaktoren genau jene, die alle schon immer für die ausschlaggebenden gehalten hatten? Die Kinder einer Familie teilen den Sozialstatus, den Lebensstandard, den elterlichen Bildungsgrad und Erziehungsstil (permissiv oder autoritativ oder autoritär), die Kulturnähe oder -ferne des Elternhauses, gewöhnlich auch die Art und Dauer der Schulbildung. Näher besehen, lassen sich Familien- und Individualfaktoren jedoch nicht so leicht unterscheiden. Für alle Geschwister beginnt die Umwelt zwar im selben Mutterschoß, aber zu verschiedenen Zeiten; Zwillinge stammen sogar aus derselben Schwangerschaft, eineiige gar aus derselben Fruchtblase. Trotzdem weiß man, dass sie dort oft miteinander rivalisieren, sodass sie schon ungleich (mit unterschiedlichem Geburtsgewicht und Temperament) zur Welt kommen. Ist der Mutterschoß also Familienoder Individualumwelt? Es wäre leichter zu sagen, dass er natürlich zur Familienumwelt gehört, gäbe es nicht die begründete Vermutung, dass der Großteil der Individualvarianz schon im Mutterschoß entsteht und das Leben über erhalten bleibt.[5]

Oder der Erziehungsstil: Was, wenn die Mutter den Sohn der Tochter vorzieht und der Vater die Tochter dem Sohn? Erleben beide ihre Eltern dann auf die gleiche Weise? Oder der Sozialstatus: Was, wenn dieser sich im Laufe der Kindheit radikal ändert, zum Beispiel bei einer Auflösung der Ehe, die nicht beide Geschwister im gleichen Maß trifft? Oder die Schule: Was, wenn nur eins der Geschwister einen Lehrer zugeteilt bekommt, der ihm Anerkennung und Anregung zuteilwerden lässt? Wie groß überhaupt ist das Gemeinsame, wenn keine zwei Menschen eine Umwelt auf genau die gleiche Art erleben? Trotzdem, in einem groben Sinn ist die Unterscheidung sicher berechtigt: Sozialstatus und Lebensstandard gehören im Großen und Ganzen zur Familienumwelt, der Erziehungsstil der Eltern bildet eine relativ gemeinsame Erfahrung, ein Unfall, in den nur eins der Geschwister verwickelt ist, ist eindeutig eine individuelle.

Der Schock kam kurz nach dieser nützlichen Aufteilung der Umweltvarianz, und zwar wieder aus Adoptionsstudien wie dem *Colorado Adoption Project*.[6] Dies war eine Langzeitstudie, bei der 245 adoptierte Kinder zwanzig Jahre lang beobachtet wurden. Hier tauchten zum ersten Mal einige jener nicht geheuren Zeitkurven auf, die die Fachwelt verblüfften. Was zeigen sie? Dass vom 5. bis zum 18. Lebensjahr der Anteil der genetischen Varianz (die Erblichkeit) zunächst mäßig (von 40 auf 55 Prozent) ansteigt und in den sechs folgenden Jahren stark (auf 85 Prozent), während der Anteil der Individualumwelt etwa gleich bleibt, etwa 18 Prozent. Der mit dem Heranwachsen einhergehende Schwund der Umweltvarianz betrifft also ganz allein die Familienumwelt. Sie wird immer unwichtiger. Ihr

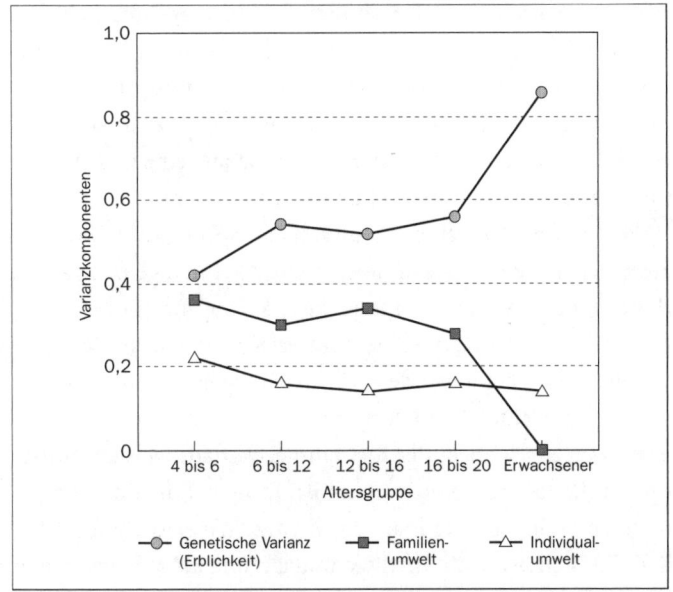

**Veränderung der Varianzkomponenten von der Kindheit zum Erwachsenenalter** (nach McGue u. a. 1993, S. 64). Die Erblichkeit steigt bis zur Pubertät leicht, danach stark an, von etwa 40 auf über 80 Prozent. Spiegelbildlich dazu sinkt die Komponente «Familienumwelt» von etwa 40 Prozent auf nahe null.

Beitrag fällt mit 18 auf 30 Prozent und mit 24 auf null.[7] Adoptivkinder werden in dieser Zeit ihren Adoptiveltern und -geschwistern immer unähnlicher, ihren leiblichen Eltern und Geschwistern, mit denen sie nie irgendeine Umwelt gemeinsam hatten, immer ähnlicher.

Aber das hieße ja ... Ja, es heißt, dass die Intelligenzunterschiede Erwachsener gar nicht von den Umweltfaktoren herrühren, die auf ihre ganze Familie gleichermaßen eingewirkt hatten, sondern allein von ihren individuellen Umwelterfahrungen. Es ist, als spielten all die «großen» Faktoren, die Favoriten der Sozialisationsforschung – Schichtzugehörigkeit, Lebensstandard, Bildungsgrad und Erziehungsstil der Eltern – für die Intelligenzentwicklung nur während der Kindheit eine Rolle und büßten jenseits der Pubertät sämtliche Wirksamkeit ein – es sei denn, einer hätte sie anders genutzt als seine Geschwister und daraus beizeiten Individualumwelt gemacht.

Wenn irgendwo eine neue Ölquelle sprudelte, würde das zwar den Lebensstandard, aber nicht die Intelligenz und den Bildungsgrad der erwachsenen Bevölkerung nach oben katapultieren. Aber der Intelligenz ihrer Kinder würde der neue Wohlstand eine anregendere Umwelt verschaffen, und erst sie würden intellektuell von ihm profitieren.

Es war ein Schock, der erst einmal verdaut werden musste und bis heute nicht ganz verdaut ist. Er macht die immer noch nicht endgültig gelöste Frage so wichtig: Wie dauerhaft sind in der Kindheit erreichte Intelligenzsteigerungen? Wie viel bleibt hängen? Lässt sich Intelligenz auch vergessen und verlernen? Die französischen Adoptionsstudien und das *Abecedarian Project* halten die Hoffnung aufrecht, dass eine länger anhaltende, wesentliche Verbesserung der Verhältnisse, unter denen ein Kind aufwächst, nicht ohne Folgen für seinen späteren Schul- und Berufserfolg bleibt.

## KAPITEL 11
# DER FLYNN-EFFEKT

Im Jahr 1984 erschienen zwei wissenschaftliche Aufsätze, die in der Psychologie wie eine Bombe einschlugen. Ihr Autor war jemand, der nicht vom Fach war, der neuseeländische Politologe James R. Flynn[1]. Seine Botschaft war diese: Der allgemeine IQ muss in den Vereinigten Staaten zwischen 1932 und 1978, also in zwei Generationen, um fast 14 Punkte angestiegen sein. (Antizipiert hatte das schon der nordirische Psychologe Richard Lynn, der 1982 über ein nämliches Phänomen aus Japan berichtet hatte.)

Wie hatte sich das feststellen lassen? Wenn man einer jüngeren Jahrgangskohorte einen Jahre oder Jahrzehnte zuvor auf einen Mittelwert von 100 normierten IQ-Test gab, so lag das neuere Mittel regelmäßig darüber. IQ-Tests mussten also alle paar Jahre von unten nach oben in gleich großen Schritten schwieriger gemacht werden, damit der aktuelle Mittelwert wieder bei 100 zu liegen kam. Testpsychologen war das schon seit den 1930er Jahren geläufig, sie hatten der Tatsache aber keine weitere Beachtung geschenkt. Flynn war derjenige, der ihr zum ersten Mal systematisch nachging – und dann Bestätigung auf Bestätigung fand.

Verblüffend und durch und durch rätselhaft war dieser Anstieg gleich aus mehreren Gründen. Zunächst wegen seiner

Steilheit: In den USA waren es in 46 Jahren 14 Punkte, aber in anderen Ländern kamen auch 15 IQ-Punkte in zwanzig Jahren vor. In sechs westlichen Industriestaaten waren es zwischen 1947 und 2002 etwa 18 Punkte, 0,33 Punkte pro Jahr, ein Punkt alle drei Jahre [2] – wenn man eine Durchschnittszahl benennen muss, ist diese vielleicht die beste. Jede Generation scheint etwa 7 Punkte (fast eine halbe Standardabweichung, das Maß normalverteilter Messwerte) intelligenter zu sein als die vorhergehende.

Der Effekt scheint auch schon früh eingesetzt zu haben. Bei einem Land konnte Flynn seinen Beginn aufgrund günstiger statistischer Umstände bis um 1890 zurückverfolgen. Allerdings, er scheint langsam zum Stillstand zu kommen: Aus Norwegen wird berichtet, dass sich der Trend seit Ende der 1970er Jahre verlangsamt und in den späten 1990er Jahren ganz aufgehört hat [3], aus Dänemark, dass er seinen Zenit um 1998 überschritt und seitdem wieder leicht fällt [4]. Der IQ scheint also nachvollzogen zu haben, was beim Größenwachstum «säkularer Trend» genannt wird: dass die Menschen vom späten 19. bis zum Ende des 20. Jahrhunderts von Generation zu Generation größer geworden sind.

Die nächste Sonderbarkeit war die Ubiquität des Flynn-Effekts. Flynn und dann viele andere beschafften sich alle erreichbaren Testdaten aus aller Welt, die Aufschluss darüber geben konnten, wie spätere Jahrgänge bei einem früher normierten Test abgeschnitten hatten. Sie fanden solche Daten in fast dreißig Staaten, darunter auch einigen Entwicklungsländern. [5] Am stichhaltigsten war die Datenlage in den Niederlanden, Belgien und Norwegen, wo über längere Zeiträume hin jeder Geburtsjahrgang bei der Musterung fürs Militär rundum durchgecheckt worden war, unter anderem mit immer denselben, nicht nachjustierten IQ-Tests. [6]

Nach dem Ausweis der IQ-Tests ist die Menschheit also ein Jahrhundert lang immer intelligenter geworden. Aber wenn das stimmt – warum war es nicht weiter aufgefallen? Dass die Kinder ein wenig intelligenter sind als die eigene Generation, werden viele gern zugestehen – es ist ihnen, so tröstet man sich, ja auch in vieler Hinsicht immer besser gegangen. Aber wenn man den säkularen Anstieg langfristig zurückrechnet, kommt man doch irgendwo an die Grenze jeder Glaubwürdigkeit. In hundert Jahren, das sind vier Generationen, wären die Menschen 33 IQ-Punkte intelligenter geworden, die Glockenkurve der Normalverteilung hätte sich über zwei Standardabweichungen nach rechts verschoben. Unsere Ururgroßeltern hätten damit nach heutigen Maßstäben einen mittleren IQ unter 70 gehabt, wären also überwiegend im Bereich dessen angesiedelt gewesen, was früher unzart Schwachsinn hieß und heute geistige Behinderung. Und nach damaligen Maßstäben hätte heute die große Mehrheit einen IQ-Durchschnitt von 130, sodass in den Augen der Vorfahren die Welt von Intelligenzbestien wimmeln müsste. Dergleichen hätte doch wohl auffallen müssen.

Nicht nur aber hat niemand eine entsprechende Verkopfung der Menschheit bemerkt. Es kommt noch sonderbarer: Zumindest in Amerika ist während des IQ-Anstiegs die Studierfähigkeit, die bei vielen Highschool-Absolventen mit dem SAT-Test abgeprüft wird, nachgewiesenermaßen gesunken; auch scheinen vielerorts die sprachlichen Leistungen zurückgegangen zu sein. Die Menschen müssten also nicht nur immer intelligenter geworden sein, sondern gleichzeitig immer unfähiger, ihre wachsende Intelligenz zum Studieren zu verwenden. Irgendetwas geht hier nicht mit rechten Dingen zu. Aber was?

Der nächstliegende Verdacht ist natürlich, dass es sich überhaupt nur um ein Artefakt der psychologischen Forschung handelt, wie es sich bei unreplizierten Studien leicht einstellen kann, wenn sie an falschen oder zahlenmäßig zu kleinen Stichproben vorgenommen werden oder untaugliche statistische Methoden verwenden. Aber nein, ein Artefakt ist der Anstieg nicht. Der Befund stammt aus vielen übereinstimmenden Untersuchungen mit sehr hohen Probandenzahlen, benötigt keine statistische Akrobatik und lässt an Deutlichkeit nichts zu wünschen übrig. Man muss den Anstieg für real halten, und dann muss er sich auch erklären lassen. Aber wie? Eine weitere Sonderbarkeit gibt einen Hinweis.

Wenn der IQ allgemein zunimmt, so wäre zu erwarten, dass natürlich auch der $g$-Faktor ansteigt, die kognitive Grundfähigkeit, an der alle zehn bis vierzehn Subtests der bewährten IQ-Tests mehr oder weniger stark partizipieren. Der $g$-Gehalt der einzelnen Untertests ist unterschiedlich hoch. Der Anstieg war jedoch unabhängig vom jeweiligen $g$-Gehalt der Untertests. Den stärksten Anstieg, bis zu 27 Punkte, verzeichneten die Untertests «Matrizen» (bei dem Serien abstrakter Zeichenmuster logisch weiterzuführen sind) und «Gemeinsamkeiten» (mit Fragen wie «Was haben Katzen und Hunde gemein?»), die einen recht unterschiedlichen $g$-Gehalt haben (0.73 und 0.68). Den schwächsten Anstieg, durchschnittlich drei Punkte, gab es in den Untertests «Allgemeinwissen» («Auf welchem Kontinent liegt Venezuela?»), «Wortschatz» («Was bedeutet ‹senil›?») und «rechnerisches Denken» («Wenn 3 Schokoriegel 4 Euro 50 kosten, wie viel kosten dann 5?»), von denen die letzten zu den $g$-reichsten überhaupt gehören (0.72 und 0.78).

Ist die Grundfähigkeit also überhaupt mit angestiegen? Die Forscher sind sich bisher nicht einig geworden. Ein niederländisches Team, das eine Antwort suchte, sichtete 2007 alle vorliegenden Studien. Sechs hatten eine positive Korrelation zwischen dem Flynn-Effekt und $g$ gefunden, elf eine schwach negative.[7] Solange die endgültige Antwort aussteht, kann man also nur sagen: eher nein. Das denn dürfte der Grund sein, warum sich der säkulare Anstieg so wenig bemerkbar gemacht hat: Die Zuwächse hatten sich vorwiegend bei jenen Spezialkompetenzen vollzogen, die logische Bildanalyse und Abstraktionsfähigkeit voraussetzen, waren aber bei *g* und den für den Schulerfolg wichtigen vier sprachbetonten Untertests «Sprachverständnis», «Rechnen», «Wortschatz» und «Allgemeinwissen» so geringfügig, dass sie übersehen werden konnten.

Obwohl er sich so gut versteckt hat, ist der säkulare Anstieg des IQ real, und so bedarf er einer Erklärung. Viele wurden vorgeschlagen, vollständig überzeugen konnte bisher keine. Eine Ursache scheidet von vornherein aus: Genetische Gründe kann der Anstieg nicht haben. Selbst wenn die Erblichkeit des IQ noch höher wäre, als sie es ist, ginge eine Veränderung des Genpools ungleich langsamer vonstatten, brauchte viele Generationen, dauerte Jahrhunderte. Wenn genetische Ursachen nicht in Frage kommen, müssen die Ursachen notwendig in Veränderungen der Umweltbedingungen gesucht werden.

Publiziert in *Nature*, hatte eine Hypothese des schottischen Psychologen Chris Brand eine Zeitlang die meiste Publicity.[8] Er machte die größere «Permissivität» des Zeitalters verantwortlich, eine neue Lockerheit auch beim Lösen von Testaufgaben: Sie würden zunehmend einfach geraten, und diese Fixigkeit beschere den Probanden zwar Fehler, aber auch jede Menge gültige Punkte. Lohnen kann sich das schnelle Raten indessen nur bei Untertests mit einem Zeitlimit. Schade für die Theorie, dass der Anstieg auch bei Aufgaben stattgefunden hat, wo keinerlei Zeitdruck herrschte, sodass das bloße Raten keinen Vorteil gebracht hätte.

Oder war es schlicht die zunehmende Erfahrung mit solchen Tests? Ganz naive Probanden, die noch nie einen IQ-Test gemacht haben, bleiben oft unter ihrem späteren Bestwert. Aber erstens dürfte es in den Jahrzehnten des am besten verbürgten Anstiegs kaum noch solche Naivlinge gegeben haben. Und zweitens bringt steigende Testerfahrung ja höchstens 5 bis 6 Punkte.

Eine naheliegende Hypothese führt den Anstieg auf die längere und höhere durchschnittliche Schulbildung zurück. In der Tat, es gibt eine nicht unerhebliche Korrelation zwischen dem IQ und der Dauer der Schulzeit (0.55 bis 0.60).[9] Aber der säkulare Anstieg erstreckt sich auf alle Bildungsniveaus, auch und vielleicht sogar besonders die unteren, bei denen die Schulzeit mehr oder weniger die gleiche geblieben war.

Oder sind die Schulen pädagogisch so viel besser geworden? Vielleicht sind sie es – aber der Anstieg begann in Schulen alten Stils mit großen Klassen, Frontalunterricht, strenger Disziplin, «Kopfnoten», Bestrafungen, nach heutigen Maßstäben öden Lehrmaterialien, er vollzog sich in unterschiedlichsten Schulsystemen vieler Länder und über diverse grundstürzende Schulreformen hinweg, die ihn weder bremsten noch beschleunigten. Vor allem aber spricht gegen jede Hypothese, die Schulen und Pädagogik impliziert, dass der Flynn-Effekt auch schon bei Zweijährigen nachgewiesen wurde, lange vor jedem Schulbesuch.[10]

Liegt es am gewandelten Erziehungsstil oder schlicht der Verkleinerung der Familien, die immer mehr Intelligenz aus den Kindern herausgekitzelt haben? Es kann nicht sein, denn die *dauerhaften* IQ-Anstiege, die systematische geistige Stimulierung in der frühen Kindheit hervorgebracht hat, betrugen ja nur fünf bis zehn Punkte.[11]

Oder prüfen die Tests bloß ab, was die Menschen in und außerhalb der Schule gelernt haben, und dort wurde immer mehr gelernt? Auch falsch. Den größten Zugewinn gab es gerade bei den nichtsprachlichen Untertests, die keinerlei Wissen verlangen.

Alle diese Erklärungen versuchten den Flynn-Effekt letztlich darauf zurückzuführen, dass das 20. Jahrhundert den Kindern ein Mehr an intellektueller Stimulierung geboten hat. Es gibt aber noch eine andere Möglichkeit: dass es die allgemeine Verbesserung der Lebensumstände war, die das Niveau der kognitiven Fähigkeiten angehoben hat – der Rückgang der intelligenzmindernden Infektionskrankheiten, das Verschwinden der intelligenzschädlichen Bleiwasserleitungen, insbesondere aber die bessere Ernährung, die wohl auch für den säkularen Trend des Größenwachstums verantwortlich ist (siehe Kapitel 14). Gleichgerichtete Anstiege beim Entwicklungsquotienten von Kleinkindern deuten darauf hin, dass die Ursachen, wie beim Größenwachstum, irgendwo in dem weltweiten Trend weg von traditionellen ländlichen hin zu modernen Industriegesellschaften zu suchen sind. Verstädterung kann vieles mit sich bringen: andere Essgewohnheiten, aber auch mehr geistige Stimulierung, etwa durch vielseitigere und höhere schulische Ansprüche.

Für die Entscheidung zwischen diesen beiden Erklärungen wäre es wichtig, zu wissen, ob der Flynn-Effekt auf allen Intelligenzniveaus der gleiche war. Wenn nicht, müsste er die Verteilungskurve verändert haben. In der armen Unterschicht mit ihrem typischerweise unterdurchschnittlichen IQ wäre bei einer Verbesserung der Ernährung eher ein positiver Effekt zu erwarten als in der immer schon satten Oberschicht. Tatsächlich deuten einige Studien darauf hin, dass der Flynn-Effekt den unteren Rängen stärker zugutegekommen ist als den mittleren, und den oberen kaum.[12] Vor allem eine spanische Studie von Roberto Colom konnte zeigen, dass der Flynn-Effekt zwischen 1970 und 1999 nicht einfach den Gipfel der Glockenkurve nach rechts verschoben, sondern auch ihre Form verändert hat – sie ist schmaler geworden, sämtliche unteren Ränge sind dünner besetzt. Sie scheinen vom Anstieg wesentlich stärker profitiert zu haben als die oberen.[13] Colom zufolge stützt dieser Befund die Ernährungshypothese – von der allgemeinen Verbesserung der Ernährungslage haben zweifellos die armen Bevölkerungsschichten mehr gehabt als die wohlhabenderen.

Ist letztlich der Grund etwa der, dass mit den Körpern auch die Köpfe gewachsen sind und mit den Köpfen die Gehirne? Das hatte schon 1990 Richard Lynn vorgeschlagen.[14] Zehn Zentimeter Körpergröße mehr bedeuten 59 Gramm mehr Gehirn.[15] Tatsächlich, in Großbritannien haben in der zweiten Hälfte des 20. Jahrhunderts sowohl Körpergröße wie Gehirngewicht und biometrische Intelligenz um je eine Standardabweichung zugenommen.[16] Warum also nicht? Weil die Korrelation zwischen Gehirnvolumen und IQ zwar höher ist als früher angenommen, aber dennoch nur bei 0.40 liegt.[17] Für die volle Erklärung des Flynn-Effekts reicht das nicht. Es müssen noch andere Ursachen im Spiel gewesen sein. Darum hat die Stimulierungshypothese nicht ausgedient. Beides zusammen dürfte für den Anstieg verantwortlich sein, die bessere Ernährung und die intensivere Stimulierung.

Flynn selber meinte zunächst, der nach ihm benannte Effekt sei allein im Wesen der IQ-Tests selber begründet: Sie mäßen eine enge und vom Leben abgehobene abstrakte Problemlösungskompetenz und nur sehr indirekt, was wir gemeinhin Intelligenz nennen. Diese Hypothese übersah die Vorhersagevalidität dieser Tests. Was auch immer sie messen, für den Schul- und Hochschulerfolg ist es offenbar nicht belanglos, und auch die qualifizierteren Berufe verlangen Intelligenz. Heute meint Flynn, der Grund für den Anstieg sei darin zu suchen, dass im 20. Jahrhundert «konkretes» Denken, auf allen Intelligenzniveaus, weitgehend durch «abstraktes» (wissenschaftliches) Denken ersetzt worden sei – es habe geradezu eine «Befreiung vom Konkreten» stattgefunden. Die stärksten Anstiege hätten nämlich Untertests wie «Gemeinsamkeiten» und «Matrizen» zu verzeichnen, die den Testteilnehmer vor abstrakte Probleme stellen, welche er aus dem Stegreif zu lösen hat, ohne vorgegebene Methode und ohne Vorwissen, und auf die er sich nicht durch Lernen vorbereiten kann.[18]

Nicht ganz unvereinbar damit ist der Vorschlag des Doyens der kognitiven Psychologie, Ulric Neisser. Auch er verstand sich dazu, die Anstiege für echt zu halten, aber für so speziell, dass sie nicht groß auffallen konnten. Gerade bei den sprach- und «kulturneutralen» (nämlich nicht nach Wissensinhalten fragenden) Untertests gab es ja die stärksten Anstiege. Es handele sich dabei meist um eine Art von Bilderrätseln, meint Neisser. Und wenn Kinder im 20. Jahrhundert mit einem immer stärker konfrontiert waren, dann mit Bildern – in Form von Fotos, Comics, Filmen, Fernsehen, Verkehrsschildern, Computerspielen, Verpackungen, Werbung. Diese Bilderflut, der man unablässig ausgesetzt ist und die man schnell interpretieren muss, habe uns immer mehr zu einseitigen Virtuosen der Bildanalyse gemacht. Darin sei tatsächlich jede Generation den Eltern voraus gewesen.[19]

So lassen sich die Ursachen des Flynn-Effekts denn etwa folgendermaßen resümieren: Bessere physische Lebensbedingungen, vor allem eine reichlichere und ausgewogenere Ernährung, eine bessere Gesundheitsvorsorge und die Beseitigung von besonders abträglichen Stressoren wie der Kinderarbeit auf der einen Seite, das Leben in einer weniger stumpfsinnigen, intellektuell anspruchsvolleren Umgebung auf der anderen haben zu einer volleren Ausschöpfung der genetischen Potenziale geführt und eine Steigerung einiger spezieller kognitiver Leistungen bewirkt.

Eins bestätigt der Flynn-Effekt: Es gibt auch in puncto IQ

wirksame Umweltfaktoren. Sie haben uns alle betroffen. Wir sind immer intelligenter geworden, es hat uns auch genützt, uns in unserer technisch-visuellen Umwelt zurechtzufinden, aber es hat die Unterschiede höchstens minimal verringert, und wir haben es nicht einmal bemerkt.

KAPITEL 12

# HEIKEL, HEIKLER, AM HEIKELSTEN

Mit nichts befassen sich die Sozialwissenschaften in Deutschland lieber als mit Gruppenunterschieden, zwischen Bürger- und Arbeiterklasse, Unter- und Mittel- und Oberschicht, Einwanderern und Eingeborenen, Lesern und Nichtlesern, Käufern und Nichtkäufern ... Aber wenn Verhaltensgenetiker sich mit Gruppenunterschieden befassen, schrillen die Alarmglocken. Wer bei individuellen Unterschieden genetische Ursachen in Erwägung zieht, wird vielleicht gerade noch geduldet. Aber bei Gruppenunterschieden? Niemals. Alles, nur nicht die Gene. Wer die Gene ins Spiel bringt, kann nur ein Rassist sein.

Aus Respekt vor diesem Tabu habe ich seit Anfang der 1980er Jahre kein Wort mehr über Intelligenzunterschiede zwischen ethnischen Gruppen verloren, obwohl es an Anlässen dazu nicht gefehlt hätte. Ich fand, dass ein Deutscher Grund hat, sich in dieser Frage zurückzuhalten. Auch jetzt habe ich lange überlegt, ob dieses Buch darauf zu sprechen kommen sollte, statt nur barsch zu erklären, dass es solche Unterschiede selbstverständlich gar nicht gibt.

Einerseits hätte ich gerne die reflexhafte Abwehrreaktion vermieden, die dann nicht nur diese Teile, sondern das ganze Argument treffen würde: empörtes Weghören. Andererseits durfte es nicht fehlen, weil der Leser sonst die ganze Erbitterung in der internationalen Kontroverse um den IQ nicht verstehen würde. Auch, weil meiner Meinung nach der deutsche Leser antirassistisch gefestigt genug sein müsste. Und schließlich darum, weil Thilo Sarrazins Buch und seine anschließenden Äußerungen in den Medien die deutsche Debatte unnötigerweise auf dieses schwierige und heikle Terrain gelockt haben.

Schließlich fand ich einen Kompromiss, der vielleicht ein fauler ist. Hier ist das Kapitel, aber es ist nicht von mir. Es besteht, von einigen knappen Erklärungen und Anmerkungen abgesehen, zur Gänze aus Zitaten. Sie stammen nicht aus den Medien, sondern von seriösen Wissenschaftlern, betreffen einige der Angelpunkte der wissenschaftlichen Kontroverse und kommentieren sich gegenseitig. Das anschließende Kapitel 13 ließ sich leider nicht aus Zitaten bestreiten.

Persönlich gebrauche ich das Wort ‹Rasse› nicht, zum einen, weil es in Deutschland vom Rassenwahn des Nazistaats unheilbar kompromittiert wurde, zum anderen, weil es in seiner Verschwommenheit taxonomisch, also zur systematischen Einteilung der Menschheit, wenig nützlich ist. In Amerika und Großbritannien aber wird *race* auch in der Wissenschaft weiterhin benutzt, wenn heute auch nicht mehr so häufig und selbstverständlich wie in den Jahrzehnten, aus denen ein Großteil der folgenden Texte stammt. Darum konnte ich bei der Übersetzung nicht überall auf ‹Rasse› verzichten.

### Soll die Wissenschaft «Rasse» und IQ erforschen?

«NEIN ... Gibt es Areale potenzieller Erkenntnis, die Wissenschaftler nicht aufsuchen sollten? Oder wenn sie es doch tun, sollten sie ihr Wissen geheim halten, versteckt vor dem gemeinen Volk? ...

Um dem Kanon wissenschaftlicher Forschung zu genügen,

muss ein Forschungsprojekt zwei Kriterien erfüllen. Erstens: Sind die Fragen, die es stellt, wohlbegründet? Und zweitens: Lassen sie sich mit den zur Verfügung stehenden theoretischen und technischen Werkzeugen beantworten? ... Die Kategorien Intelligenz, Rasse und Geschlecht sind innerhalb des für die naturwissenschaftliche Forschung erforderlichen Rahmens nicht definierbar und genügen meinem ersten Kriterium der Wohlbegründetheit nicht. Sie genügen auch meinem zweiten Kriterium nicht: Uns fehlen die theoretischen und technischen Werkzeuge, sie zu beantworten ...

Behauptungen, dass es zwischen Schwarzen und Weißen oder Männern und Frauen Intelligenzunterschiede gebe, sind immer dazu benutzt worden, eine gesellschaftliche Hierarchie zu rechtfertigen, in der weiterhin weiße Männer die oberen Ränge bekleiden (ob in der Wirtschaft im Allgemeinen oder den Naturwissenschaften im Besonderen). Eine Pseudowissenschaft, die auf Begriffen beruht, welche so haltlos sind wie einst das Phlogiston, um vorgefasste Meinungen zu rechtfertigen, sollte keiner vernünftigen Politik als Grundlage dienen. In einer Gesellschaft, in der es keinen Rassismus und keinen Sexismus gäbe, wäre die Frage, ob Weiße oder Männer mehr oder weniger intelligent sind als Schwarze oder Frauen, nicht nur sinnlos – sie würde nicht einmal gestellt. Das Problem besteht nicht darin, dass die Kenntnis solcher Gruppenunterschiede der Intelligenz zu gefährlich wäre, sondern vielmehr, dass sich auf diesem Gebiet überhaupt keine stichhaltigen Kenntnisse finden lassen. Es ist alles nur als Wissenschaft verkleidete Ideologie.» – *Steven Rose*, Neurowissenschaftler, 2009[1]

«JA: Die Sowjetunion hat eine Generation genetischer Forschung verloren, als Trofim Lyssenko, der unter Josef Stalin die Biologie unter sich hatte, seine Ablehnung der Mendel'schen Genetik zu einer mächtigen politisch-wissenschaftlichen Bewegung hochschwatzte ... Seine Bemühungen, ‹schädliche› wissenschaftliche Ideen auszulöschen, zerstörten die Karrieren seiner Gegner und hielten den wissenschaftlichen Fortschritt auf ...

Was die Egalität der Rassen und Geschlechter hinsichtlich der genetischen Determinanten der Intelligenz angeht, stellt sich gerade Konsens her: Die meisten Forscher, wir mit ihnen, sind sich einig, dass die Gene keine Gruppenunterschiede erklären. Doch etliche Fragen sind noch immer ungelöst, etwa die Identifizierung der Mechanismen, die dem genetischen Potenzial zur Verwirklichung verhelfen. Forschern den Mund zu verbieten, die zu genetischen Erklärungen von Intelligenzunterschieden tendieren, ist kein Beitrag zur Lösung solcher Rätsel ...

Viele hat die Furcht vor Verurteilung davon abgebracht, den Forschungsgegenstand auch nur in Betracht zu ziehen. Die Empörung über jene, die die Rede auf ethnische und Geschlechterunterschiede beim IQ bringen, ist ohrenbetäubend geworden und ähnelt zuweilen in Worten wenn nicht Taten dem Lyssenkoismus ...» – *Stephen Ceci*, Entwicklungspsychologe, und *Wendy M. Williams*, Psychologin, Anthropologin, Biologin, 2009[2]

### Gab es 1969 ethnische Unterschiede im IQ?

«Die diversen [ethnischen] Gruppen, die relativ schlecht abschneiden, schneiden nicht auf allen Gebieten gleich schlecht ab. Bei den Angehörigen [nichtenglischer] Sprachkulturen, ostasiatischen Amerikanern, mexikanischen Amerikanern, Indianern und Puerto-Ricanern, zeigt sich der Abstand am klarsten beim Leseverständnis und der Sprachfertigkeit. Bei den Afroamerikanern scheint der Abstand auf allen Testgebieten der gleiche zu sein ... Der Durchschnitt der Schwarzen liegt etwa eine Standardabweichung [das heißt 15 IQ-Punkte] unter dem der Weißen, was bedeutet, dass 85 Prozent der Schwarzen unter dem weißen Mittelwert liegen.» – *Bericht des amerikanischen Erziehungsministeriums (Coleman Report)*, 1966[3]

«Die Intelligenz [der Afroamerikaner] ist ein Thema, zu dem es inzwischen eine riesige Literatur gibt; unlängst wurde sie von Dreger und Miller (1960, 1968) und von Shuey (1966) resümiert, deren 578-seitige Übersicht über 382 Einzelstudien die umfassendste ist. Die Grunddaten sind wohlbekannt: Im Durchschnitt liegen die Schwarzen bei Tests eine Standardabweichung (15 IQ-Punkte) unter dem Durchschnitt der weißen Bevölkerung.» – *Arthur Jensen*, 1969[4]

### Nehmen die Schwarz-Weiß-Unterschiede ab?

«Obwohl Studien mit verschiedenes Tests und Samples zu unterschiedlichen Ergebnissen geführt haben, liegt der charakteristische afroamerikanische Durchschnitts-IQ 15 Punkte (eine Standardabweichung) unter dem der Weißen.» – *Task Force*-Bericht der APA, 1996[5]

«Die Schwarz-Weiß-Unterschiede bei den Schulleistungen haben sich im Lauf des ganzen 20. Jahrhunderts verringert. Die besten Daten zu diesem Trend kommen vom *National Assessment of Educational Progress (NAEP)*, das seit 1971 Siebzehnjährige testet ... Die Unterschiede bei den Leseleistungen schrumpften zwischen 1971 und 1996 von 1,25 Standardabweichungen auf 0,69, in Mathematik von 1,33 auf 0,89. In Min-Hsiung Huangs und Robert Hausers Analyse der Wortschatz-Leistungen zwischen 1909 und 1969 geborener Erwachsener schrumpfte der Abstand zwischen Schwarz und Weiß um die Hälfte.» – *Christopher Jencks / Meredith Phillips*, 1998[6]

«Die bestmögliche Schätzung für die Annäherung von Schwarz und Weiß während der letzten 100 Jahre lautet 0 bis 3,44 IQ-Punkte.» – *J. Philippe Rushton / Arthur Jensen*, 2005[7]

«Eine der gravierendsten Fehldarstellungen in dem Artikel von Rushton / Jensen ist ihre Behauptung, der gegenwärtige Abstand zwischen Schwarzen und Weißen betrage etwas über 15 Punkte (oder eine Standardabweichung). Die schlüssigsten Indizien, über die wir heute verfügen, deuten darauf hin, dass diese Zahl überholt ist und dass sich der Abstand in den letzten Jahrzehnten beträchtlich verringert hat.» – *Richard E. Nisbett*, Psychologe, 2005[8]

### Sind IQ-Tests unfair?

«Da IQ-Tests zugunsten der weißen Mittelschichtsbevölkerung voreingenommen sind, muss die gesamte bisherige Forschung, die die Fähigkeiten von Schwarzen und Weißen vergleicht, samt und sonders verworfen werden.» – *Robert L. Williams*, Präsident des Verbands schwarzer Psychologen, ABP (1971)[9]

«Die Tests selbst sind farbenblind und sagen für alle, die die gleichen Testergebnisse erlangen, den gleichen Schul- und Berufserfolg voraus, unabhängig von der ethnischen Zugehörigkeit.» – *Arthur R. Jensen*, Erziehungspsychologe, 1973[10]

«Allgemein lässt sich beobachten, dass schwarze und weiße Kinder anders sprechen. Die Unterschiede im sprachlichen System begünstigen weiße Kinder, da die *lingua franca* der Tests und der öffentlichen Schulen Standardenglisch ist.» – *Robert L. Williams*, ABP, 1971[11]

«Die besten kulturreduzierten Tests sind solche, die einfaches bildhaftes Material verwenden und von den Probanden verlangen, elementare geistige Prozesse wie logisches Denken, Schlussfolgern und Verallgemeinern auf die Beziehungen zwischen geometrischen Formen, Mustern usw. anzuwenden ... Sie sind nur minimal auf sprachliche und numerische Fähigkeiten angewiesen, und ihre Ergebnisse hängen weniger als die konventioneller Tests vom sozioökonomischen Status ab.»[12]

«Bei Tests dieser Art schneiden die Schwarzen am schlechtesten ab, verglichen mit den Weißen und mit anderen Minoritäten.» – *Arthur Jensen*, Erziehungspsychologe, 1973 [13]

«Die Differenz ist bei jenen (sprachlichen oder sprachfreien) Tests am größten, die die Grundfähigkeit (den *g*-Faktor) am reinsten repräsentieren.» – *Task Force*-Bericht der APA, 1996 [14]

### Fehlt es schwarzen Kindern an Motivation, bei «weißen» Tests gut abzuschneiden?

«Mehrere Forscher haben festgestellt, dass sozial benachteiligte Kinder weniger motiviert sind und weniger schulischen und beruflichen Leistungsehrgeiz besitzen als ihre Altersgenossen aus der Mittel- und Oberschicht.» – *Edmund W. Gordon*, Sozialpsychologe und Pädagoge, 1970 [15]

«Es gibt keinen schlüssigen Beweis, dass Schwarze in der Testsituation weniger motiviert sind. Einige Gruppen (z. B. Indianer), bei denen der allgemeine schulische Ehrgeiz und das Selbstvertrauen schwächer ausgebildet sind als bei den Schwarzen, erbringen bei den Tests und in der Schule höhere Leistungen. Auch schneiden in Handlungstests [«Tests, die das Ausführen einer Handlung erfordern»], die speziell so entworfen wurden, dass sie den Einfluss motivationaler Faktoren maximieren und die Abhängigkeit von abstrakten oder komplexen kognitiven Funktionen (mithin *g*) minimieren, Schwarze nicht signifikant schlechter ab als Weiße.» – *Arthur R. Jensen*, Erziehungspsychologe, 1973 a [16]

### Lässt die Erblichkeit individueller Unterschiede Rückschlüsse auf Gruppenunterschiede zu?

«Der grundlegende Irrtum in Jensens Argument ist die Verwechslung der Erblichkeit eines Merkmals innerhalb einer Population mit der Erblichkeit des Unterschieds zwischen zwei

Populationen ... Die genetische Basis der Unterschiede zwischen zwei Populationen hat keine logische oder empirische Beziehung zur Erblichkeit innerhalb einer Population und lässt sich aus dieser nicht ableiten, wie ich an einem simplen, aber wirklichkeitsnahen Beispiel demonstrieren werde ...

Nehmen wir zwei Inzuchtlinien von Mais. Weil sie durch Selbstbefruchtung reinerbig sind [bei Mais ist das nach etwa sieben Generationen der Fall], ist jede der beiden in sich genetisch homogen, aber voneinander sind sie genetisch verschieden. Nun setzen wir Samen dieser beiden Inzuchtlinien in Töpfe mit gewöhnlicher Blumentopferde, in jeden Topf ein Samenkorn. Nachdem sie gekeimt haben und einige Wochen gewachsen sind, messen wir die Größe beider Pflanzen. Weil beide Linien reinerbig sind, muss jeder Größenunterschied innerhalb einer Linie vollständig umweltbedingt sein, eine Folge unterschiedlicher Wachstumsbedingungen in jedem Topf. Dann beträgt die Erblichkeit der Pflanzengröße bei beiden Linien 0,0. Aber zwischen beiden Linien wird es einen durchschnittlichen Größenunterschied geben, der einzig daher rührt, dass sie genetisch verschieden sind. Also ist dieser Unterschied vollständig genbedingt, obwohl die Erblichkeit der Größe 0 beträgt!

Nun machen wir das umgekehrte Experiment. Wir nehmen zwei Handvoll aus einem Sack mit einer offen befruchteten Maissorte. In einer solchen Sorte steckt eine Menge genetischer Variation. Statt in Blumentopferde setzen wir die Samenkörner in Vermiculit, das mit einer sorgfältig zubereiteten Nährflüssigkeit bewässert wird, wie sie Pflanzenphysiologen für kontrollierte Wachstumsversuche verwenden. Eine Handvoll Samenkörner wächst in irgendeiner vollständigen Standardlösung, bei der anderen wird die Konzentration der Nitrate halbiert, und außerdem lassen wir die winzige Spur Zinksalz weg, das zu den notwendigen Spurenelementen gehört (30 Teile auf eine Milliarde). Nach einigen Wochen messen wir die Pflanzen. Jetzt finden wir Unterschiede innerhalb jedes Samenhäufchens, die vollständig genbedingt sind, da keinerlei Umweltvariation zugelassen war. Die Erblichkeit beträgt also 1,0. Zwischen den beiden Samenhäufchen gibt es jedoch einen enormen Unterschied, der ganz allein auf die Inhalte der Nährlösung zurückzuführen ist. Hier haben wir also einen Fall, wo innerhalb der Populationen die Unterschiede zu hundert Prozent erblich sind, die Unterschiede zwischen den Populationen jedoch rein umweltbedingt!

Doch führen wir unser Experiment zu Ende. Nehmen wir an, wir wüssten nichts von dem unterschiedlichen Nährstoffgehalt der beiden Flüssigkeiten, weil nur eine Unachtsamkeit unseres Assistenten daran schuld war. Wir lassen einen Bekannten kommen, der ein sorgfältiger Chemiker ist, und bitten ihn, der Sache auf den Grund zu gehen. Er analysiert die Nährlösungen und entdeckt das Naheliegende – nur halb so viel Nitrat wie nötig bei den verkümmerten Pflanzen. Also geben wir die fehlenden Nitrate hinzu und machen das Experiment noch einmal. Diesmal wird der zweite Pflanzenhaufen etwas größer, aber nicht viel, und wir schließen daraus, dass der Unterschied zwischen den beiden Haufen genetischen Ursprungs ist, da die Angleichung der Nitratkonzentration so wenig Wirkung gezeigt hat. Doch natürlich wären wir im Irrtum, da die fehlende Spur Zink der eigentliche Übeltäter war. Schließlich sollte darauf hingewiesen werden, dass es viele Jahre gedauert hat, bis die Pflanzenphysiologie die Wichtigkeit von Spurenelementen erkannte, weil normales Laborglas zu viele Spurenelemente nach außen sickern lässt, als dass die Pflanzen normal wachsen könnten. Sollten Erziehungspsychologen Pflanzenphysiologie studieren?» – *Richard C. Lewontin*, Populationsgenetiker, 1970 [17]

«Die Erblichkeit eines Merkmals innerhalb einer Population beweist nicht, dass bei den Unterschieden zwischen zwei Populationen genetische Faktoren im Spiel sind. Einverstanden ... Theoretisch ist das richtig: Es kann genetische Differenzen innerhalb von Populationen geben und keine genetischen Unterschiede zwischen zwei phänotypisch unterschiedlichen Populationen; umgekehrt kann die Erblichkeit innerhalb einer Population 0 betragen und zwischen beiden Populationen 100 Prozent. Darum können Erblichkeitskoeffizienten innerhalb von Populationen, egal wie hoch, niemals das Vorhandensein einer genetischen Differenz zwischen den Populationen beweisen ... Doch sollte man zwischen dem Möglichen und dem Wahrscheinlichen unterscheiden ... Die wirkliche Frage ist nicht, ob eine Erblichkeitsschätzung aufgrund ihrer mathematischen Logik das Vorhandensein einer genetischen Differenz zwischen zwei Gruppen beweisen kann, sondern ob es einen Wahrscheinlichkeitszusammenhang zwischen der Höhe der Erblichkeit und der Größe der Gruppenunterschiede gibt ... Pygmäen sind durchschnittlich weniger als 1 Meter 50 groß, die Watussi [Tutsi] über 1 Meter 80. Die Tatsache, dass die Erblichkeit der Körpergröße bei 0.9 liegt, beweist nicht, dass der Unterschied nicht von Umweltfaktoren hervorgerufen wird, aber dass genetische Faktoren im Spiel sind, ist wahrscheinlicher als etwa bei der Menge der Hautritzungen, die eine Erblichkeit von nahezu null haben dürfte ... Kurz, die hohe Erblichkeit der Körpergröße legt eine vernünftige Hypothese nahe. Dann halten wir Ausschau nach anderen Indizien, an denen wir die Hypothese überprüfen – zum Beispiel nach Fällen, wo Pygmäen und Watussi in sehr ähnlichen Umgebungen leben und die gleiche Nahrung zu sich nehmen ... Innerhalb einer Gruppe gewonnene Erblichkeitsschätzungen können uns auf diese Weise probabilistische Hinweise darauf geben, bei welchen Merkmalen sich am ehesten genetische Gruppenunterschiede zeigen könnten, wenn man alle anderen verfügbaren Indizien erforscht.» – *Arthur R. Jensen*, Erziehungspsychologe, 1970[18]

«Der Schwarz-Weiß-Abstand bei den [Intelligenz-]Testergebnissen scheint keine unvermeidliche Naturtatsache zu sein. Zwar trifft es zu, dass der Abstand nur geringfügig schrumpft, wenn schwarze und weiße Kinder die gleichen Schulen besuchen. Ebenfalls trifft es zu, dass der Abstand nur wenig schrumpft, wenn schwarze und weiße Familien die gleiche Schulbildung, das gleiche Einkommen und das gleiche Vermögen haben. Doch trotz endlosen Spekulationen hat niemand einen genetischen Beweis dafür erbracht, dass die Geisteskraft der Schwarzen geringer ist als die der Weißen.» – *Christopher Jencks*, Soziologe, 1998[19]

«Die Ursache individueller Unterschiede innerhalb einer Gruppe sagt nicht zwangsläufig etwas über die Ursache durchschnittlicher Unterschiede zwischen zwei Gruppen aus. Eine hohe Erblichkeit innerhalb einer Gruppe bedeutet nicht, dass der durchschnittliche Unterschied zwischen ihr und der anderen Gruppe auf genetischen Unterschieden beruht, selbst wenn die Erblichkeit innerhalb beider Gruppen hoch ist. Jedoch lassen innerhalb einer Gruppe gewonnene Indizien es plausibel erscheinen, dass den Gruppenunterschieden die gleichen Erb- oder Umweltfaktoren zugrunde liegen.» – *J. Philippe Rushton / Arthur R. Jensen*, Psychologen, 2005[20]

«Die meisten Beweise der Erbtheoretiker sind indirekter Art … Wir haben direktere … Ein Experiment der Natur lässt uns prüfen, ob europäische Gene einen intelligenter machen als afrikanische … Zu einem Test der Gen-Hypothese kam es in den Folgen des Zweiten Weltkriegs, als schwarze und weiße Soldaten mit deutschen Frauen Kinder zeugten. Einige dieser Kinder waren demnach rein europäischer Abstammung, andere teils afrikanischer. Als sie in ihrer späteren Kindheit getestet wurden, hatten die deutschen Kinder mit weißen Vätern einen durchschnittlichen IQ von 97,0 und die mit schwarzen von 96,5, ein trivialer Unterschied.»[21] – *Richard E. Nisbett*, Psychologe, 2009[22]

«Wie [schon 1975] bemerkt wurde[23], sind diese Resultate aus drei Gründen fragwürdig. Erstens waren die Kinder noch sehr jung, als sie getestet wurden, ein Drittel zwischen fünf und zehn, zwei Drittel zwischen zehn und dreizehn. Die verhaltensgenetische Forschung hat nachgewiesen, dass die Sozialisierungseffekte der Familie in puncto IQ vor der Pubertät oft stark sind, aber nach der Pubertät schrumpfen, manchmal bis auf null. Zweitens hatten die schwarzen GIs mit Sicherheit einen überdurchschnittlich hohen IQ, weil der damalige rigorose Einberufungstest der amerikanischen Armee 30 Prozent der Schwarzen, aber nur 3 Prozent der Weißen durchfallen ließ. Drittens waren 20 bis 25 Prozent der ‹schwarzen› Väter gar nicht Afroamerikaner, sondern französische Nordafrikaner.» – *J. Philippe Rushton / Arthur R. Jensen*, Psychologen, 2010[24]

[Anmerkung. Lewontins unschlagbares Gedankenexperiment zeigt: Bis heute ist es nicht erwiesen (aber auch nicht widerlegt), dass Gruppenunterschiede auf genetischen Unterschieden beruhen. Mehr noch: Mit den statistischen Methoden der Verhaltensgenetik ist es nicht beweisbar oder widerlegbar. Immer noch könnte sich ein bislang unbekannter Umweltfaktor X finden, das Zink aus Lewontins Gedankenexperiment, der einen de facto bestehenden Gruppenunterschied anders als genetisch erklärt. Aber nach der Sequenzierung des menschlichen Genoms hat sich die Molekulargenetik darangemacht, die Intelligenzgene aufzuspüren. Die Aufgabe ist überaus schwierig, denn es dürften Hunderte oder gar Tausende sein, und da die Effektstärke eines jeden entsprechend gering ist, sind sie schwer nachzuweisen.[25] Aber über kurz oder lang werden viele dieser Gene identifiziert sein, von denen jedes seinen minimalen Beitrag zum Aufbau und Unterhalt jener Hirnstrukturen leistet, mit deren Hilfe das Gehirn kognitive Probleme löst. Dann wird bald auch bekannt sein, welche Allele von ihnen im menschlichen Genpool existieren. Und dann wird, wie bei den Blutgruppen, ihre Verteilung in allen Populationen der Welt ausgezählt und die brisante Jahrhundertfrage objektiv und endgültig geklärt werden können – falls dann noch jemand Interesse an der Klärung haben sollte.]

### Wie groß sind die genetischen Unterschiede zwischen den früher so genannten «Rassen»?

[Vorbemerkung: In den Medien liest man häufig, die behaupteten genetischen Unterschiede zwischen den Gruppen seien entweder gar nicht vorhanden oder, wenn doch, dann unerheblich, weil nämlich wissenschaftlich erwiesen sei, dass die Unterschiede innerhalb einer Gruppe größer sind als die zwischen den Gruppen. In dieser Form ist das Argument zwar richtig, aber trivial und völlig neben der Sache. Die Spannweite des IQ beträgt in jeder Population um die 100 Punkte, der mittlere Abstand zwischen Schwarz und Weiß in Amerika 15 Punkte, und natürlich ist 15 weniger als 100. In jeder Population, ob schwarz oder weiß oder gelb oder braun, trifft man also die gesamte Spannweite der menschlichen Begabung an. Aber es geht nicht um die Weite der Spanne, sondern um die Häufigkeitsverteilung. Wenn sich der Durchschnitt einer Untergruppe auf der Glockenkurve nach rechts oder links verschiebt, verändert sich der Anteil der Höher- beziehungsweise Minderbegabten an der Gesamtheit, und in den Debatten ging es um die möglichen sozialen Folgen dieser Differenz. Wissenschaftlich aber war das Argument auch ganz anders formuliert. Es ging um den Anteil einzelner Populationen an der ganzen genetischen Diversität der Menschheit.]

«Zurzeit gibt es keine überzeugenden Beweise, dass etwaige Unterschiede in der durchschnittlichen Intelligenz verschiedener Gruppen auf genetische Strukturen oder Mechanismen zurückgeführt werden können.» – *Robert J. Sternberg/ Elena L. Grigorenko/ Kenneth K. Kidd*, Psychologen, 2007 [26]

«Die Resultate [meiner Analyse] sind recht bemerkenswert. Der durchschnittliche Anteil an der gesamten Diversität der menschlichen Art, der in jeder Population enthalten ist, beträgt 85,4 Prozent ... Weniger als 15 Prozent der gesamten genetischen Diversität des Menschen werden durch Unterschiede zwischen menschlichen Gruppen erklärt! Darüber hinaus erklärt die Differenz zwischen Populationen innerhalb einer ‹Rasse› zusätzliche 8,3 Prozent, sodass nur noch 6,3 Prozent hinzukommen, wenn die Populationen nach ‹Rassen› eingeteilt werden ...

Es ist klar, dass unsere Vorstellung, im Vergleich zu den Unterschieden innerhalb einer Gruppe bestünden relativ große Unterschiede zwischen den menschlichen Rassen und ihren Untergruppen, ein Vorurteil ist und dass auf der Grundlage einer Zufallsauswahl von genetischen Unterschieden die menschlichen Rassen und Populationen einander erstaunlich ähnlich sind – während der weitaus größte Teil der menschlichen Variation auf die Unterschiede zwischen den Individuen entfällt.

Die rassische Klassifizierung der Menschheit hat keinen vernünftigen gesellschaftlichen Wert und wirkt zerstörerisch auf die sozialen und menschlichen Beziehungen. Da sie sich als genetisch oder taxonomisch bedeutungslos erwiesen hat, ist es nicht gerechtfertigt, an ihr festzuhalten.» – *Richard C. Lewontin*, Populationsgenetiker, 1972 [27]

[Zur Erklärung: Alle Menschen haben die gleichen Gene, aber diese sind nicht wirklich alle gleich. Viele kommen in mehreren unterschiedlichen Fassungen vor, sogenannten Allelen. Solche Gene werden ‹polymorph› genannt. Lewontins Schätzung zufolge ist etwa ein Viertel aller aktiven Gene polymorph[28]; das heißt, einzelne Buchstaben des genetischen Alphabets, der Basenabfolge, weichen voneinander ab. Der große Rest besteht aus identischen Genen. Es sind die polymorphen Gene, die Menschen verschieden machen. Die im gesamten menschlichen Genpool enthaltenen polymorphen Gene mit ihren Allelen begründen die genetische Diversität der Gattung Mensch. Nun kann man die Frage stellen: Welchen Anteil an der Diversität hat eine bestimmte lokale Population, eine größere geographische Population, eine auf einem anderen Kontinent lebende große geographische Population (früher «Rasse» genannt)? Das heißt, wie viel Prozent aller überhaupt existenten Allele besitzen die einzelnen Populationen? Lewontin hatte an sechzehn für die Blutgruppen zuständigen Genen mit insgesamt neunundzwanzig Allelen ausgezählt, welche davon bei sieben Menschentypen vorhanden sind (Kaukasiern, Afrikanern, Mongoloiden, südasiatischen und australischen Aborigines, Indianern, Ozeaniern). Auf dieser Zählung beruhte seine Schätzung.]

«Die Beweise gegen genbedingte rassische Verhaltensunterschiede sind überwältigend. Eine große Zahl von Studien, angefangen mit der von Lewontin im Jahr 1972, und zuletzt die von Barbujani und Kollegen von 1997 haben demonstriert, dass höchstens 5 bis 10 Prozent der menschlichen genetischen Diversität auf die ‹Rasse› entfallen. Demgemäß umfasst jedwede einzelne ‹Population› etwa 85 oder mehr Prozent der gesamten genetischen Diversität der Menschheit ... In jeder beliebigen Population besaßen schon zwei beliebige Menschen 15 Prozent der genetischen Diversität, und wenn zwei beliebige Einzelne aus verschiedenen Populationen gegenübergestellt wurden, waren es nur 15 Prozent mehr.» – *Ryan A. Brown / George J. Armelagos*, 2001 [29]

«Das Resultat der Erforschung genetischer Variation steht in scharfem Kontrast zu dem Alltagseindruck, dass die größeren ‹Rassen› deutlich differenziert seien. Die oberflächlichen Unterschiede in der Form der Haare, der Farbe der Haut und den Gesichtszügen, die gemeinhin benutzt werden, um ‹Rassen› voneinander zu unterscheiden, sind für die menschlichen Gene nicht typisch. Die ‹rassische› Differenzierung der Menschen geht nicht unter die Haut. Jede rassische Kategorisierung müsste sich auf nichtbiologische Quellen berufen. Das Bemerkenswerte an der Evolution und der Geschichte der Menschen war der geringe Grad der Nichtübereinstimmung zwischen geographischen Populationen, verglichen mit der genetischen Verschiedenheit der Individuen.» – *Richard C. Lewontin*, Populationsgenetiker, 1982 [30]

«Lewontins Trugschluss: In populären Artikeln, die die genetischen Unterschiede zwischen den menschlichen Populationen herunterspielen, heißt es oft, 85 Prozent der gesamten genetischen Diversität gingen auf individuelle Unterschiede innerhalb einer Population zurück und nur 15 Prozent auf Unterschiede zwischen Populationen oder ethnischen Gruppen. Darum sei es nicht gerechtfertigt, *Homo sapiens* in diese Gruppen zu unterteilen. Dieser Schluss, der auf R. C. Lewontins Arbeit von 1972 zurückgeht, ist nicht gerechtfertigt, weil das Argument übersieht, dass der größte Teil der Information, die Populationen unterscheidet, in der Korrelationsstruktur der Daten versteckt ist. [Das heißt, dass die Allele nicht jedes für sich zählen dürften, sondern die typischen Cluster, die sie im Genom bilden.] Lewontins statistische Behandlung der Variation ist völlig in Ordnung, nur sein Glaube, dass sie für die Klassifizierung der Menschen relevant sei, ist es nicht. Es stimmt nicht, dass ‹die Klassifizierung nach Rassen praktisch ohne genetische oder taxonomische Bedeutung› sei. Es stimmt nicht, dass, wie in *Nature* zu lesen war, ‹zwei beliebige Individuen aus einer Population fast so verschieden sind wie zwei beliebige Menschen aus der ganzen Welt›, und es stimmt auch nicht, wie der *New Scientist* behauptete, dass ‹zwei Menschen verschieden sind, weil sie Individuen sind, nicht, weil sie verschiedenen ‹Rassen› angehörten, und dass man jemandes ‹Rasse› nicht aufgrund seiner Gene voraussagen könne›.» – *A. W. F. Edwards*, Statistiker, Genetiker, Evolutionsbiologe, 2003 [31]

[Anmerkung: Eine der neueren Clusteranalysen, wie Edwards sie vorschlägt, ergab einerseits, dass sich die Menschen genetisch noch ähnlicher sind als angenommen: In jeder Population finden sich 93 bis 95 Prozent aller existenten Allele. Andererseits stellte sich heraus, dass diese Allele sechs Cluster bilden und dass sich an deren Verteilung große geographische Populationen – vulgo «Rassen» – erkennen lassen. [32]]

«Wir unterscheiden uns nur sehr geringfügig voneinander. Weil uns die Unterschiede zwischen weißer und schwarzer Haut oder zwischen den verschiedenen Gesichtsschnitten auffallen, neigen wir zu der Annahme, zwischen Europäern, Afrikanern, Asiaten und so weiter müsse es große Unterschiede geben. Tatsächlich aber haben sich die für diese sichtbaren Unterschiede verantwortlichen Gene nur infolge der klimatischen Einwirkungen verändert. Alle Menschen, die heute in den Tropen oder in der Arktis leben, haben sich im Lauf der Evolution an die lokalen Bedingungen anpassen *müssen* ... Die Gene, die auf das Klima reagieren, beeinflussen die äußeren Merkmale des Körpers, weil die Anpassung an das Klima vor allem eine Veränderung der Körperoberfläche erforderlich macht (die sozusagen die Schnittstelle zwischen unserem Organismus und der Außenwelt darstellt). *Eben weil die Merkmale äußerlich sind, springen die Unterschiede zwischen den Rassen so sehr ins Auge, dass wir glauben, ebenso krasse Unterschiede existierten auch für den ganzen Rest unserer genetischen Konstitution. Aber das trifft nicht zu: Im Hinblick auf unsere übrige genetische Konstitution unterscheiden wir uns nur geringfügig voneinander.*» – *L. Luca Cavalli-Sforza*, Populationsgenetiker, 1996 [33]

[Nachbemerkung: Cavalli-Sforza, der bedeutende Stanforder Genetiker, wurde nicht müde, die Bedeutung der Kategorie «Rasse» herunterzuspielen, mit guten Gründen: weil es keine reinen Rassen gibt; weil die Menschen sehr viel mehr gemeinsame als trennende Gene besitzen; weil Rassen genetisch nicht stabil sind; weil es fließende Übergänge zwischen benachbarten Populationen gibt; weil die Menschheitsgeschichte von kleinen und großen Wanderungsbewegungen gekennzeichnet war und ist; weil die Ethnien besonders in Europa und Amerika genetisch stark durchmischt sind; weil die Unterteilung in Rassen willkürliche Grenzen ziehen muss, also taxonomisch nicht sehr hilfreich ist; weil die «arische» Rasse ein Phantasiegebilde der Nazis war.

Aber sonderbar, sein Lebenswerk ist der Entwurf eines Stammbaums der Menschheit, dessen Wurzeln in Afrika liegen und der sich später über die ganze Welt verzweigt. Dieser Stammbaum scheint heute weitgehend akzeptiert zu sein. Entworfen hat er ihn aufgrund der Verteilung von 110 Genen und ihren Allelen, *nicht* für Äußerlichkeiten wie die Hautfarbe, sondern zumeist wiederum für die Blutgruppen. [34] Aus den genetischen Distanzen – also aus dem Maß, wie stark sich einzelne Gene mit der Zeit verändert haben – errechnete er, wie viel Zeit seit der Abzweigung eines Astes vergangen sein musste, unter anderem, dass vor 100 000 Jahren eine Menschengruppe aus

Afrika nach Asien aufgebrochen sein und sich von hier aus weiterverteilt haben muss, erst nach Südostasien und über den Pazifik, dann nach Nordasien und Nordeuropa, schließlich in den Mittleren und Nahen Osten und nach Europa.

Und siehe da, aus dem afrikanischen Stamm des Baums sprossen drei große Äste, die geographischen Populationen erstens von Afrika, zweitens von Südostasien, Ozeanien, Neuguinea und Australien, drittens von Europa, Nordamerika und Nordasien. Der nordasiatische Zweig teilte sich weiter in Nordostasiaten, arktische Asiaten und Amerikas indianische Urbevölkerung, der europäische in Europäer und nichteuropäische Kaukasier. Die neun großen geographischen Populationen aber, auf die die Zweige zuletzt hinauslaufen, haben eine unverkennbare Ähnlichkeit mit dem, was der Volksmund früher mit den «Rassen» meinte.

Cavalli-Sforza wagte sich sogar an die Frage, ob es eine jüdische «Rasse» gebe. Nein, eine Rasse im herkömmlichen Sinn bestimmt nicht – mehrmals vertrieben, hätten sich die Juden seit Jahrtausenden über die ganze Welt verteilt und mit vielen lokalen Bevölkerungen vermischt, seien also genetisch ganz besonders heterogen. Trotzdem, unter all der Heterogenität sei eine Art genetischer Fingerabdruck geblieben.[35]

Im Übrigen hat der Mensch 95 Prozent seiner Gene mit seinem nächsten Verwandten, dem Schimpansen, gemein[36] und angeblich 60 Prozent mit der Banane – das Maß an genetischer Übereinstimmung erlaubt also kaum Rückschlüsse auf das Maß phänotypischer Übereinstimmungen. Was gezählt werden müsste, wäre nicht eine beliebige Auswahl aus den Genen, sondern jeweils nur jene, die nachweislich für ein bestimmtes Merkmal relevant sind. Dann und nur dann wird die große Frage eine empirische Antwort finden. Gegner der Erbtheorie haben sich immer wieder darüber mokiert, dass die Genetik bisher kein einziges Intelligenzgen identifiziert hat. Warum war es nicht gelungen? Weil hochpolygenische Merkmale es der Forschung schwer machen. Zum Aufspüren einer Gruppe von Genen mit jeweils geringer Effektstärke muss man die DNA-Sequenzen von Tausenden möglichst unterschiedlicher, unverwandter Personen kennen, und die standen bisher nicht zur Verfügung. Das Sequenzieren ganzer Genome aber wird zusehends billiger, und im Sommer 2011 hat eine schottische Forschergruppe aufgrund der DNA von 3511 Personen zum ersten Mal direkt, ganz ohne Bemühung irgendwelcher Verwandtenkorrelationen, eine Beziehung zwischen Intelligenzgrad und bestimmten Genvarianten (solche mit einem einzigen abgeänderten Buchstaben) nachgewiesen.[37] In einigen Jahren werden die verantwortlichen Gene bekannt sein, und ihre Verteilung auch.]

### Ist das Rassismus?

«Rassismus beruht auf dem Glauben, dass manche Rassen in der einen oder anderen gesellschaftlich relevanten Hinsicht anderen überlegen wären und dass dieser Unterschied einen genetischen Ursprung habe. Herrnstein und Murray [die Verfasser von *The Bell Curve*] scheinen überzeugt, dass der IQ zumindest aus sozioökonomischer Sicht von ausschlaggebender Wichtigkeit sei und dass er natürlich auch eine genetische Basis habe ... Ich weiß nicht, ob es Herrnstein und Murray bewusst ist, ... aber ihre Gedanken machen sie zu Rassisten, und das gilt für alle, die sie teilen.» – *L. Luca Cavalli-Sforza*, Populationsgenetiker, 1996[38]

«Die Auswirkungen der Erbtheorie ... sind nicht auf das Schulsystem beschränkt, sondern viel breiter. Wie schon viele Kritiker aufgezeigt haben, ist ihre Hauptstoßrichtung eine Untermauerung des Rassismus durch das Prestige der Wissenschaft.» – *James M. Lawler*, Philosophiehistoriker, 1978[39]

«Seit vielen Jahren ist es unter Testpsychologen eine bare Selbstverständlichkeit, dass statistische Unterschiede zwischen ethnischen Populationen keinerlei Einfluss darauf haben dürfen, welche Behandlung dem Einzelnen zuteilwird – im Bildungswesen, im Beruf, vor der Justiz, in politischer und in bürgerrechtlicher Hinsicht. Der gut gesicherte Befund, dass es innerhalb jeder ethnischen Gruppe eine große Spanne individueller Unterschiede gibt, sowie die weite Überlappung bei der Häufigkeitsverteilung widersprechen radikal der rassistischen Philosophie, dass die Angehörigen verschiedener ethnischer Gruppen allein aufgrund ihrer ethnischen Herkunft unterschiedlich zu behandeln wären.» – *Arthur R. Jensen*, 1980 [40]

«Die Welt braucht einen neuen internationalen Moralkodex, der auf der Anerkennung signifikanter nationaler Unterschiede in den menschlichen Geistesfähigkeiten und den daraus folgenden wirtschaftlichen Ungleichheiten beruht. Die Bevölkerungen der reichen Länder müssten akzeptieren, dass sie moralisch verpflichtet sind, auf unbestimmte Zukunft den Völkern der armen Länder finanzielle Hilfe zu leisten, so wie sie innerhalb ihrer Länder eine moralische Pflicht haben, Steuern für die Unterstützung der Armen zu zahlen. Zweitens müssten die Wirtschaftshilfeprogramme für die armen Länder fortgesetzt werden, und einige davon sollten sich auf den Versuch konzentrieren, das Intelligenzniveau der ärmeren Länder durch verbesserte Ernährung und ähnliche Maßnahmen anzuheben. Die Erkenntnis, dass Intelligenzunterschiede eine der Hauptursachen für nationale wirtschaftliche Ungleichheiten sind, sollte es möglich machen, die Unterschiede im Volksvermögen der Länder zu reduzieren.» – *Richard Lynn / Tatu Vanhanen*, Psychologe und Politologe, 2002 [41]

Kein geruhsames Fazit. Kein vermittelndes Schlusswort.

## KAPITEL 13
# LÄNDER-IQs UND PISA

Der nordirische Psychologe Richard Lynn tat etwas Unerhörtes, politisch höchst Unkorrektes. Gerüchte waren schon seit Jahrzehnten im Umlauf, und es hätte schon lange getan werden können, aber offenbar hatte sich niemand auf das verminte Gelände gewagt. Die meisten Kollegen hörten weg oder rümpften missbilligend die Nase. Im Internet wird es gleichwohl immer noch heiß und ohne Hemmungen diskutiert; auch beschimpft.

Nachdem die Psychologie sich hundert Jahre lang vorwiegend mit individuellen IQ-Unterschieden befasst hatte, begann Lynn, kollektive IQs zu vergleichen. Selber erhob er die nötigen Daten nicht. Vielmehr suchte und sammelte er, was er in der wissenschaftlichen Literatur der vorangegangenen Jahrzehnte finden konnte. So stellten er und der finnische Soziologe Tatu Vanhanen 81 irgendwann einmal gemessene «Länder-IQs» zusammen. Diese ergänzten sie um weitere 104, die sie aufgrund der nationalen IQs ethnisch und kulturell ähnlicher Nachbarstaaten schätzten.

Sie taten dies nicht aus sportlichen Gründen, aus Freude am Ranking. (Es konnte nicht ausbleiben, dass im Internet die Weltkarte der IQs mit einer Weltkarte der durchschnittlichen Penislängen gekontert wurde – ein anderes, vielleicht noch sensibleres Thema.) Lynn und Vanhanen wollten vielmehr einem Verdacht nachgehen, der sich ihnen im Laufe der Jahre immer stärker aufgedrängt hatte und für dessen Aufklärung sie sich von den Sozial- und Wirtschaftswissenschaften nichts mehr erhofften: dass die wirtschaftliche Lage eines Landes nicht zuletzt auch etwas mit dem durchschnittlichen IQ seiner Bevölkerung zu tun haben könnte. Zweimal, 2002 und 2006, stellten sie die Durchschnitts-IQs vieler Staaten der Erde diversen volkswirtschaftlichen Daten gegenüber, vor allen den Pro-Kopf-Einkommen.[1]

Mit welchem Ergebnis? «Die Ergebnisse der Korrelationsanalysen liefern eine deutliche Bestätigung für die Hypothese. Das Pro-Kopf-Einkommen korreliert seit 1820 mit den Länder-IQs. Die Korrelation zwischen IQ und Pro-Kopf-Einkommen stieg von 0.54 ... im Jahr 1820 auf 0.72 in den Jahren 1997/98 ... Mithin erklärte 1820 der Länder-IQ 29 Prozent der Unterschiede im Pro-Kopf-Einkommen und 1997/98 52 Prozent. Wir folgern daraus, dass die nationalen Unterschiede in der [biometrischen] Intelligenz die mächtigste und elementarste Erklärung für den Abstand zwischen reichen und armen Ländern liefern.»[2] Es war eine Art internationalisierte zweite *Bell Curve*, ganz ohne eugenische Ratschläge an die Politik und darum viel schwerer abzuwehren.

Angesichts solcher Zahlen sollte man jene ewige Wahrheit nicht aus dem Auge verlieren: Korrelationen sind keine Kausalitäten. Dass sich das Pro-Kopf-Einkommen aus dem IQ «erklärt», ist Lynns subjektive Interpretation seiner Korrelationen. Wenn die ärmsten Länder die niedrigsten Durchschnitts-IQs haben, beweist das noch nicht, dass diese der Grund für die Armut sind. Dass es die Armut ist, die den IQ nach unten drückt, beweist es jedoch ebenso wenig. Möglicherweise sind die armen Länder in einem Circulus vitiosus gefangen: Sie können aufgrund ihrer Armut das Begabungspotenzial ihrer Bevölkerung nicht ausschöpfen und ihr Bildungsniveau so anheben, dass sie ihrer Armut allmählich entrinnen könnten. So bleibt es bei beidem, dem niedrigen Länder-IQ und dem niedrigen Pro-Kopf-Einkommen.

Hier folgt ein Auszug aus einer Liste dieser 185 Staaten, die von Hongkong bis Äquatorialguinea reicht und in der Deutschland an 17. Stelle steht, nahezu gleichauf mit allen seinen Nachbarländern. Getestet wurde vorwiegend mit «kulturneutralen» britischen Tests, die auf den Mittelwert 100 geeicht waren. Bei länger zurückliegenden Tests wurde der Flynn-Effekt eingerechnet. Alle Zahlen verstehen sich also relativ zum britischen Durchschnitt – der britische IQ wurde deshalb auch schon «Greenwich-IQ» genannt. Die Rangfolge sollte allerdings nicht allzu wörtlich genommen werden. Das zugrundeliegende Zahlenmaterial war von unterschiedlicher Qualität. Es wurde an verschiedenen Orten zu verschiedenen Zeiten mit verschiedenen Tests gewonnen; zuweilen beruhten die nationalen Durchschnittswerte auf Tausenden von Testergebnissen, zuweilen nur auf ein paar Dutzend; manchmal ging es um Erwachsene, manchmal um Kinder; meist bleibt unklar, ob es sich um Stadt- oder Landbewohner handelt und welcher Sozialschicht die Getesteten angehörten; manchmal wurde gar nur eine Handvoll Exilanten getestet. Kurz, es ist unbekannt, wie repräsentativ die Samples waren, deren Ergebnisse hier ganze Staaten vertreten müssen.

Umso erstaunlicher: Ethnisch ähnliche, teilweise unter stark divergierenden politischen Verhältnissen lebende Nachbarstaaten lagen so nahe beieinander, dass man geradezu einen großflächig eingefärbten IQ-Globus entwerfen kann: Ostasien 104 bis 108 IQ-Punkte, Europa, Nordamerika, Australien, Neuseeland 90 bis 102, Süd- und Südwestasien sowie Nordafrika 81 bis 90, Südostasien und Ozeanien 84 bis 87, Lateinamerika und Karibik 78 bis 96, Afrika südlich der Sahara unter 80.[3]

In der Liste sind nur einige jener 104 Staaten vertreten, für die echte Messwerte vorlagen. Die jeweils erste Zahl ist die aus dem Jahr 2006, die zweite die aus 2002; für 41 Länder gab es 2010 ergänzende Daten und Korrekturen.[4] Lynns Bücher sind in deutschen Bibliotheken schwer zu finden; sie gelten hierzulande wohl als Schmuddelware. Die vollständigen Listen aber sind, samt Kritik, in der englischen Wikipedia nachzulesen (http://en.wikipedia.org / wiki / IQ_and_Global_Inequality).

Hongkong 108 – 107

Südkorea 106 – 106

Japan 105 – 105

Taiwan 105 – 104

Schweiz 101 – 101

Österreich 100 – 102

Niederlande 100 – 102

Großbritannien 100 – 100

Deutschland 99 – 102

Polen 99 – 99

Finnland 99 – 97

Kanada 99 – 97

Spanien 98 – 97

Australien 98 – 98

Frankreich 98 – 98

USA 98 – 98

Italien 97[5]

Russland 97 – 96

Israel 95 – 94

Argentinien 93 – 96

Bulgarien 93 – 93

Griechenland 92 – 92

Türkei 90 – 90

Mexiko 90 – 87

Indonesien 87 – 89

Brasilien 87 – 87

Marokko 85 – 84

Iran 84 – 84

Ägypten 83 – 81

Libanon 82 – 86

Indien 82 – 81

Nebenbei stieß Lynn auf eine deutsche Besonderheit: eine IQ-Differenz zwischen West und Ost. Für die BRD lagen Lynn vier Messungen aus den Jahren 1978 bis 1981 vor, für die DDR drei aus den Jahren 1967 bis 1984. In der BRD waren über 1500 Erwachsene mit Cattells Kulturfreiem Test und über 6000 Schülerinnen und Schüler zwischen sechs und fünfzehn Jahren mit dem (kulturneutralen) Matrizentest getestet worden, in der DDR über 1500 Schülerinnen und Schüler zwischen sieben und fünfzehn ebenfalls mit dem Matrizentest. Lynn rechnete die Ergebnisse unter Berücksichtigung des Flynn-Effekts auf die «Greenwich-Norm» um und kam so für Westdeutschland auf einen Durchschnitts-IQ von 103 und für Ostdeutschland von 95 – was für das vereinte Gesamtdeutschland dann 102 ergab (später auf 99 korrigiert). Wieso dieser Abstand? War er politisch bedingt? Politökonomisch? Durch den niedrigeren Lebensstandard? Alle ehemals kommunistischen Länder Osteuropas lagen einige wenige Punkte unter dem westeuropäischen Durchschnitt. Oder hat die Ost-West-Bewegung der Bevölkerung die DDR einen Teil ihrer Begabungsressourcen gekostet? *Braindrain* durch Republikflucht? Ein origineller Gedanke wäre das nicht.

In dem obigen Auszug fehlen die Länder-IQs aus Schwarzafrika. Nur so viel: Sie waren sämtlich erschreckend niedrig, oft etwa eine Standardabweichung niedriger als der Durchschnitt der afroamerikanischen Bevölkerung Amerikas. Der höchste,

77, war der von Sambia. Besonders aufschlussreich war der Vergleich der sehr unterschiedlichen vier ethnischen Kollektiv-IQs Südafrikas, die um bis zu 28 Punkte differierten, obwohl diese vier ethnischen Gruppen doch immerhin zur selben Zeit im selben Land zusammenlebten.[6] Doch Lynns IQs aus dem südlichen Teil Afrikas wurden nicht nur als Tabubruch attackiert, sondern auch aus methodischen Gründen kritisiert[7], vor allem wegen der Heterogenität und in etlichen Fällen auch Dubiosität des Datenmaterials.

Auch ich selber traue ihnen nicht. Wie würde, frage ich mich, ein Junge aus einem Ballungsgebiet der Dritten Welt, der auf und von Müllkippen lebt, bei der ersten Konfrontation mit einem Test egal welcher Art abschneiden, der in einem hochentwickelten Industrieland ersonnen und genormt wurde? Oder ein Bauernmädchen aus einer analphabetischen Familie, das für seine Familie Wasser schleppen musste, seitdem es einen Eimer halten konnte? Zwar wurde die Intelligenz mit «kulturfreien» Tests wie den «Matrizen» gemessen, die nicht nach gelerntem Wissen fragen und von denen angenommen wird, sie seien ein gutes Maß für die Grundfähigkeit («$g$»). Aber der $g$-Gehalt des Matrizentests beträgt auch nur 0.73; er ist also auch noch auf andere Fähigkeiten angewiesen. Ich halte es auch nicht für ausgeschlossen, dass selbst $g$ nicht recht zum Zug kommen kann, wenn ein Kind niemals oder nur sporadisch mit Problemen in Berührung gekommen ist, wie Schulen und Tests aller Art sie stellen. Es würde schon zu lange brauchen, um auch nur zu verstehen, was von ihm verlangt wird.

Um den Länder-IQs vertrauen zu können, wären einheitliche, einander adäquate IQ-Tests in den Muttersprachen der Testpersonen nötig, und alle Testteilnehmer müssten einen ununterbrochenen mehrjährigen Schulbesuch hinter sich haben, sodass die Beherrschung der elementaren Kulturtechniken vorausgesetzt werden könnte. Erst dann taugten Daten aus Schwarzafrika und Teilen Südostasiens für die Aufnahme in ein weltweites Ranking. Ein Realist aber wird selbst von den verlässlichsten Daten, die eines Tages vorliegen werden, nicht erwarten, dass sie alles Bisherige auf den Kopf stellen.

In Ostasien scheint man viel weniger Hemmungen zu haben als in Europa und Amerika, an die Sinnhaftigkeit von Länder-IQs zu glauben; auch dass sie genetische Begabungsunterschiede reflektieren, scheint dort für selbstverständlich gehalten zu werden. In Internetforen aus Asien wird heiß und endlos über Lynns Zahlen diskutiert; aber es geht vor allem darum, ob einzelne Länder zu gut oder zu schlecht weggekommen sind.

Folgender Gedanke mag den Schock, den Lynns Zahlenwerk einem versetzt, vielleicht etwas dämpfen. Wie die in Kapitel 9 geschilderten Adoptionsexperimente und einige andere Untersuchungen gezeigt haben, kann in Europa ein sozialer Aufstieg aus der untersten in die übernächst höhere Sozialschicht Kindern einen IQ-Zuwachs von 12 bis 17 Punkten bringen, der bis zum Erwachsenenalter zwar abschmilzt, aber möglicherweise nie ganz verschwindet. In den ärmsten Ländern der Welt wachsen viele Kinder noch weit unterhalb des europäischen Unterschichtniveaus heran. Man kann also immerhin hoffen, dass eine wesentliche Verbesserung der Lebensverhältnisse auch die Länder-IQs der ärmsten Länder anheben würde. Selbst wenn nur die Hälfte der hinzugewonnenen Punkte Bestand hätte, würde es vielen qualifiziertere Arbeit und damit einen Ausbruch aus dem Circulus vitiosus erlauben: arm weil minderintelligent, minderintelligent weil arm. Die Entwicklungspolitik könnte es sich zur Aufgabe machen, den Teufelskreis langsam aufzubrechen.

Widersprechen Kollektiv-IQs nicht von vornherein dem heutigen Meinungskonsens, dass die Erbbedingtheit von *Grup-*

*pen*unterschieden nicht nachgewiesen wurde und nicht nachweisbar ist? Nein. Man muss darauf bestehen: Lewontins Gedankenexperiment (siehe Kapitel 12) ist so gültig wie immer. Mit der Korrelationsstatistik der Verhaltensgenetik lässt sich die Erbbedingtheit von Gruppenunterschieden nicht nachweisen. Welche Gruppen auch immer man misst, lokale, regionale, soziale, institutionelle (wie Schulen, Kliniken, Heime) – jede wird einen anderen Durchschnitts-IQ haben, und *innerhalb* jeder Gruppe wird der IQ seine eigene Erblichkeit besitzen; in der ärmsten Sozialschicht und in der Kindheit in der Regel eine höhere. Auch scheint die Erblichkeit des IQ innerhalb der großen ethnischen Gruppen mehr oder minder die gleiche zu sein.[8]

Dennoch könnten die Gruppenunterschiede vollständig umweltbedingt sein. Mindestens ein relevanter Umweltfaktor ist bekannt: extreme Armut. Aber es könnten auch viele andere involviert sein: klimatische Verhältnisse, Ernährung, Schulqualität, Erziehungspraktiken. Wenn jedoch die betreffende Gruppe unter völlig anderen Umweltbedingungen ihrem ursprünglichen Kollektiv-IQ nahe bleibt, bei der Auswanderung in andere Weltregionen, andere soziale Bedingungen, andere Ernährungsweisen, andere Schulsysteme – dann wird die nichtgenetische Begründung etwaiger fortbestehender Gruppenunterschiede tatsächlich schwieriger. Man müsste dann argumentieren, dass die betreffende Gruppe ihren bestimmenden eigenen Umweltfaktor mitgenommen hat. Und wenn sie ihren einstigen Kollektiv-IQ dann sogar über Generationen an ihre Kinder und Kindeskinder weitergibt, erscheint die nichtgenetische Transmission immer unwahrscheinlicher. Aber die Frage muss ruhen, bis die genetische Diversität der Menschheit nicht nur allgemein, sondern intelligenzspezifisch bekannt ist – das heißt, bis die die Intelligenz mitbestimmenden Allele einzelner Populationen ausgezählt sind.

Da Lynn immer wieder vorgeworfen wurde, seine nationalen Durchschnitts-IQs seien methodisch Pfusch und im Ergebnis Unsinn [9] (im Internet gab es erschrockene Stimmen, die sie für einen «rassistischen Scherz» hielten), machte er sich daran, sie an einem unabhängigen Maßstab zu überprüfen. Was sich ihm anbot, waren die internationalen Schulleistungstests TIMSS [10] und PISA [11]. Diese sollen ausdrücklich keine Intelligenztests sein, sondern nach international einheitlichen Kriterien die Leistung der Schülerinnen und Schüler in bestimmten Schuljahren abfragen, und zwar auf den Gebieten («Domänen») Leseverständnis, Rechnen und Naturwissenschaften. Aber ob sie wollen oder nicht – da sie genau nach jenen Leistungen fragen, die IQ-Tests zuverlässig voraussagen, kommen sie gar nicht umhin, nebenbei und stillschweigend auch Intelligenztests zu sein. Die Begriffe ‹Intelligenz›, ‹IQ›, ‹g-Faktor› tauchen allerdings in den Veröffentlichungen des deutschen PISA-Konsortiums und in den Spezialuntersuchungen einzelner Ergebnisse kein einziges Mal auf, und ‹Gen› erst recht nicht.

Dass die großen internationalen Schulleistungsvergleiche durchaus etwas mit dem IQ zu tun haben, hatten vor Lynn schon andere beobachtet, etwa Armor [12], Gottfredson [13], Herrnstein und Murray [14], Jensen [15], Rost [16] und Weiss [17]. Der deutsche Psychologe Heiner Rindermann schrieb 2006: Bei einem «Vergleich zwischen den Studien IEA-Lesen [18], TIMSS, PISA, IGLU [19] und der IQ-Sammlung von Lynn & Vanhanen oder den Intelligenzmesswerten der Bundeswehr fallen sehr hohe Korrelationen auf. International und national erheben die verschiedenen Skalen der Schulleistungsstudien in unterschiedlichen Altersstufen empirisch weitgehend das Gleiche, und das Gleiche wie Intelligenztests. Deshalb lässt sich aus den verschiedenen Studien auch ein Gesamtwert kognitiver Fähigkeiten ‹KF-Gesamt› berechnen. Der große Vorteil eines solchen Gesamtmaßes ist, Analysen für praktisch alle Staaten der Welt durchführen zu können, nicht nur für die der Ersten Welt.»[20]

Der Leiter der ersten deutschen PISA-Studie, der Bildungsforscher Jürgen Baumert, wies Rindermanns Verdacht postwendend zurück: Dessen These, internationale Schulleistungsstudien und Intelligenztests erfassten ‹eine empirisch einheitliche und bildungsabhängige kognitive Fähigkeit›, die mit allgemeiner Intelligenz (*g*) praktisch identisch sei, sei nicht haltbar. Für die Lese- und Mathematiktests habe das PISA-Konsortium mit Hilfe kognitionspsychologischer und fachdidaktischer Theorien gezeigt, dass es für die Lösung der Aufgaben auf «domänenspezifische Wissenserwerbs- und Informationsverarbeitungsprozesse und domänenübergreifende Reasoningprozesse» ankomme. «Was messen nun internationale Schulleistungsstudien? Es bleibt dabei: Internationale Schulleistungsstudien erfassen die Resultate kumulativer Wissenserwerbsprozesse, die durch außerschulische Faktoren, insbesondere schlussfolgerndes Denken moderiert werden.»[21]

Bei PISA scheint man also zu glauben, dass die Wissenserwerbsprozesse, um die es in den Schulen geht, im Wesentlichen «domänenspezifisch» seien – «domänenübergreifend» seien nur «Reasoningprozesse». In neuem Begriffskostüm kehrt hier also die alte Frage zurück, ob es weitgehend unabhängige Fachkompetenzen (oder Spezialintelligenzen) gebe und in welchem Verhältnis diese zu einem generellen Intelligenzfaktor stehen. Er wird nur nicht so genannt, sondern «Reasoning», das heißt schlussfolgerndes Denken. Die Fachkompetenzen lernen die Kinder in der Schule, die Fähigkeit zum Reasoning bringen sie schon in die Schule mit. Damit verneinen die PISA-Forscher einen Generalfaktor nicht rundheraus, aber ihrer Meinung nach scheint er beim Lernen nur Hilfsdienste zu verrichten. Er «moderiert» das eigentliche Lernen.

Vielleicht wäre Baumerts Entgegnung anders ausgefallen, hätte er Lynns nächsten Schritt abgewartet. Wie ähnlich genau sind PISA- und IQ-Tests? Wie hoch korrelieren die nationalen Schulleistungstests mit Lynns Länder-IQs? Die Heterogenität und teilweise Fragwürdigkeit des Datenmaterials, auf denen die Länder-IQs beruhten, ließ zumindest gelegentliche größere Abweichungen zwischen PISA- und IQ-Werten erwarten, selbst wenn beide Tests tatsächlich das mehr oder minder Gleiche messen sollten. Wenn sie hoch korrelierten, würde das die Länder-IQs bestätigen – es wäre geradezu deren förmliche Validierung, ihre Überprüfung an einem unabhängigen Maßstab von hoher Integrität.

Lynn rechnete PISA- und TIMSS-Punkte auf eine Skala um[22], wie sie für IQ-Tests benutzt wird, kombinierte sie zu einem «Bildungsquotienten» (BQ), verglich diesen mit IQ und verkündete 2010: «Der Korrelationskoeffizient zwischen Bildungsquotient und IQ beträgt in den 86 Ländern, wo für beides Messdaten vorlagen, 0.917 … Diese Korrelation [ist] bemerkenswert hoch … Sie unterscheidet sich kaum von den Korrelationen zwischen zwei verschiedenen IQ-Tests oder zwei verschiedenen Schulleistungstests im selben Land … Die durchschnittliche Differenz zwischen dem Bildungs- und dem Intelligenzkoeffizienten beträgt 3,27 Punkte … Das beseitigt jeden Zweifel, dass [unser] Länder-IQ ein gültiges Maß für das kognitive Leistungsniveau in dem betreffenden Land ist … Die hohe Korrelation zwischen IQ und BQ zeigt, dass diese beiden Maße nicht etwa zwei im Übrigen unabhängige ‹Entwicklungsindikatoren› sind, sondern dass Intelligenz- und Schulleistungstests das gleiche oder fast das gleiche Konstrukt messen.»[23]

Mithin könnten Schulleistungstests, für die aus einer Vielzahl von Ländern Daten in Hülle und Fülle vorliegen, unfreiwillig als hervorragende Indikatoren für die biometrische Intelligenz dienen. «Sag mir dein PISA-Ergebnis, und ich sage dir auf drei Punkte genau deinen IQ.» Oder umgekehrt. Wahrscheinlich wollten die Verantwortlichen ihr PISA-Projekt genau vor diesem Verdacht schützen, wohlweislich – er hätte sie mitten in die Debatte um die Erblichkeit des IQ geraten lassen und ihnen ihre ohnehin mühevolle Arbeit noch schwerer gemacht.

Die Meinungsverschiedenheit zwischen dem PISA-Konsortium einerseits und Psychologen wie Rindermann und Lynn läuft zugespitzt auf eine Henne-Ei-Frage hinaus: Machen gute Schulleistungen intelligenter, oder führt höhere Intelligenz zu besseren Schulleistungen? Baumerts Trost, die «wissensabhängigen Komponenten der Intelligenz» seien «plastisch»[24], umgeht jedenfalls die entscheidende Frage. Gewiss sind sie plastisch, aber die Frage ist ja gerade: wie plastisch? Kann jeder seine Intelligenz durch Wissenserwerb beliebig erhöhen? Oder setzt das Maß an «Reasoning», das jedem mitgegeben ist, dem Wissenserwerb Grenzen? Die menschliche Lernfähigkeit, die sich im IQ ausdrückt, ist nicht unbegrenzt. Irgendwo stößt jede Wissensvermittlung an individuelle Grenzen. Wie jeder Pädagoge nur allzu gut weiß. Wie jeder weiß, der sich selber einigermaßen kritisch beobachtet. (Wie sich der Vergleich zwischen IQ und BQ dazu verwenden lässt, zu erkennen, in welchen Ländern das Intelligenzpotenzial besonders gut oder besonders schlecht genutzt wird, war in Kapitel 9 zu lesen.)

Nun zu Thilo Sarrazins Mutmaßungen.

In *Deutschland schafft sich ab* schreibt Sarrazin: «Der relative Misserfolg [muslimischer Migranten im Bildungs- und Beschäftigungssystem] kann wohl auch kaum auf angeborene Fähigkeiten und Begabungen zurückgeführt werden, denn er betrifft muslimische Migranten unterschiedlicher Herkunft gleichermaßen.»[25] An einer anderen Stelle heißt es allerdings:

«Ganze [türkische] Clans haben eine lange Tradition von In-
zucht und entsprechend viele Behinderungen ... das Thema
wird gern totgeschwiegen. Man könnte ja auf die Idee kommen,
dass auch Erbfaktoren für das Versagen von Teilen der türkischen Bevölkerung im deutschen Schulsystem verantwortlich
sind.»[26] Beide Aussagen sind nicht nur nebulös, sie widersprechen einander. Sarrazins lange Ausführungen über die Erblichkeit des IQ im Buch selbst und in späteren Interviews und
Talkshows, insbesondere sein fahrlässiges Impromptu über ein
«jüdisches Gen» – für hohe Intelligenz nämlich –, haben jedoch
den Eindruck erweckt, er denke sehr wohl über eine eventuelle
Minderbegabung der betreffenden Zuwanderergruppe nach,
verfolge aber den Gedanken nicht weiter, weil er den wahren
Grund für den relativen Misserfolg der Kinder aus der Türkei
und den arabischen Ländern, vor allem dem Libanon, gefunden
habe: ihre unterschiedliche «kulturelle Prägung», vor allem
«eine besondere Mischung aus islamischer Religiosität und traditionellen Lebensformen»[27]. Zwei mit zweifelhaften Begrün-
dungen versehene Mutmaßungen also. Trotzdem schwelen sie
nun in der Öffentlichkeit, und es wäre nur normal, wenn manche sich nicht von vornherein die Ohren verstopften, sondern
sich fragten, ob etwas dran ist.

Mutmaßen und meinen kann man immer vieles und dann
endlos über die Meinungen streiten. Wie aber erkennt man, ob
eine richtiger ist als die andere? Nur durch Empirie. Formale
Beweise gibt es in den Sozialwissenschaften nicht. Aber bestenfalls gibt es empirische Befunde, welche eine These bestätigen
oder entkräften. Im Englischen heißt so etwas *evidence*. *Evidence* ist kein Beweis, sondern die Summe konkreter Indizien,
die für und gegen eine These sprechen. Es lässt sich sehr wohl
fragen, welche Evidenz für und gegen Sarrazins beide Thesen
vorliegt. Man sollte sich dabei nur vor opportunistischen Be-

schönigungen hüten. Darum ein Wort vorweg: Es geht hier nicht um persönliche Lebensschicksale, sondern um eine Art Populationsstatistik. Ohne Frage gibt es hochintelligente und gebildete Mitbürger türkischer oder arabischer Herkunft zuhauf, und zweifellos haben viele und gegebenenfalls schon ihre Eltern bewundernswerte Integrationsleistungen erbracht. Wenn sich das nicht für ihre Population insgesamt sagen lässt, muss das keinen Einzelnen kränken. Jeder Mensch muss sich damit abfinden, dass die Gruppen, denen er nolens volens angehört, nicht immer und überall die Besten stellen. Kein Deutscher leidet darunter, dass Hongkongs Durchschnitts-IQ neun Punkte höher liegt.

Der empirischen Klärung beider Fragen steht leider die schlechte Datenlage im Weg. Zwar werden die PISA-Ergebnisse unter verschiedenen Gesichtspunkten aufgeschlüsselt, nach «Kompetenzdomänen» wie Mathematik, Lesen, Naturwissenschaften, nach Bundesländern, teilweise auch nach Geschlechtern, Sozialschichten und Zuwandererstatus, aber bis auf eine Ausnahme nie nach einzelnen nationalen, ethnischen oder religiösen Herkünften der Zuwanderer. Selbst Spezialstudien, die an PISA anknüpfen und sich mit den Gründen für den relativen schulischen Misserfolg von Immigrantenkindern befassen, nennen weder Namen noch konkrete Zahlen.[28] Dem PISA-Zahlenwerk ist nur zu entnehmen, dass Immigrantenkinder insgesamt im Durchschnitt deutlich schlechter abschneiden als autochthone Deutsche und besonders schlecht dann, wenn sie kein oder wenig Deutsch können. Und kopfschüttelnd wird über die Gründe für diesen Bildungsrückstand gerätselt. Werden sie in deutschen Schulen diskriminiert? Schadet es ihnen, wenn in den Klassen mehr als 20 Prozent der Schüler kein oder wenig Deutsch sprechen? Investieren ihre Eltern zu wenig Geld und Mühe in Bildung? Bringen sie «kulturelle Defizite» mit, will sagen, ist ihnen die deutsche Kultur insgesamt zu fremd? Keine dieser Hypothesen konnte den Abstand überzeugend erklären. Ob mitgebrachte Begabungsunterschiede ebenfalls eine Rolle spielen – die Frage ist Anathema. Kein PISA-Forscher stellt sie.

Frage 1 also: Beeinträchtigt der muslimische Traditionshintergrund den Schulerfolg türkischer und arabischer Einwandererkinder?

In der speziellen Datendürre inmitten der Datenflut von PISA gibt es eine Ausnahme, eine Studie dreier niederländischer Soziologen (Levels / Dronkers / Kraaykamp), die an die zweite PISA-Aktion von 2003 anknüpft und sowohl Namen als auch Zahlen nennt.[29] Sie hat ermittelt, wie 7403 Fünfzehnjährige aus 35 Staaten der Erde in den Schulen von 13 der 41 an PISA teilnehmenden Ländern abgeschnitten haben. In dem Aufsatz gibt es eine Tabelle mit mehr Zahlenlücken als Zahlen, und sie betrifft nur die Kompetenzdomäne Mathematik, aber immerhin, sie ist besser als nichts. Sarrazin zitiert diese Tabelle, und sie dürfte seine wichtigste, wenn nicht die einzige empirische Basis seiner Hauptthese bilden.

Ich habe die PISA-Werte, deren Mittelwert 500 ist, in die zumindest den Lesern dieses Buches vertrautere Skala der IQ-Tests mit dem Mittelwert 100 umgerechnet, also in eine Art Lynn'schen Bildungsquotienten (BQ) für die Domäne Mathematik, der hier kurz MQ heißen soll. Warum Lynns BQ dem IQ zum Verwechseln ähnlich ist, kann in diesem Zusammenhang dahingestellt bleiben. Genug, de facto ist er es, und wer die Skrupel nicht teilt, kann den MQ als eine Art mathematischen IQ ansehen.

Die Ergebnisse? Deutsche Schülerinnen und Schüler erreichten 2003 einen MQ von 100, also genau den Mittelwert, auf den die Tests international geeicht sind. Alle Immigrantenkinder in deutschen Schulen kamen auf einen MQ von 91, neun Punkte unter dem Mittelwert (alle Zahlen sind gerundet). Turkstämmige Schüler in Deutschland lagen bei 87. Es war ihr schlechtestes Ergebnis in allen PISA-Ländern. (In den Niederlanden erzielten sie ihr bestes, 97, nahe am Mittel.) Den Schülern türkischer Herkunft an deutschen Schulen stellte PISA also ein schlechtes Mathematikzeugnis aus. Es war das viertschlechteste der ganzen Tabelle – allein Albaner und Bulgaren in der Schweiz und in Griechenland waren noch schlechtere Mathematiker.

Außer Zweifel steht, dass dieser Leistungsabstand nicht die Folge des «Immigrationshintergrundes» schlechthin sein kann, denn etliche Zuwanderergruppen erzielten in Deutschland und anderswo nicht nur wesentlich höhere, sondern sogar deutlich überdurchschnittliche Ergebnisse. Polnische Schüler in Deutschland zum Beispiel lagen mit 99 praktisch gleichauf mit dem deutschen Durchschnitt, und der MQ chinesischstämmiger Schüler in Australien, Neuseeland und Schottland betrug 110. Auffällig ist überhaupt, dass in Australien und Neuseeland sämtliche Immigrantenkinder außer Griechen und Libanesen überdurchschnittlich gut rechneten – wahrscheinlich die Folge einer selektiven Einwanderungspolitik, die nur benötigte Fachkräfte ins Land lässt.

Die Levels'sche Tabelle nun lässt sich darauf prüfen, ob Kinder aus einem muslimischen Traditionshintergrund mit einem besonderen Handicap antreten. Sie führt fünf überwiegend muslimische Herkunftsländer auf: Bosnien-Herzegowina, Libanon, Marokko, Pakistan und die Türkei. Da die Daten für einzelne Bestimmungsländer zu dünn sind, müssen sie alle zusammen betrachtet werden. Was auch legitim ist, denn wenn der muslimische Traditionshintergrund ein Handicap sein sollte, müsste er es überall sein. Kinder aus den 30 nichtmuslimischen Ländern der Tabelle kamen auf einen MQ von 99, Kinder mit muslimischem Hintergrund dagegen auf 94 – ein Abstand von fünf Punkten. Damit wäre Sarrazins Hauptthese zwar bestätigt, aber es wäre nur eine außerordentlich schwache Bestätigung, wenn man sie neben die 26 Punkte Abstand hält, die etwa zwischen bulgarischen und vietnamesischen Auswandererkindern klaffen, und den 24 Punkten zwischen chinesischen und albanischen. Ich bezweifle, dass sie bei einer statistischen Analyse auch nur eine untere Signifikanzgrenze erreichen würde. Wenn man die These zumindest nicht für widerlegt halten kann, so einzig darum, weil viel mehr Daten nötig wären, um sie wirklich zu überprüfen – mehr Schüler, mehr Herkunftsländer, mehr Kompetenzdomänen.

Immerhin einen aufschlussreichen Blick hinter den Vorhang aber erlaubt Levels' Tabelle sehr wohl.

Erstens widerlegt sie eindeutig, dass die muslimischen Länder «gleichermaßen betroffen» seien, wie Sarrazin schreibt. Innerhalb dieser Gruppe (Bosnien, Libanon, Marokko, Pakistan und Türkei) gibt es mathematische Leistungsunterschiede von bis zu fünf Punkten – das sind ebenso viele wie zwischen muslimischen und nichtmuslimischen Ländern.

Zweitens zeigt sie, dass sich die muslimischen Herkunftsländer als Gruppe nicht scharf von der Masse der nichtmuslimischen abheben. Mit ihren sechs MQ-Punkten Abstand vom Mittel bilden sie keine besonders auffällige Senke. Diese aber gibt es sehr wohl. Es sind die fünf nichtmuslimischen Nachbarstaaten auf dem südlichen Balkan: Albanien, Bulgarien, Griechenland, Rumänien und Serbien. Mit einem MQ von 90 figurieren sie zehn Punkte unter dem Mittel. Mehr noch: Der MQ der Emigranten aus diesen fünf nichtmuslimischen Balkanländern ist punktgenau der gleiche wie jener der Immigrantenkinder türkischer Herkunft: 90. Die geographische Nähe der Auswanderungsländer scheint somit ein weitaus besserer Prädiktor für die mangelhaften Schulleistungen in den Bestimmungsländern zu sein als der religiös-kulturelle Hintergrund.

Die MQ-Senke auf dem südlichen Balkan ist zudem nur der tiefste Teil einer sehr viel weiteren Senke, die sich praktisch am ganzen Mittelmeer entlangzieht, von Marokko und Portugal bis zum Libanon. Die Kinder aus den vierzehn PISA-Herkunftsländern dieser Zone kamen auf einen Durchschnitts-MQ von 93 und lagen damit einen Punkt unter den muslimischen Ländern. Die Herkunftsländer des Südbalkans, und da besonders Bulgarien und Albanien, scheinen also nur das Epizentrum einer ausgedehnten regionalen Mathematikschwäche unbekannter Genese zu sein. Diese hat die merkwürdige Eigenschaft, sich in den Kindern und Enkeln von über die ganze Welt verstreuten Emigranten aus dem Mittelmeerraum zu manifestieren. Die Kinder der Türken teilen diese Mathematikschwäche. Wie groß ist ihr Defizit, wie dramatisch? So groß etwa wie das der Deutschen gegenüber den Singapurern.

Frage 2: Ist der Leistungsrückstand turkstämmiger Schüler genetisch mitbedingt?

Eine direkte Antwort darauf gibt es so wenig wie bei allen anderen Gruppenunterschieden. Aber wenn man die Frage sozusagen als eine innertürkische versteht, geht es nicht um Gruppenunterschiede, sondern nur darum, wie nahe die Kinder türkischer Immigranten in Deutschland den Türken in der Türkei sind. Für diese gibt es einen Länder-BQ: 86, und auch einen Länder-IQ: 90. Er beruht auf einer Messung um das Jahr 1992, als der kulturneutrale Matrizentest an einem Sample von 2277 sechs- bis fünfzehnjährigen türkischen Kindern genormt wurde.[30] IQ-Daten für die türkischen Kinder in Deutschland gibt es nicht. Aber in diesem Fall hat man ausnahmsweise ihre PISA-Ergebnisse. In dem zweibändigen offiziellen Bericht über

«PISA 2003»[31] findet sich eine Tabelle, der zu entnehmen ist, wie türkische Einwandererkinder in Deutschland in den Kompetenzdomänen Mathematik, Lesen und Problemlösen abgeschnitten haben[32]. Letzteres ist ein Test, der die Fähigkeit messen soll, «fächerübergreifende Problemstellungen zu erkennen, zu verstehen und zu lösen», und zwar durch «induktives und deduktives Denken, kombinatorisches Denken, Denken in Analogien, Kontrolle und Reflexion des eigenen Denkprozesses»[33] – also ziemlich genau das, was auch die kulturneutralen Tests der fluiden Intelligenz messen.

Die PISA-Ergebnisse in den drei Domänen waren 87, 84 und 88. Wenn man das niedrige Lese-Ergebnis weglässt, da hier die türkischen Kinder wegen mangelhafter Deutschkenntnisse, die nichts über ihre Intelligenz besagen, benachteiligt gewesen sein dürften, und daraus einen Lynn'schen BQ errechnet, erhält man 88. 88 gegen 86 – der BQ türkischer Jugendlicher in Deutschland war dem der türkischen Jugendlichen in der Türkei sehr nahe, auch dem Länder-IQ der Türkei (90). Die Schulleistungen der türkischen Jugendlichen in Deutschland waren also gar nicht besonders schlecht; sie waren etwa die gleichen wie die der türkischen Jugendlichen in der Türkei, sogar noch zwei Punkte besser – was man günstigeren Umweltverhältnissen zugutehalten mag. Warum wohl?

Grundsätzlich darf man nicht davon ausgehen, dass der Durchschnitts-IQ der Herkunftsländer der gleiche ist wie der der Immigranten. Es könnte sein, dass die neuen Lebensverhältnisse im Einwanderungsland schlummerndes intellektuelles Potenzial wecken oder umgekehrt vorhandenes Potenzial nicht zum Zuge kommen lassen. Auch stellen die Auswanderer nicht notwendig ein repräsentatives Sample ihrer Heimatbevölkerung dar. Vielleicht hat von vornherein nur eine bestimmte intellektuelle Schicht die Auswanderung gesucht. Oder die Einwanderungsländer lassen nur eine intellektuelle Elite herein. Ein Beispiel dafür ist, was «das vietnamesische Wunder» genannt wurde. Für Vietnam gibt es bei Lynn keinen gemessenen Länder-IQ, sondern nur einen Schätzwert, 96, der einfach das Mittel der beiden Nachbarländer Südchina (100) und Thailand (91) war.[34] In Internetforen aus Ostasien ist zu lesen, diese Schätzung sei zweifelhaft, da es in Vietnam Unterschiede von 20 Punkten zwischen Großstadt- und Landbevölkerung gebe. Aber wie auch immer, ein IQ irgendwo um 96 ließe niemals erwarten, was dann eintrat: dass vietnamesische Kinder in Australien einen MQ von 110 erreichten, den dritthöchsten nach Indern und Chinesen. Deutsche Einwandererkinder in Australien erreichten «nur» 103. Auch in Deutschland scheinen vietnamesische Schüler ungewöhnlich erfolgreich zu sein. IQ- oder PISA-Daten für sie gibt es nicht, aber der «Zeit»-Redakteur Martin Spiewak hat eruiert, dass über 50 Prozent der Schüler vietnamesischer Herkunft in Deutschland den Übergang in die gymnasiale Oberstufe schaffen, fünfmal so viele wie die Kinder türkischer und italienischer Herkunft und mehr auch als die der deutschen Deutschen; deren Abiturientenquote liegt derzeit bei gut 40 Prozent.[35] Den Grund für diesen Erfolg der Vietnamesen sieht Spiewak, wie andere, in dem unerschütterlichen konfuzianischen Leistungsethos, das die Eltern veranlasst, ihren Kindern einen enormen Bildungsdruck aufzuerlegen (der damit das Gegenstück zu Sarrazins muslimischer Leistungsdemotivation wäre).

«Zugleich stellt der Schulerfolg der Vietnamesen eine ganze Reihe vermeintlicher Wahrheiten der Integrationsdebatte in Frage. Wer etwa meint, dass Bildungsarmut stets soziale Ursachen hätte, sieht sich durch das vietnamesische Beispiel widerlegt. Auch die These, Migranteneltern müssten selbst gut integriert sein, damit ihr Nachwuchs in der Klasse zurechtkomme, trifft auf die ostasiatischen Einwanderer nicht zu. Gewiss, vietnamesische Eltern der ersten Generation hatten – anders als die Türken oder Italiener – oftmals selbst einen höheren Schulabschluss. Aber auch sie sprechen meist kaum Deutsch, leben in einer Nische unter sich und bilden so etwas wie eine Parallelgesellschaft» (Martin Spiewak).

Möglich also, dass die Eltern dieser ehrgeizigen und erfolgreichen Kinder – in der Mehrzahl handelt es sich um sogenannte Vertragsarbeiter, die die DDR nach 1980 befristet anwarb und die nach dem Mauerfall in Deutschland strandeten – in Vietnam zur intellektuellen Elite gehört hatten.

Für die Türken jedoch gibt es keine solche Diskrepanz. BQ daheim und BQ in der Fremde stimmen eng überein. Mithin wahrscheinlich auch beide Durchschnitts-IQs. Hier wie dort sind die individuellen IQ-Unterschiede überwiegend erblich. Wie können sie von der Elterngeneration auf die Kinder gelangt sein? Nicht durch die Weitergabe ihrer Gene, sondern weil sie die bestimmenden (in diesem Fall mathematikfeindlichen) Faktoren ihrer mediterranen Umwelt mitgenommen haben? So nahe die Antwort auch liegen mag: Beweisen lässt sich die genetische Entstehung und Transmission von Gruppenunterschieden durch Populationsvergleiche grundsätzlich nicht. Widerlegen aber auch nicht.

Sarrazins Buch hat Alarm geschlagen, weil lernschwächere Zuwanderer, die mehr Kinder zur Welt bringen als die deutschen Deutschen, das Intelligenzniveau hierzulande senken könnten, und er hat dafür Prügel bezogen. Eine durchaus ähnliche Warnung kam aber auch von dem Bildungsforscher Jürgen Baumert, der gewissermaßen Sarrazins Antipode ist: «Die jüngeren Schülerjahrgänge werden kleiner. Gleichzeitig steigt der Anteil der Zuwanderer, die aus sozial schwächeren Verhältnissen stammen. In Flächenstaaten wie Baden-Württemberg kommen zurzeit 35 Prozent der Schüler aus Zuwandererfamilien. Bei den unter Fünfjährigen sind es bereits mehr als 40 Prozent ... Wenn nichts geschieht, genügt dieser sozialstrukturelle Wandel, um die deutschen PISA-Zugewinne zwischen 2003 und 2009, etwa im Leseverständnis, zunichtezumachen. Gleichzeitig wird die Risikogruppe der schwachen Leser von jetzt rund 19 Prozent wieder auf über 21 Prozent anwachsen. Damit werden jährlich zusätzlich etwa 15 000 unzureichend qualifizierte Schulabgänger weitgehend erfolglos einen Ausbildungsplatz suchen.»[36] Sarrazin hält genetische Begabungsunterschiede für denkbar, Baumert zieht sie nicht im mindesten in Betracht. Letztlich macht das kaum einen Unterschied, denn die praktische Antwort auf beide Warnungen heißt: Zuzugserleichterungen für qualifizierte Fachkräfte.

Sarrazin und Baumert sind beide gewiss keine Eugeniker, und diejenigen, die qualifizierte Fachkräfte ins Land holen möchten, sind es ebenso wenig. Eugenik war zu Beginn des 20. Jahrhunderts eine von vielen Menschen respektierte und sogar fortschrittliche Idee – dass sie zur Rechtfertigung von Genoziden dienen könnte, kam jenen idealistischen Weltverbesserern nicht in den Sinn. Der nationalsozialistische Staat aber hat seine industriellen Massenmorde dann im Namen einer bösartigen Karikatur von Eugenik begangen und die Idee ein für alle Mal kompromittiert. Sie wird zu Recht nicht wiederbelebt werden.

Es sei jedoch ganz leise darauf hingewiesen, dass Zuzugserleichterungen für qualifizierte Fachkräfte nicht nur eine zwingende wirtschaftliche Notwendigkeit sind, sondern auch der genetischen Mitbedingtheit der Intelligenz Rechnung tragen. Die Industriestaaten konkurrieren weltweit um qualifizierte Arbeitskräfte – das heißt, sie konkurrieren auch um analytische Intelligenz, jene, die von IQ-Tests gemessen wird. Intelligente

Menschen aus der ganzen Welt werden herbeigerufen, bleiben im Land, gründen Familien, und das wird das allgemeine Intelligenzniveau heben oder wenigstens der befürchteten demographischen Absenkung entgegenwirken. Eine indirekte eugenische Maßnahme also – nur wird es niemand je zugeben dürfen.

## KAPITEL 14
# IMMER HÖHER HINAUS

In diesem Kapitel geht es nicht um die kognitiven Fähigkeiten und ihre Erblichkeit, sondern um etwas ganz anderes: die Körpergröße. Direkt hat beides wenig miteinander zu tun. Es gibt zwar eine Korrelation zwischen ihnen, aber mit 0.23 ist sie niedrig,[1] und man kann davon ausgehen, dass die bestimmenden Gene wie die bestimmenden Umweltfaktoren andere sind. Aber gemein haben beide eine sehr hohe Erblichkeit. Und in mehrerer Hinsicht sind sie analog. Auch seine Größe ist dem Menschen nicht unwichtig. Einiges im Leben hängt davon ab: Zu Führungskräften werden eher die Größeren. Man möchte wissen, ob die Größe trotz ihrer hohen Erblichkeit beeinflussbar ist. Sie ist wie der IQ langfristig angestiegen, und man hat eifrigst nach den Ursachen gesucht. Der Blick hinüber lohnt aber vor allem, weil die Ungleichheit der Körpergröße keine starken Emotionen aufrührt. Bei ihr kann man wissenschaftliche Befunde in aller Gelassenheit und ohne Voreingenommenheit hin und her abwägen. Wer sie diskutiert, wird nicht automatisch als «Biologist» oder «Rassist» geschmäht.

Die Menschen werden also immer größer. Kinder übertreffen ihre Eltern an Statur, wie diese schon ihre Eltern übertroffen haben. Genau genommen handelt es sich um zwei Trends, die zwar nicht völlig unabhängig voneinander sind, dennoch aber auseinandergehalten werden müssen: Die Menschen werden nicht nur größer, sie werden auch immer schneller groß und geschlechtsreif. «In deinem Alter hatte ich noch keine Mädchen im Kopf!» – der väterliche Vorwurf ist möglicherweise keine pädagogische Geschichtsklitterung, sondern schlicht die Wahrheit, wenn auch keine moralisch verdienstvolle.

Das Doppelphänomen hieß in der Wissenschaft lange «säkulare Akzeleration». Der 1935 von dem deutschen Mediziner Ernst Walther Koch eingeführte Name[2] war irreführend. Er warf beide Trends in einen Topf. Beschleunigt sind zwar Wachstum und Reife, aber die erreichte Endgröße kann nicht «beschleunigt», sondern nur erhöht sein. Darum soll hier im Einklang mit der internationalen Wissenschaft schlicht von einem «säkularen Trend» die Rede sein.

Wo die Wissenschaft genauer hinsieht («trifft das auch wirklich zu?»), scheint sich manchmal auch das Offensichtliche erst einmal aufzulösen. In der Tat, auf die Messungen früherer Zeiten ist nicht immer Verlass und erst recht nicht auf die nur aus Knochenfunden errechneten Körpergrößen früherer Bevölkerungen; auch schien jener Trend hier und da zum Stillstand gekommen, oder er traf nicht auf alle Bevölkerungsgruppen oder auf beide Geschlechter in gleichem Maße zu. Trotz solcher Inkonsistenzen aber hat er sich als etwas höchst Reales erwiesen.

Er setzte in Europa um 1830 ein, wurde später aber nahezu auf der ganzen Welt festgestellt. Wenn irgendeine Region (wie Birma, die Provinz Oaxaca in Mexiko, die Karolinen-Insel Yap) an ihm nicht teilnimmt oder eine andere (Indien) gar einen gegenläufigen Trend aufweist, kommt das als überraschende Ausnahme. Die längsten Beobachtungen stammen aus Norwegen[3] und den Niederlanden, lassen sich aber mehr oder weniger auf ganz Nordeuropa verallgemeinern. Hier wird von etwa 1830 bis 1880 jeder Geburtsjahrgang 0,3 Millimeter größer als der vorhergehende. Zwischen 1880 und 1900 verstärkt sich der Größenzuwachs auf 0,5 Millimeter jährlich, von 1900 bis etwa 1950 gar auf 1 bis 1,2 Millimeter.[4] Niederländische Rekruten – die mit den skandinavischen zu den größten der Welt gehören – waren 1865 im Mittel 165 Zentimeter groß, 1917 170 Zentimeter, 1975 180 Zentimeter, heute sind sie mit über 183 Zentimetern die größten Männer der Welt. Es war eine Größenzunahme von 18 Zentimetern in 146 Jahren, 0,8 Millimeter pro Jahr. Siebzehnjährige Hamburger Gymnasiasten waren 1877 knapp 167 Zentimeter groß, 1957 gut 176.[5] Aber hier verzerrt die Entwicklungsbeschleunigung das Bild: Im vorigen Jahrhundert waren Rekruten und Schüler dieses Alters noch nicht ausgewachsen, heute sind sie es, und so war die Zunahme der Endgröße geringer, als diese Zahlen suggerieren.

Aber inzwischen ist dieser Trend doch stehengeblieben? In Skandinavien und den Niederlanden hat die Größe mit 179 bis 181 Zentimeter ihr Plateau erreicht, in Italien mit 174 Zentimeter, aber in Belgien, Spanien und Portugal setzt sich der Trend maßvoll fort.[6] Und hier sind jetzt Zahlen aus der Bundesrepublik. Sie stammen von der Sanitätsinspektion der Bundeswehr, welche bekanntermaßen alle Wehrpflichtigen vermisst, und wurden von dem Kieler Anthropologen Hans W. Jürgens berechnet. Als der Geburtsjahrgang 1942 zur Musterung erschien, war er im Mittel gut 174 Zentimeter groß. Der Jahrgang 1952 maß 176 Zentimeter, der Jahrgang 1962 gut 178. Alle zehn Jahre also wurden die Deutschen zwei Zentimeter größer.[7] Seit dreißig Jahren hat sich sich der Trend auf weniger als einen Zentimeter pro Jahrzehnt verlangsamt.[8]

Dagegen hat um 1970 ein neuer säkularer Trend eingesetzt: Die Menschen, auch die Kinder, werden immer dicker. Der BMI, der Body-Mass-Index, nimmt zu. (Berechnung: Kilogramm geteilt durch Größe in Metern zum Quadrat; das Quadrat der Körpergröße soll annähernd die Größe der Hautoberfläche widerspiegeln.) Ein BMI von 20 bis 25 gilt als optimal, über 25 als Übergewicht, ab 30 als Adipositas. Bei deutschen Frauen lag er 2009 im Mittel bei 24,9, bei Männern bei 26,3. Besonders stark scheint der Trend in den USA zu sein, besonders unter schwarzen Frauen, bei denen der BMI zwischen 1960 und 1980 von 25,1 auf 26,2 anstieg[9], aber griechische Männer stehen ihnen kaum nach.

Zum Erliegen kommen wird der säkulare Wachstumstrend überall. Im Jahr 3000 wird die Erde nicht von vier Meter hohen Riesen bewohnt werden, aber vielleicht von zwei Zentner schweren Kolossen. Wachstumsvorgänge werden genetisch gesteuert, ihre Reihenfolge, ihr Tempo, ihre Abstimmung untereinander. Besonders kritisch ist die Blutversorgung herzferner Körperteile. So ist ihnen mit Sicherheit auch eine Zielspanne gesetzt, und irgendwann ist diese bis zum Äußersten ausgenutzt.

Parallel zum säkularen Trend bei den Endgrößen fand eine Beschleunigung von Wachstum und Reife statt, ebenfalls weltweit. Hier ist der Trend womöglich noch eindeutiger. Ein Eckdatum lässt sich für Mädchen relativ leicht eruieren: das Alter der ersten Monatsblutung, der Menarche. Seit etwa 1840 sank es und sank. Um 1860 lag es in Nordeuropa im Mittel bei 16,6 Jahren, heute liegt es bei 12,8, und damit scheint die Akzeleration zumindest hier zum Stillstand gekommen. Über ein Jahrhundert lang ist die Menarche alle zehn Jahre vier Monate früher eingetreten.

Für Jungen gibt es kein so präzises Datum. Ein günstiger Zufall will es, dass wir trotzdem einen Blick in die Vergangenheit werfen können. In Bachs Chören sangen keine Mädchen und Frauen, sondern nur Jungen und Männer. Die hohen Stimmlagen wurden von Jungen übernommen: der Sopran meist von Jungen vor dem Stimmbruch, der Alt von Jungen im Stimmbruch. Aus den erhaltenen Papieren ließ sich errechnen, dass sich die Knaben der Leipziger Thomasschule, die in Bachs Chören sangen und dort vom Sopran über den Alt zum Tenor aufstiegen, mit gut 17 Jahren mitten im Stimmbruch befanden.[10] Heute liegt er vier Jahre früher. Der Langzeittrend der Reifebeschleunigung trifft also beide Geschlechter.

Aber es gibt sowieso noch ein anderes, sicheres Indiz. Das Wachstum vollzieht sich nicht gleichmäßig, nicht in gleichen Schritten von der Geburt bis zum Erwachsenenleben. Gewachsen wird zum einen vorwiegend zu einer bestimmten Jahreszeit: Zwischen März und Juli wachsen Kinder dreimal so rasch wie im Winter, wie James Tanner feststellte, die Hauptautorität für Wachstumsfragen.[11] Es muss mit dem Licht zu tun haben und nicht mit der Temperatur, denn blinde Kinder haben zwar auch einen Wachstumsschub, aber zu keiner bestimmten Jahreszeit. In den Tropen, wo es keine jahreszeitlichen Schwankungen der Helligkeit gibt, scheint der Wachstumsgipfel in der Trockenzeit zu liegen, wenn die Nahrung reichlicher und die Infektionskrankheiten seltener sind.

Zum andern beschreibt das Wachstum eine charakteristische Geschwindigkeitskurve. Am allerstärksten ist es gleich nach der Geburt. Schon bei Zweijährigen ist der säkulare Trend voll sichtbar: Auch sie sind über ein Jahrhundert lang immer größer geworden.[12] (Übrigens erstreckt sich die Größenzunahme nicht gleichmäßig auf den ganzen Körper – vor allem die Oberschenkel werden länger.) Dann verlangsamt sich sein Tempo bis zum vierten oder fünften Lebensjahr auf etwa fünf Zentimeter jährlich, und dabei bleibt es bis zur Pubertät. Sie bringt den «Endspurt». Mädchen, die bis dahin ein bis zwei Zentimeter kleiner waren als Jungen, beginnen diese mit elf Jahren plötzlich zu überholen und sind zwei Jahre lang die Größeren. Mit dreizehn aber setzen die Jungen zu ihrem Endspurt an und haben die

Mädchen in einem Jahr überholt. Jedes Geschlecht hat also einen steilen Wachstumsgipfel mitten in der Pubertät. Mädchen erreichen ihn heute mit etwa zwölf, Jungen mit etwa vierzehn Jahren. Diese Gipfel sind untrügliche Indikatoren der Reife. Während der letzten hundert Jahre haben sie sich immer weiter nach vorne verlagert.[13]

Früher in die Höhe geschossen, früher ausgewachsen: Vor hundert Jahren wuchsen Männer, bis sie fünfundzwanzig waren, und manchmal vielleicht noch länger. Heute haben sie mit achtzehn praktisch ihre Endgröße erreicht, die Mädchen mit sechzehn.

Anders als bei der Zunahme der Endgröße scheinen die Ursachen der Entwicklungsbeschleunigung ziemlich klar. Es ist immer wieder beobachtet worden, dass Wachstum und Reifung äußerst empfindlich auf ungünstige Umweltsituationen reagieren. Hunger und Krankheiten bremsen sie; für unterernährte Kinder aber sind selbst Kinderkrankheiten wie die Masern, die für wohlgenährte harmlos sind, schwere körperliche Rückschläge, an denen sie monatelang zu laborieren haben.

Auch schwere Umweltbelastungen wirken hemmend auf das Wachstum. Nachgewiesen wurde das für Kinder, die in der Nachbarschaft des berüchtigten Love Canal aufgewachsen waren, eines unfertigen Kanals bei Niagara Falls, der von 1940 bis 1953 als Sondermülldeponie diente. Anwohner, die über drei Viertel ihrer Wachstumsjahre dort zugebracht hatten, blieben zweieinhalb Zentimeter kleiner als jene, die die verpestete Gegend früher hatten verlassen können.[14]

Selbst anhaltender psychischer Stress scheint das Wachstum aufzuhalten, wie die Cambridger Psychologin Elsie Widdowson unerwartet feststellte. Sie hatte eigentlich vorgehabt, 1948, während der Hungerzeit, in zwei westdeutschen Waisenhäusern zu beobachten, wie sich der Übergang von den ungenügenden

Standardrationen auf eine etwas reichlichere Ernährung auf das Wachstum der Kinder auswirken würde. Sonderbarerweise waren die Kinder in den ersten Monaten des Versuchs, als sie noch alle die gleichen kargen Rationen erhielten, in einem der beiden Heime dünner und wuchsen langsamer. Noch sonderbarer: Als die Kinder in beiden Waisenhäusern dann genug Brot und Marmelade und Orangensaft erhielten, nahmen die des anderen Waisenhauses plötzlich kaum noch zu und wuchsen auch langsamer.

Der Grund? Offenbar der, dass just zu der Zeit, als die zusätzlichen Rationen eintrafen, die Heimleiterin des einen Waisenhauses zu der des anderen gemacht worden war – eine strenge, ungerechte, unberechenbare Person, vor der die Kinder in ständigem Schrecken lebten. Es war ein Experiment des Lebens, und das Leben war so entgegenkommend, gleich noch eine Kontrolle einzubauen: Die acht Lieblingskinder jener Heimleiterin, die nie etwas von ihr zu fürchten hatten und nach Kräften verwöhnt wurden, wechselten mit ihr zusammen in das andere Waisenhaus hinüber – und während dessen Kinder trotz der üppigeren Ernährungslage nur noch dahinkümmerten, gediehen die Lieblinge prächtig.[15]

Wie man den Verzögerungen einer individuellen Wachstumskurve ansieht, wo die Lebensbedingungen zu wünschen übrigließen, so sieht man der Wachstumskurve einer Bevölkerung jede größere Notzeit an. Bei Stuttgarter Schülerinnen, für die es Zahlen seit Beginn des 20. Jahrhunderts gibt, haben die Kurven während der beiden Weltkriege und in den Jahren danach auffällige Dellen, am stärksten für die Zeit um 1919 und 1945.[16] Van Wieringen glaubt den niederländischen Statistiken die Agrarkrise vom Ende des 19. Jahrhunderts ansehen zu können[17]; einer seiner Vorgänger machte eine frühere Delle an der bloßen Erhöhung des Roggenpreises fest.

Was das Wachstum aufhält, scheint auch die Reifung zu verzögern. Überall haben arme Mädchen die Menarche vier bis zwölf Monate später als solche aus wohlhabenderen Familien; der größte Unterschied dieser Art – über anderthalb Jahre – wurde bei Bantu-Mädchen in Südafrika beobachtet. Auf dem Land werden die Mädchen meist später geschlechtsreif als in der Stadt – vermutlich wegen ihrer härteren Lebensumstände. Mädchen mit vielen Geschwistern reifen später als Mädchen aus kleinen Familien – vermutlich, weil auch sie unter ungünstigeren Bedingungen heranwachsen.

Trotzdem bestimmen die Lebensumstände nur in zweiter Linie, wann die Menschen sexualreif werden. Die Hauptrolle spielen die Gene. Dass die Bundi-Mädchen in Neuguinea (die spätesten) ihre Menarche erst mit fast neunzehn Jahren haben, kubanische Mädchen (die frühesten) aber schon mit zwölf[18], lässt sich mit keinem unterschiedlichen Lebensstandard erklären – beide gehören zu den Armen. In Ost- und Südeuropa liegt die Menarche einige Monate früher als in Nord- und Westeuropa. Dass das nicht am Wohlstandsgefälle liegen kann, nicht an dem «sinnlicheren» Ambiente ihrer Kultur und auch nicht am wärmeren Klima, zeigt sich heute in Australien: Die Nachkomminnen europäischer Einwanderer wachsen mit dem gleichen Lebensstandard, in der gleichen Kultur und im gleichen Klima heran, und trotzdem bleibt die ethnische Differenz voll bestehen.[19]

Genetisch vorgegeben ist offenbar eine bestimmte Altersspanne. Sie liegt am niedrigsten auf Kuba, bei Europäern und Ostasiaten relativ niedrig, bei Indern höher, bei Schwarzafrikanern noch höher und am höchsten in Neuguinea.[20] Günstige Lebensumstände schieben die Sexualreife an das untere, ungünstige an das obere Ende dieser vorgegebenen Spanne. So kann gelegentlich vorkommen, was in Chile vorkommt: dass es gerade die ärmeren Mädchen sind, die früher reif werden – die ärmeren Chilenen nämlich stammen vorwiegend aus Südeuropa, der genetische Effekt ist stärker als der soziale.

Nun läge es eigentlich nahe, damit auch das Rätsel der Größenzunahme für gelöst zu halten. Die gleichen Ursachen, die die Entwicklung der Kinder beschleunigen, sollten auch diejenigen sein, die für die ansteigende Durchschnittsgröße der Erwachsenen verantwortlich waren und sind. Leider kann das nicht so sein, oder höchstens teilweise. Und zwar darum: Kinder, deren Wachstum an irgendeiner Stelle durch Krankheit oder Hunger gebremst wurde, wachsen hinterher umso schneller weiter und holen ihren Rückstand in der Regel wieder voll auf. Nur wenn die hemmenden Ursachen während eines Großteils der Wachstumsperiode wirksam waren, bleibt auch ihre Endgröße etwas zurück.

Ein kleiner Teil des Trends immerhin ist damit wohl tatsächlich erklärt. Die Proletarier des frühen Industriezeitalters waren böse dran. Alles in ihrem Leben vereinigte sich zu einem einzigen unausgesetzten Insult: Armut, Hunger, Krankheiten, die schwere und lange körperliche Arbeit, die ungesunde Luft, der psychische Stress. Als der englische Mediziner Charles Roberts in den 1870er Jahren nachmaß, stellte er fest, dass die körperlich arbeitende Bevölkerung fünf bis sechs Zentimeter kleiner war.[21] Etliche der ersten Wachstumsforscher des 19. Jahrhunderts waren Sozialreformer, Louis René Villermé in Frankreich, Edwin Chadwick und Leonard Homer in England. Durch ihre Erhebungen lieferten sie die unwiderleglichen Beweise: Die Armen sind kränker, die Armen sterben früher. Vor diesen Forschungen war es nur ein Verdacht gewesen, und manche hatten ihn nicht teilen mögen, sondern im Gegenteil gemeint, es sei das Wohlleben der Reichen, das den Menschen nicht bekomme. Zu den eindrucksvollsten Belegen dafür, dass die Armen wirklich arm dran waren und dass ihr Los nicht länger hingenommen werden könne, gehörte der Nachweis, dass sie auch kleiner waren.

Besonders schlimm muss sich die Kinderarbeit ausgewirkt haben. Hier und da wurden schon Fünfjährige in die Spinnereien, die Fabriken, auf die Felder geschickt, und arbeitende Achtjährige waren in den Industriestädten fast die Regel: zwölf Stunden täglich, ohne Erholungspausen, und das bei schlechtester Ernährung und fast während der gesamten Wachstumsperiode. Es ist wahrscheinlich, dass diese Zustände bei der Arbeiterklasse gegenüber früher sogar eine Größendepression hervorbrachten, wie sie auch die Sexualreife verzögerten. Die Menarche hatte seit dem Altertum und durch das Mittelalter hindurch bis an die Schwelle des Industriezeitalters anscheinend immer etwa mit dreizehn stattgefunden [22] und verzögerte sich erst dann um vier Jahre.

Einen Blick zurück in die Zeit vor dem Industriezeitalter gestatten die erhaltenen Akten der Karlsschule, des Lieblingskinds des Herzogs von Württemberg, Karl Eugen. Sie war eine in ihrer Zeit einzigartige Eliteschule, dazu bestimmt, musterhafte Offiziere und Beamte heranzubilden. Ihr berühmtester – rebellischer – Eleve war Friedrich Schiller. Ein Teil ihrer Schüler kam aus dem Adel, der größere Teil aber aus dem Bürgertum. Alle mussten immer wieder der Größe nach antreten und wurden regelmäßig gemessen. Mit zehn waren die Adligen 2,5 Zentimeter größer, mit fünfzehn nicht weniger als 7 Zentimeter. Offenbar kamen sie früher in die Pubertät und hatten damit auch den pubertären Wachstumsschub früher, denn nach der Pubertät schrumpfte der Abstand zwischen Bürgerlichen und Adligen wieder: Mit einundzwanzig waren die Adligen im Durchschnitt 168,8, die Bürgerlichen 167,6 Zentimeter groß.[23] Die Differenz verschwand aber nie ganz – und das, obwohl alle

Schüler mit acht Jahren aufgenommen wurden und für alle das gleiche, nach heutigen Begriffen überaus strenge Regime galt. Die Ursachen für die frühere Reifung der Adligen und ihre etwas höhere Endgröße sind also bereits in deren Vorschulzeit zu suchen.

Der Jahrhunderttrend setzt um 1830 ein, als die ersten schüchternen Maßnahmen zur Einschränkung der Kinderarbeit erlassen wurden und sich das Los der Industriearbeiter im Allgemeinen etwas zu bessern begann. Bis 1900 stieg in den Niederlanden die Durchschnittsgröße nur, weil die Kleineren – die unter 170 – weniger wurden; erst im 20. Jahrhundert stieg dort auch der Anteil der über 1 Meter 80 Großen.[24] Vermutlich also begann der säkulare Trend damit, dass verschiedene Wachstumsbremsen beseitigt wurden und die Unterschicht ihren Rückstand langsam aufholen konnte. Die Kleinen wurden weniger, und das trieb den Durchschnitt maßvoll nach oben. Heute ist der Abstand zwischen Unter- und Oberschicht in den entwickelten Ländern auf 1 bis 2 Zentimeter geschrumpft; in der Bundesrepublik scheint er ganz verschwunden zu sein, wie eine Bremer Untersuchung Mitte der 1970er Jahre ergab.[25]

Wenn irgendwo jedoch ein Größenunterschied zwischen den gesellschaftlichen Schichten übrig bleibt, so muss das nicht bedeuten, dass die Lebensbedingungen der ärmeren Schichten deren Wachstum immer noch entgegenstehen. Es könnte hier und da so sein, es könnte aber auch einen ganz anderen Grund haben, einen genetischen. Es gibt nämlich eine sonderbare Korrelation zwischen der gemessenen Intelligenz, also dem IQ, und der Körpergröße. Sie ist mit etwa 0.25 nicht besonders eindrucksvoll, aber sie ist real: Menschen mit hohem IQ sind nicht selten auch die größeren. Überall sind Studenten zwei bis drei Zentimeter größer als der Durchschnitt.[26] In einer relativ durchlässigen Gesellschaft, in der die Menschen nicht mehr unverrückbar in der Berufsgruppe und Sozialschicht gefangen sind, in die sie hineingeboren wurden, sondern wo sie gemäß ihren individuellen Fähigkeiten auf- und absteigen dürfen, stellt sich nun aber zwangsläufig eine weitere Korrelation ein, jedenfalls solange ein höherer IQ häufig zu einer höheren Berufsqualifikation führt und eine höhere Qualifikation zu einem sozialen Aufstieg: In den oberen Strata sammeln sich die Intelligenteren und damit auch die Größeren.

Der weitaus größere Rest des Trends aber ist nicht damit erklärt, dass der Wachstumsrückstand der Unterprivilegierten aufgeholt wurde, und das große Rätselraten kann anheben. Gesucht wird ein Faktor, oder ein Bündel von Faktoren, die seit spätestens 1900 die Endgröße aller um ein oder gar zwei Zentimeter pro Jahrzehnt in die Höhe trieben. Da sich der Trend schon bei Zweijährigen zeigt [27], müssen es Faktoren sein, die bereits in frühester Kindheit greifen.

Der gesuchte Faktor muss außerdem etwas sein, das während des ganzen Langzeittrends, also über hundert Jahre lang, auf die allermeisten Bevölkerungen dieser Erde eingewirkt hat, während der beiden Weltkriege nachlassend, in den Jahrzehnten danach sich verstärkend. Aber es genügt nicht, einen Faktor namhaft zu machen, der zu dieser Entwicklung recht und schlecht zu passen scheint. In der bloßen Parallelität muss noch lange keine Kausalität stecken. Um jene Fachkollegen zu verspotten, die mit einer Korrelation schon einen Kausalzusammenhang entdeckt zu haben meinen, schüttelte der Kieler Anthropologe Hans W. Jürgens die «benzinogenetische Theorie» aus dem Ärmel: Das Autobenzin müsse verantwortlich sein, denn der Trend setzte genau in dem Augenblick ein, als es in den Handel kam, verstärkte sich, während es sich ausbreitete, ging in den Weltkriegen zurück, als weniger Benzin zur Verfügung stand, und nahm mit der allgemeinen Motorisierung schließlich überhand. Einige Zeit später fand Jürgens die Theorie unter den ernstgemeinten Erklärungen aufgeführt; jemand hatte den Witz gar nicht verstanden.

Es könnte wirklich alles sein – und darum fehlt es nicht an Hypothesen; nur ganz und gar zwingend ist bisher keine, und die vorsichtigen Fachleute beeilen sich denn auch zu versichern: Wir wissen es einfach nicht.

Einige Hypothesen sind reine Ausgeburten der Ratlosigkeit: etwa die, eine unbekannte Strahlung oder Chemikalie wirke vergrößernd auf die Menschheit ein. Jeder universale Umweltfaktor scheitert bereits an dem Umstand, dass er auch die Tiere größer werden lassen müsste, der Trend aber auf die Menschheit beschränkt ist.

Andere Hypothesen sind so abenteuerlich, dass sie schon den ersten Blick nicht lebend überstehen. Seit Tacitus grassiert in den romanischen Ländern die Überzeugung, die germanischen Völker seien größer, weil sie bis ins Erwachsenenalter sexuelle Askese übten; oder umgekehrt gesagt: Das viele Onanieren mache die romanischen Völker kleiner. Dann müsste die Menschheit kleiner werden, seit Onanie nicht mehr so verpönt ist; bekanntermaßen ist das Gegenteil der Fall.

Wieder andere Theorien halten den zweiten Blick nicht aus. Dass die weniger beengende Kleidung schuld sei, stößt sich an dem Umstand, dass der Trend einsetzte, als die Leute noch fest eingeschnürt gingen. Am Sport kann es auch nicht liegen: Er schafft Körperfett weg und kräftigt, aber es wurde nachgewiesen, dass er nicht größer macht.[28] Dann wäre da noch die Hormontheorie: Mit dem industriell produzierten Fleisch nähmen die Menschen immer mehr Masthormone auf, die sie wachsen ließen. (Manche behaupten steif und fest, in Südamerika wachse man auch noch in reiferen Jahren, und daran könne nur der reichliche Genuss von hemmungslos «gedoptem» Fleisch schuld sein.) Aber der Trend setzte ein, als noch niemand auch nur wusste, dass es Hormone gab und dass man sie ans Vieh verfüttern könnte. Der Theorie, dass Klimaveränderungen verantwortlich seien, ergeht es ähnlich: Zwar stieg die Oberflächentemperatur der Erde seit 1910 leicht an, aber zum Unglück der Theorie fiel sie nach 1940 erst einmal wieder, und trotz der jetzigen Erwärmung hat sich der Trend verlangsamt oder ist ganz zum Stillstand gekommen.

Wie wäre es dann mit dem Licht? Licht ist nötig zum Wachstum: Es fördert die Bildung von Vitamin D in der Haut, dieses erhöht den Kalziumspiegel des Blutes, und von diesem wiederum hängt das Knochenwachstum mit ab. Kommt heute immer mehr Licht an den Körper? Auch das kann es nicht sein. Nicht nur wurde nirgends beobachtet, dass ein Leben im Helleren die größeren Menschen hervorbringt – der frühere Wachstumsrückstand der Landbevölkerung spricht sogar eher dagegen; in den Industrieländern wird auch seit Generationen jedem möglichen Vitamin-D-Mangel vorgebeugt. Wachsen wir vielleicht nur zu einer bestimmten Tageszeit, und könnte dann die Veränderung unseres Tag-Nacht-Rhythmus für den Trend verantwortlich sein? Vielleicht die künstliche Verlängerung des Tages, die das elektrische Licht möglich gemacht hat? Die Nacht wurde zum Tage, für alle zum Teil, für viele ganz und gar – ist das der Grund? Es trifft zu, dass einer der körpereigenen Botenstoffe, die das Wachstum mit steuern und bei dessen Ausfall es stark zurückbleibt, das Wachstumshormon, nur im Schlaf ausgeschüttet wird, etwa ein bis anderthalb Stunden nach dem Einschlafen. Darum aber vollzieht sich das Wachstum keineswegs nur im Schlaf oder zu einer anderen bestimmten Zeit im Vierundzwanzigstunden-Zyklus. Das Wachstumshormon selbst regt das Knochenwachstum nämlich gar nicht an; es veranlasst jedoch die Leber, sogenannte Somatomedine abzugeben, und diese Peptide erst sind es, welche dann das Wachstum bewirken. Ein einziger «Schuss» Wachstumshormon jeden Tag aber reicht aus, einen gleichmäßig hohen Somatomedin-Blutspiegel sicherzustellen.[29]

Daneben aber gibt es einige Theorien, die sich nicht so schnell erledigen lassen.

Die erste führt den Trend trotz der Tatsache, dass die Evolution sehr viel länger gebraucht hätte, doch auf genetische Gründe zurück und heißt mit einem Wort: Heterosis. Unter Heterosis versteht man das Phänomen, dass die Nachkommen bei irgendeinem Wert zuweilen nicht genau zwischen ihren Eltern liegen, sondern näher an dem größeren oder stärkeren Elternteil, zweifellos darum, weil sich unter den für das betreffende Merkmal relevanten Genen einige dominante befinden.

In der Tat gibt es einen recht soliden Hinweis darauf, dass beim Jahrhunderttrend Heterosis im Spiel ist. Er ist vor allem dem amerikanischen Anthropologen Frederick Hulse zu verdanken.[30] Hulse reiste in den 1950er Jahren in einige Tessiner Bergdörfer, die notorisch waren für den Grad ihrer Endogamie: Man heiratete seit Menschengedenken fast immer nur innerhalb des Dorfs. Die Männer dort, stellte er fest, maßen im Durchschnitt 167 Zentimeter. Dann vermaß er die Söhne der Tessiner, die aus diesen Dörfern nach Kalifornien ausgewandert waren. Sie waren vier Zentimeter größer. Das mochte nur der altbekannte Einwanderungseffekt sein, der schon dem Anthropologen Franz Boas zu Beginn des Jahrhunderts aufgefallen war.[31] Sogar Mitte des 18. Jahrhunderts waren die in den englischen Kolonien geborenen Rekruten etwa vier Zentimeter größer als die anderswo, zumeist in England geborenen, und da die kleinsten gar nicht genommen wurden, war der tatsächliche Abstand wohl sogar noch größer.[32] Die Einwanderer waren überwiegend die Elendesten ihrer Heimatländer gewesen; der höhere Lebensstandard der Kolonien kam offenbar auch der Größe ihrer Kinder zugute.

Aber der Fall der Tessiner war komplizierter. Hulse nämlich verglich auch « endogame » und « exogame » Männer, und zwar im Tessin und in Kalifornien: Männer, deren Eltern aus dem gleichen Dorf stammten, und solche mit Eltern aus verschiedenen Dörfern. Die « Exogamen » waren im Tessin wie in Kalifornien zwei Zentimeter größer als die « Endogamen ». Zwei ihrer vier Zentimeter mehr, schloss Hulse, verdankten die kalifornischen Tessiner ihrem weniger angespannten Leben, die anderen zwei aber der Heterosis.

Von da war es ein kurzer Weg zu der Hypothese, dass für den Jahrhunderttrend letztlich die Erfindung des Fahrrads verantwortlich sei: Mit dem Rad seien die Burschen nun in die Nachbardörfer gefahren, hätten der verwurzelten Endogamie ein Ende bereitet, bis dahin genetisch voneinander isolierte Bevölkerungen kräftig durchmischt und damit die dominanten Gene, die für die größere Statur sorgten, in den Verkehr gebracht.

Vermutlich ist sogar etwas Wahres daran. Aber die Heterosis zeigt sich nur in der ersten Generation: dann, wenn die Gene, die für die größere Statur sorgen, in eine Bevölkerung eingedrungen sind, die – zum Beispiel wegen ihrer Endogamie – bisher gegen sie abgeschottet war. Schon darum eignet sie sich schlecht, eine langfristige Zunahme über viele Generationen hin zu erklären. Überhaupt stößt sich jede genetische Erklärung an dem Umstand, dass der Langzeittrend auch und gerade bei den allergrößten Populationen der Erde auftritt, bei Skandinaviern und Holländern. Damit eine Bevölkerung sich sozusagen genetisch selber über den Kopf wachsen kann, müsste sie die verantwortlichen Gene von irgendwoher importieren – und woher sollten die Größten sie beziehen?

Wenn die genetische Erklärung also nicht weit trägt – was dann? Leider sind unter den verbleibenden Theorien die sichersten auch jene, die die größten, allgemeinsten, unspezifischsten Faktoren ins Spiel bringen.

Eine verhältnismäßig unriskante Theorie lautet: Urbanisierung. Tatsächlich nehmen Stadtmenschen fast überall viel stärker an dem Trend teil als Landmenschen, allerdings nicht die Bewohner der riesigen städtischen Slums in den Entwicklungsländern, die genauso klein bleiben wie die Landbevölkerung.[33] Stadt allein reicht also nicht.

Eine andere unriskante Theorie heißt: Familiengröße. Tatsächlich, je kleiner die Familien wurden, desto größer wurden die Menschen. Man wird bemerken, dass Urbanisierung und Familiengröße nicht unabhängig voneinander sind: Die städtischen Familien haben weniger Mitglieder. Also könnte hinter dem Faktor Urbanisierung schlicht die kleinere Familie stecken. Oder umgekehrt – denn die kleineren Familien leben ja in den Städten. So versteckt sich eine mögliche Ursache in der anderen.

Der ärgste Schönheitsfehler dieser Theorien ist jedoch der, dass sie so wenig spezifisch sind. Schließlich wissen die Körperzellen, die sich da mehr oder weniger bereitwillig teilen, nichts von Stadt und Land und auch nichts von der Geschwisterzahl. «Urbanisierung» oder «Familiengröße» oder auch die «Industrialisierung» verantwortlich zu machen, ist nicht viel besser als die Auskunft: Das sind irgendwie die modernen Zeiten. Nicht das Stadtleben oder die Kleinfamilie selber können die Ursachen sein; sie stellen nur die Rahmenbedingungen, unter denen die wirklich ausschlaggebenden, die speziellen Faktoren regelmäßig zum Zug kommen. Gesucht aber sind eigentlich diese. Womit man zwangsläufig wieder zur Ernährung zurückkehrt. Hier immerhin gibt es zwei ernstzunehmende Theorien.

Die eine stammt von Eiji Takahashi. In Japan ist der Größenzuwachs stark ausgefallen, ganz besonders nach 1960. Takahashi stellte ihm die Änderung verschiedener Essgewohnheiten gegenüber. Und siehe da, der Trend verlief genau parallel zur Zunahme des Milchverbrauchs. Es ergibt das ja auch Sinn: Milch enthält tierisches Eiweiß, Kalzium und Vitamin D, Stoffe, die zum Wachsen nötig sind und mit denen die reisessenden Japaner früher schlecht versorgt waren. Die Landbevölkerung war es bis vor wenigen Jahrzehnten. Seit auch sie Milch erhält, schließt sie sich dem Trend an.[34]

Die andere Theorie vertrat ein Mediziner in Winterthur, Eugen Ziegler.[35] Er sagt: Es ist der Zucker, genauer: die Glukose. Da er vom Körper nicht verwandelt werden muss und nicht gespeichert wird, jage die aufgenommene Glukose den Zuckerspiegel in die Höhe, und das erzeuge stoßweise ein Reizklima, welches das Wachstum antreibe. Auch Ziegler konstatierte eine erstaunliche Parallele: Größenzunahme und Zuckerverbrauch stiegen gleichzeitig und gleich stark.

Ist es die Milch, ist es der Zucker? Die Zuckertheorie hat Vorzüge. Takahashi hat den Größenzuwachs mit allerlei Ernährungsänderungen verglichen, mit dem Verbrauch von Fisch, Fleisch, Eiern, Reis, Weizen, Gemüse, Obst. Zucker war leider nicht dabei. Man weiß aber, dass sich der Zuckerkonsum in Japan seit der Jahrhundertwende fast versechsfacht hat, in Europa nur vervierfacht. Takahashi hat also nicht ausgeschlossen, dass es auch in Japan der Zucker und nicht die Milch gewesen sein könnte. Zudem konnte Ziegler mit einer Gegenprobe aufwarten. Die Eskimo hatten im Unterschied zu den Japanern nie Mangel an tierischem Eiweiß und Kalzium; Fisch, ihre Hauptnahrung, enthielt beides reichlich. Seit ihrer raschen Anpassung an die westliche Ernährungsweise ist ihr Zuckerkonsum hochgeschnellt, ihr Eiweißkonsum aber gesunken – und trotzdem kommen die Kinder schwerer auf die Welt und wachsen schneller.

Die Zuckertheorie hat nicht viel Anklang gefunden, aber mir scheint, sie ist nicht ohne. Doch man darf sie sicher nicht zu eng sehen. Wo Eiweiß, Kalzium und Vitamin D fehlen, kann auch noch so viel Zucker kein Wachstum bewirken. Darum lässt sich wohl doch kein spezifischerer Grund angeben als der: Es muss die moderne Ernährungsweise sein, und zwar schon die am Beginn des Lebens – die besser genährten Mütter, die schon den Fetus mit allen Nährstoffen versorgen; die durchgeplante und ausgewogene Säuglingsernährung, die jedem Mangel zuvorkommt; und dann das Überangebot an Eiweiß und Zucker.

Ist das nun aber nicht ein eklatanter Widerspruch? Auf der einen Seite eine hohe Erblichkeit; auf der anderen waren es sehr wahrscheinlich Änderungen der Lebensverhältnisse und nicht der Gene, die den nicht unerheblichen Jahrhunderttrend bewirkt haben. Der Widerspruch ist keiner mehr, wenn man den Zeitfaktor einbezieht. Hier und heute, so besagt eine hohe Erblichkeit, tragen die tatsächlich bestehenden Unterschiede in den Lebensbedingungen nur sehr wenig zu den Unterschieden der Statur bei. Wenn jedoch sämtliche Unterschiede in den Lebensbedingungen, die während der letzten hundertfünfzig Jahre bestanden haben, heute alle gleichzeitig weiter bestünden; wenn manche Kinder heute also immer noch so schändlich aufwachsen müssten wie Fabrik- und Landarbeiterkinder zu Anfang des 19. Jahrhunderts, anderen aber all die Privilegien zugutekämen, die das Kindsein heute mit sich bringt – dann gäbe es mehr Größenunterschiede zwischen den Menschen, als es sie heute gibt, und dieses Plus ginge auf die größere Verschiedenheit der Verhältnisse zurück, erhöhte also die Umweltvarianz und senkte damit notwendig die Erblichkeit.

Kleinwüchsige Politiker lassen sich bei Gruppenaufnahmen

gerne auf ein unsichtbares Podest stellen. Größere (aber nicht zu Große) haben bessere Aussichten, zu Führungskräften, zu Häuptlingen, zu Alpha-Menschen zu werden. Einige Sportdisziplinen bleiben für Kleine von vornherein verschlossen, beim Profibasketball sind nur die Größten gefragt. Manche Kleinwüchsige leiden akut und ihr Leben lang; ihre Kompensationsversuche können böse Folgen für ihre Mitmenschen haben. Für einige Entwicklungs- und Schwellenländer hat der Wirtschaftswissenschaftler T. Paul Schultz nachgewiesen, dass ein allgemeiner Größenzuwachs von einem Zentimeter, der durch bessere Lebensbedingungen, insbesondere bessere Ernährung in der Kindheit innerhalb eines Jahrzehnts erreicht werden kann, Lohnzuwächse zwischen fünf und zehn Prozent einbringt.[36]

Mit Körperstatur sind wir von der Natur ungleich begabt. Manchen bringt es Vorteile, manchen Nachteile. Aber wir haben uns damit abgefunden und regen uns nicht darüber auf. Den Normalmenschen verzehren weder Neid auf die Größeren noch Verachtung für die Kleineren. Konfektionsbekleidung gibt es für sämtliche Größen. Keine Sekte hat sich zum Ziel gesetzt, alle größer zu machen, noch ist Gleichwüchsigkeit irgendwo zum allgemeinen Ideal ausgerufen worden. Kein Gericht untersagt die Größenmessung, weil sie die Kleineren diskriminiere und ihnen den Zugang zu manchen Berufen erschwere. Darum haben wir die Ruhe, auszuloten, was genau die Menschen in den letzten 150 Jahren größer gemacht hat und welche unbilligen Wachstumsbremsen beseitigt wurden und noch beseitigt werden können. Die gleiche Ruhe wünschte man dem IQ.

## KAPITEL 15
# FAZIT

Es ist mir immer ein Rätsel gewesen, warum sich um die Mitte des 20. Jahrhunderts so viele Politiker und Sozialwissenschaftler an eine kurzlebige Zeitgeistlaune geklammert haben und seitdem verbissen an der Überzeugung festhalten, die unterschiedlichen intellektuellen Fähigkeiten und Charaktereigenschaften der Menschen könnten und dürften niemals etwas mit ihren Erbanlagen zu tun haben, jeder könnte zu jedem werden. Es steht nicht bei den Kirchenvätern, es steht nicht bei Marx, nicht bei Lenin, nicht bei Freud, nicht in den Statuten des BUND, nicht im Grundgesetz und nicht im Ethikkodex der Medien. Es widerspricht jeder Alltagserfahrung, und die meisten Menschen dürften die Annahme, alle seien gleich begabt, aufgrund eigener Lebenserfahrung immer für ein frommes Märchen gehalten haben. Wo ein ehrwürdiges Dokument wie die amerikanische Unabhängigkeitserklärung von «Gleichheit» sprach («all men are created equal»), meinte sie, dass vor Gott, dem Gesetz und den Institutionen des Staates kein Mensch Vorrechte genießen soll, aber nicht, dass alle gleich an Körpergestalt, Geistesgaben oder Besitz wären. Das Gebot der Gleichheit vor dem Gesetz hatte der junge Staat gerade darum so nötig, weil seine Einwohnerschaft unterschiedlicher zu werden versprach als die der Staaten Europas, aus denen sie kam.

Der Glaube an die Allmacht der Erziehung war immer eine naive Illusion. Zeit genug, zu beweisen, dass sich die Ungleichheit der Begabungen durch Erziehung ausgleichen lässt, hätte die Umwelttheorie gehabt. Den Beweis ist sie schuldig geblieben. Erziehung kann nur Korrekturen vornehmen, von denen nicht sicher ist, dass sie von Dauer sind.

Es ist so robust erwiesen, wie etwas in den Naturwissenschaften überhaupt erwiesen sein kann, dass die Unterschiede in der von IQ-Tests gemessenen Intelligenz bei Erwachsenen zu mindestens 60 bis 75, bei Kindern zu 40 Prozent auf Unterschiede im Genotyp zurückgehen. Wer etwas anderes behaupten wollte, hätte einen Berg von nahezu einhelliger Forschungsliteratur gegen sich. Die Streitfrage «Ob oder ob nicht» ist erledigt; es geht nur noch um die Feinheiten und die Implikationen der Befunde. Die Menschen werden sich mit der ungleichen Verteilung von Begabungen abfinden müssen. Vielleicht tröstet es sie ein wenig, dass es viel ungerechter zugeht, wo nicht die Natur, sondern allein die Gesellschaft die Vergünstigungen zuteilt. Die Intelligenz ist normalverteilt, ihre Verteilung bildet eine symmetrische Glockenkurve: Es gibt ebenso viele unter- wie überdurchschnittlich Intelligente, und zwei Drittel aller Menschen sind mittelintelligent. Die Kurve der Einkommensverteilung dagegen ist krass unsymmetrisch: Der Gipfel befindet sich weit links, zwei Drittel der Bevölkerung liegen unter, ein Drittel liegt über dem Durchschnitt.

Was die Gene vorbestimmen, ist kein fester IQ-Wert, sondern ein Potenzial: das Potenzial, aus und mit der Umwelt zu lernen, wie man analytisch denkt. Im Wechselspiel mit den verschiedensten Umweltgegebenheiten wird aus diesem Potenzial ein messbarer IQ. Sehr günstige Umstände erlauben seine volle Ausschöpfung, sehr ungünstige lassen es verkümmern. Der Intelligenzpegel, den jemand erreicht, ist stabil; soziale Umbrüche können ihm kaum mehr etwas anhaben, nur das Alter lässt ihn sinken. Auf dem Weg dahin wirken sich nur starke Abweichungen vom breiten Korridor der aktuellen Normalität aus. Schwere Deprivationen oder Traumen in der Kindheit können die Intelligenz lebenslang belasten. Lernen und Trainieren erhöhen die Intelligenz, aber nur in Grenzen. Das weite Spektrum der Umweltbedingungen, die heute in den Mittelschichten der Industriegesellschaften wirken, lässt einen Spielraum von 10 bis 20 IQ-Punkten. Dieser schrumpft während der Adoleszenz. Wie viel von einer in der Kindheit erzielten Intelligenzsteigerung bis ins Erwachsenenalter erhalten bleibt, ist eine offene Frage. Sehr viel scheint es nicht zu sein – aber auch eine geringe Verbesserung kann erhebliche Unterschiede im Schul- und Berufserfolg zur Folge haben.

Die Suche nach den Ursachen für die bestehenden Intelligenzunterschiede kann nur zum Ziel führen, wenn nicht von vornherein ausgeschlossen wird, dass sie auch genbedingt sein könnten. Sonst findet man zwar Korrelationen zuhauf, aber immer nur irreführende, uninterpretierbare oder nichtssagende. Wer eine Korrelation zwischen der Anzahl der Bücher im Elternhaus und dem IQ der Kinder entdeckt und dann feststellt, dass die Bücherzahl vom Bildungsniveau der Eltern abhängt, aber übersieht, dass sowohl IQ als auch Bildungsgrad ihre Erblichkeiten haben, wird die Effektstärke der Korrelation zwischen Büchern und IQ maßlos überschätzen – am Ende waren es dann doch vorwiegend die Gene. Die Verhaltensgenetik hat nicht nur nachgewiesen, dass die Unterschiede großteils erbbedingt sind. Darüber hinaus hat sie den verbleibenden Umweltanteil spezifiziert und entdeckt, dass es zwei Arten von Umwelterfahrungen gibt, familiäre und individuelle, und dass beide zu verschiedenen Lebenszeiten wirksam sind.

Das Eingeständnis, dass Intelligenzunterschiede von den Genen mitbedingt sind, brauchte niemandem schwerzufallen, denn für Pädagogik und Politik hätte es kaum praktische Folgen. Man kann sich kein anderes Ziel setzen als das, welches man sich implizit sowieso schon immer gesetzt hat: individuelle Potenziale möglichst vollständig auszuschöpfen. Aber Eltern, Lehrer und die Verantwortlichen der Bildungsverwaltungen müssten nicht mehr befürchten, sie hätten trotz aller Bemühung versagt, wenn sie nicht jedem Kind zum Abitur verhelfen.

Da in allen Menschenpopulationen alle Begabungsniveaus vorkommen, dürfte kein Mensch je aufgrund irgendeines Gruppendurchschnitts beurteilt werden, sondern immer nur als Individuum. Minderintelligenten sollten die glücklich mit höherer Intelligenz Ausgestatteten nicht mit der Mischung aus Mitleid und Verachtung begegnen, die heute gang und gäbe ist. Sie sind niemandes Opfer, genauso wenig wie Mindermusikalische oder Mindersportliche, ausgenommen jene, die außerhalb des «breiten Korridors des Normalen» aufwachsen mussten, denen zum Beispiel ein normaler Schulbesuch vorenthalten blieb. Damit sie nicht marginalisiert werden, dürften vor allem die praktischen Berufe, mit denen sie wie in früheren Zeiten Lebensunterhalt und Anerkennung verdienen können, nicht in dem Maße wegrationalisiert werden, wie sie das in einigen erfolgreichen Volkswirtschaften wurden, wo die Bahnhöfe ohne Personal sind, es nur noch SB-Tankstellen gibt und ganze Kaufhausgeschosse von einer einzigen ahnungslosen Kassiererin «bedient» werden. Auch müssten die Intellektuellen ihre Einstellung zu den Minderintelligenten revidieren. Sie verdienen keine stumme Geringschätzung, sie sind nicht weniger wert. Analytische Intelligenz ist in der Industrie- und Wissensgesellschaft zwar von großem Nutzen, aber es gibt auch noch andere menschliche Qualitäten.

Der gesellschaftliche Fortschritt tendiert heute zur Entdifferenzierung (das Schlagwort heißt «Inklusion») der Schulsysteme: Auflösung der Sonderschulen, Zusammenlegung von Haupt- und Realschule mit dem Fernziel der Vereinnahmung auch des Gymnasiums, jahrgangsübergreifende Klassen, Abschaffung der Klassenwiederholung. In einiger Hinsicht wäre die Einheitsschule, die dem pädagogischen Zeitgeist vorzuschweben scheint, möglicherweise wirklich von Vorteil. Finanziell, weil sie sich effizienter organisieren ließe. Sozial, weil es demokratischer wäre, wenn sich die Jugend in der Schule mit der ganzen Breite der Bevölkerung auseinanderzusetzen hätte. Intelligenter machte die Einheitsschule niemanden. Wenn die größeren Schuleinheiten ihre größere Gleichheit nicht mit größerer Ungerechtigkeit erkaufen wollten, müssten sie nach innen umso deutlichere Differenzierungen nach Leistungsniveau, Interessen und Begabungen ermöglichen.

Zwar heißt es immer beruhigend: eine Schule für alle, aber gleichzeitig die bestmögliche Förderung für den Einzelnen. Doch der zweite Teil läuft das Risiko, zur Leerformel zu werden. Es könnte nämlich schlicht die Lehrenden und die schulischen Ressourcen überfordern, irgendeinen Unterricht gleichzeitig auf die Begabtesten und die Unbegabtesten auszurichten. Das Zielniveau tendierte wie von allein zum Durchschnitt. Für die intellektuell Begabtesten wäre dieser Durchschnitt niedriger als in einem differenzierten Schulsystem, für die Unbegabtesten höher – und damit unerreichbarer. Jene wären unterfordert, diese überfordert. Den schwachen Schülerinnen und Schülern wäre damit ein größeres Unrecht zugefügt als den starken. Diese werden sich schon alleine beschaffen, was ihr Geist verlangt; die Schwachen hätten individuelle Förderung nötiger – zu der im Übrigen auch die Chancen gehören, sich bei Lehrern und Mitschülern Anerkennung zu verdienen. Obwohl sie sich eher selbst zu helfen wüssten, schuldete die Allgemeinheit aber auch den Hochbegabten individuell angepasste Lernbedingungen – nicht um ihnen, denen schon die Natur einen Gefallen getan hat, noch einen Gefallen obendrauf zu tun, sondern weil sie im Besitz einer Ressource sind, die in der Wissensgesellschaft die Allgemeinheit dringend nötig hat.

Über eins sollte man sich keiner Täuschung hingeben. Wenn alle die gleichen Schulen besuchten, nach den gleichen Methoden unterrichtet würden, die gleichen Stoffe lernten, würden alle vielleicht tatsächlich gleicher (obwohl viele entweder faul oder findig genug wären, ein solches Gleichheitsziel für sich selbst zu umgehen), aber nicht sehr viel gleicher, da ja der größte Teil der de facto vorhandenen Intelligenzunterschiede genbedingt ist und nicht für Optimierungsanstrengungen der Umwelt zur Verfügung steht. Wo eine wesentliche Quelle von Umweltvarianz entfiele, nämlich alle Unterschiede, die auf Unterschiede in der Schulbildung zurückgehen, würde der Anteil der Umweltvarianz geringer und der der genetischen Varianz entsprechend größer. Würde allen Menschen von der Geburt bis ins Grab exakt die gleiche Umwelt aufgezwungen (sie würden es keine drei Stunden aushalten und von sich aus für Differenzierungen sorgen), so wären sämtliche verbliebenen Unterschiede genetischer Herkunft, und die Erblichkeit stiege gegen 100 Prozent. Es scheint ein Paradox zu sein, ist aber keines: Je gleicher die Menschen behandelt werden, umso sichtbarer treten ihre genetischen Unterschiede hervor.

Das Individuum hat heutzutage eine schlechte Presse. Wir lebten im Massenzeitalter, heißt es, das Individuum sei tot. Tatsächlich werden wir lebenslang vorwiegend als Angehörige anonymer Kollektive angesprochen und behandelt: als Jungwähler, als Versicherungsnehmer, als Rentenanwärter, als Autofahrer, als Handynutzer. Auf der anderen Seite ist heute deutlicher denn je, dass jeder Mensch einzigartig ist; wir wissen, dass und warum es gar nicht anders sein kann. Kein individueller Genotyp ist dem anderen gleich (ausgenommen seinem eineiigen Zwilling), keiner bringt sein Leben in genau der gleichen Umwelt zu wie sein Nachbar, für kein Lebewesen ist die Umwelt so vielfältig wie für den Menschen. Nicht einmal eineiige Zwillinge, die zur gleichen Zeit in der gleichen Familie aufwachsen und sich in vieler Hinsicht so erstaunlich ähnlich sind, sind einander völlig gleich. *Homo sapiens* ist eine Gattung der Ungleichen. Wir sollten diese Verschiedenheit nicht als Vorwurf und Handicap empfinden, sondern als einen wertvollen Besitz.

Wir können es uns leisten, denn auf der anderen Seite legt die Natur auch unsere elementare Ähnlichkeit fest. Die Invarianz des Menschen lässt sich nicht quantifizieren; sie bildet auch nicht den Gegenstand der Verhaltensgenetik. Sie definiert uns als Angehörige der Gattung Mensch. Sie hält die Menschheit zusammen. Gäbe es sie nicht, müssten wir unsere Übereinstimmungen aus der Umwelt lernen, so wäre die Menschheit längst in eine Reihe grundverschiedener Kulturen zerfallen, zwischen denen es keine Verständigung und kein Verständnis gäbe. Jeder Einzelne ist anders als sein Mitmensch, erkennt in ihm aber wie in sich selbst das Gattungswesen Mensch.

Im Übrigen rächt es sich immer, irgendeine Wahrheit unter den Teppich zu kehren. Nicht nur, weil Wahrheiten die Eigenschaft haben, zurückzukehren. Sondern weil es vieler Verrenkungen bedarf und viele Enttäuschungen mit sich bringt, ein Leben an einer Wahrheit vorbei zu organisieren. Ich glaube, ein naturalistisches Menschenbild ist nicht nur das ehrlichere, sondern letztlich auch das menschenfreundlichere, weil es den Menschen nicht mehr abverlangt als das Mögliche.

ANNEX 1
# KOMPLIKATIONEN

Die Erblichkeit ist nur ein krudes Maß, wenn sie nach dem einfachen Modell «Erbvarianz plus Umweltvarianz gleich 100» berechnet wird. Bestimmte Mechanismen der Vererbung haben das Zeug, die Korrelationen des Standardmodells zu modifizieren. Leider lässt sich ihr Gewicht aus den verfügbaren Daten manchmal nur sehr schwer oder gar nicht bestimmen. Diese Tatsache hat immer Einwände gegen einzelne Studien oder gegen die Erblichkeitsberechnung insgesamt begründet, und die Verhaltensgenetik hat ihre Modelle immer weiter verfeinert, um ihnen zu begegnen.

Der Haupteinwand gegen viele Studien und insbesondere gegen Zwillingsstudien war immer der, dass sie auf irgendwie falschen oder irreführenden Samples beruhten. In Zwillingsstudien würden die Testpersonen nicht per Los aus der ganzen Bevölkerung gezogen und bildeten darum kein Zufallssample, wie es der Wissenschaft am liebsten ist. Sie wählen sich meistens selbst aus, indem sie sich freiwillig zu den Untersuchungen melden, oder die Forscher rekrutieren Gruppen, zu denen sie zufällig Zugang erhalten – in Schulen oder Heimen oder Krankenhäusern –, nicht aber aus der ganzen Breite der Bevölkerung.

Bei biometrischen Untersuchungen kommen die Testpersonen überwiegend aus der Mittelschicht, von Arbeitern bis zu leitenden Angestellten und Selbständigen. Und Adoptivkinder werden ihren Adoptivfamilien meist nicht durch eine Lotterie zugeteilt (obwohl es mindestens einen Fall gibt, wo der reine Zufall – die Reihenfolge der Bearbeitung – bestimmte, wer in welche Adoptivfamilie kam[1]). In der Regel suchen Vermittlungsstellen «passende» Adoptivfamilien. Die selektive Platzierung ist also eine Tatsache.[2] Insofern ist in vielen Studien die Bandbreite der «Umwelten» eingeschränkt (*restriction of range*). Sie lassen sich darum nicht ohne weiteres generalisieren. Aber gerade für Zwillingsstudien konnte der Verdacht, ihnen seien von vornherein Samplefehler eingebaut, durch einen glücklichen Fund widerlegt werden.

Zweimal, 1932 und 1947, waren sämtliche elfjährigen Schülerinnen und Schüler Schottlands im Rahmen einer beispiellosen Zensusaktion auf ihre Intelligenz getestet worden, alle gleichzeitig und mit ein und demselben bewährten Test (Moray House No. 12). Es war keine Stichprobe, es waren sämtliche 158 303 schottischen Kinder der Jahrgänge 1921 und 1936, ohne jede Einschränkung der sozialen Bandbreite und mit totaler Alterskontrolle. Die beiden Untersuchungen sollten alle lernschwachen Kinder ausfindig machen, die Förderunterricht benötigten.[3] Nach ihrer Auswertung schlummerten die Daten auf Dachböden und Kellern jahrzehntelang vor sich hin, bis Mitte der 1990er Jahre der Aberdeener Psychologe Lawrence Whalley zufällig auf sie stieß, ihren potenziellen Wert erkannte und seinen Edinburgher Kollegen Ian Deary auf sie aufmerksam machte.

Ein Edinburgher Arbeitsteam suchte aus den beiden Jahrgängen sämtliche Zwillinge heraus, 572 Paare insgesamt. Welche ein- und welche zweieiig waren, stand leider nicht in den Akten. Immerhin aber wusste man, welche gleich- und welche verschiedengeschlechtlich waren. Verschiedengeschlechtliche Zwillinge sind immer zweieiig, und mit einigen Rechenkunststücken ließ sich schätzen, wie viele eineiige Zwillinge sich unter den restlichen Paaren befunden haben mussten. So konnte man schließlich die Intraklassenkorrelationen von ein- und zweieiigen Zwillingspaaren gegenüberstellen und aus der Differenz die Erblichkeit berechnen. Für den IQ betrug sie etwa 0.70 (für die Körpergröße circa 0.80).[4]

Diesen beiden vollständigen Zwillingskohorten stellte Thomas Bouchard in Minneapolis dann seine eigenen elfjährigen Zwillingspaare gegenüber. Diese waren aus Gründen der Opportunität oder aus eigenem Entschluss rekrutiert worden, stammten aus einem anderen Land, gehörten einer anderen Generation an und waren mit anderen Tests getestet worden. Und siehe da, die Erblichkeit ihres IQ erwies sich als annähernd die gleiche wie Jahrzehnte früher bei den schottischen Zwillingen, 0.67.[5] Was zumindest bewies, dass Rekrutierungsunterschiede bei der Zusammenstellung der Samples zu keinen verzerrten Ergebnissen führen.

Bouchard konnte aber noch mehr nachweisen. Ein anderer häufiger Einwand lautete, die große Ähnlichkeit getrennt aufgewachsener eineiiger Zwillinge könnte sich ja teilweise dem Umstand verdanken, dass sie nach der Geburt in überdurchschnittlich ähnlichen Familien untergebracht wurden – dem sogenannten «Platzierungs-Effekt». In Minneapolis aber wurden in der Zwillingsdatenbank auch diverse Angaben über das Kindheitszuhause der getrennten erwachsenen Zwillinge gesammelt – über den sozioökonomischen Status, den Bildungshintergrund, den materiellen Besitz, die kulturellen Interessen ihrer Adoptiveltern und so fort. Für jeden Adoptivzwilling ließ sich daraus eine Art Umweltprofil zusammenstellen, und dann konnte man prüfen, ob sich diese individuellen Profile über-

durchschnittlich ähnlich waren. Sie waren es nicht. Der sogenannte «Platzierungs-Effekt» war ebenfalls null.[6]

Ein weiterer Einwand richtete sich gegen die Zwillingsvergleichen in der Regel zugrundeliegende Annahme, dass Eltern,
Lehrer, Altersgenossen eineiige Zwillinge nicht gleicher behandeln als zweieiige (die *Equal Environments Assumption, EEA*).
Wären dagegen eineiige Zwillinge nicht nur genetisch gleicher,
sondern auch gleicheren Umwelteinflüssen ausgesetzt als zweieiige, so könnte das mit erklären, warum sie sich ähnlicher werden als zweieiige. Die Ähnlichkeit der Umwelten hinge dann
auch von der Zygosität ab. Ob die EEA zutrifft oder nicht, ist
seit Jahrzehnten umstritten. Es ist eine der kniffligsten Fragen
in dem ganzen Erblichkeitspuzzle. Einige meinten, die Kovarianz von Zygosität und Umwelt sei so minimal, dass sie ignoriert
werden könne; andere hielten sie für so stark, dass sie Zwillingsstudien für die Erblichkeitsschätzung überhaupt wertlos mache. Die Meinungsverschiedenheit war kein Wunder – woran
will man auch messen, wie gleich die Umwelt auf zwei Ge-
schwisterpaare eingewirkt hat?

Ein New Yorker Forscherteam ging jüngst einen originellen
Weg, die alte Streitfrage zu lösen. In einer nationalen Langzeitstudie (*Add Health*) fanden sie eine Menge Zwillinge, und unter
diesen irrten sich 18 Prozent über ihre Zygosität. Diese wird gewöhnlich anhand mehrerer Kriterien gleich nach der Geburt
bestimmt, und ein erheblicher Teil solcher eiligen und oberflächlichen Zygositätsbestimmungen, bis zu 30 Prozent, erweist
sich bei einer späteren DNA-Analyse als falsch. In diesem Sample waren es meist eineiige Zwillinge, die sich fälschlich für
zweieiig hielten. So ließen sich zwei Gruppen bilden. Die eine
bestand aus Zwillingen, die tatsächlich waren, wofür sie sich
hielten, die andere aus solchen, die sich über ihre Zygosität
täuschten; die meisten von diesen hatten ein Leben als zweieiige

geführt, waren aber in Wahrheit eineiig. Frage: Hatte die Umwelt die echten eineiigen ähnlicher gemacht als die unechten? Nein – es spielte keine Rolle, ob sich ein Zwilling zu Recht oder zu Unrecht für mono- oder dizygot hielt. Diese Zwillinge wurden aufgrund ihrer Zygosität nicht unterschiedlich behandelt, oder wenn doch, hatte die unterschiedliche Behandlung jedenfalls keine messbare Wirkung hinterlassen. Das Fazit: «Die üblichen Erblichkeitsschätzungen aufgrund von Zwillingsvergleichen, die die mögliche Kovarianz zwischen Genen und Umwelt außer Acht gelassen haben, sind nicht überhöht ausgefallen. Mit anderen Worten, unser Datenmaterial zeigt, dass die *Equal Environments Assumption* richtig ist.»[7]

Das Pendant zur *Equal Environments Assumption* ist das Problem der selektiven Partnerwahl (*Assortative Mating*). Liebe ist nicht blind, nicht ganz jedenfalls. Angehende Ehepartner achten darauf, dass sie sich in vielem ähnlich sind, im Aussehen, in den Charaktereigenschaften und ganz besonders in puncto Intelligenz. Selten heiratet eine Gescheite einen Gescheiterten. So kommt es, dass zwischen dem IQ von Vater und Mutter eine nicht unbeträchtliche Korrelation besteht (0.4 bis 0.5). Das erhöht den IQ der Population nicht, aber es verstärkt die genetischen Unterschiede zwischen den Familien.[8] Geschwister mit zwei intelligenten Elternteilen sind intelligenter als solche mit einem über- und einem nur durchschnittlich intelligenten. Sie sind sich auch genetisch näher, denn bei selektiver Partnerwahl erben sie mehr Gene für höhere Intelligenz als die Kinder unkorrelierter Eltern. Aber da die genetische Ähnlichkeit monozygoter Zwillinge dadurch nicht größer werden kann, als sie es ohnehin schon ist, ändert die selektive Partnerwahl ihrer Eltern für sie nichts. Wo aber die Erblichkeit aus der Differenz der Intraklassenkorrelationen von MZ- und DZ-Zwillingen berechnet wird, lässt selektive Partnerwahl die Differenz schrumpfen, sodass die Erblichkeit zu niedrig ausfällt. Komplexere Berechnungsmodelle müssen also die Komponente «selektive Partnerwahl» berücksichtigen.

Das Standardmodell beruht auf der Voraussetzung, dass das betreffende Merkmal von sehr vielen Genen bestimmt wird und jedes einzelne einen gesonderten, gleich großen oder vielmehr gleich kleinen Beitrag leistet. Es ist ein additives Modell. In ihm korrelieren die phänotypischen Merkmale genau im Verhältnis ihrer genetischen Korrelation. Es existieren jedoch auch nichtadditive Geneffekte. Einer wäre gegeben, wenn es unter den vielen beteiligten Genen eines oder einige mit einer weit überproportionalen Effektstärke gäbe, sogenannte *major genes*. Ein solches Gen machte seinen Träger zum Beispiel exzeptionell intelligent, oder es verschaffte ihm eine andere ungewöhnliche Begabung oder auch eine seltene psychische Störung. Erkennen ließe es sich nur, wenn man Erbgänge verfolgte und wüsste, welche Vorfahren ebenfalls dieselbe exzeptionelle Intelligenz hatten (oder ebenfalls mathematische oder musikalische oder künstlerische Genies waren). Auf die Spur von *major genes* kommt man wieder einmal durch eineiige Zwillinge. Ein *major gene* tritt bei ihnen immer paarweise auf, bei zweieiigen nicht; und die Erblichkeit wäre unter seinen Trägern höher als unter Nichtträgern. Der Verdacht, auch bei der menschlichen Intelligenz seien solche schwergewichtigen Gene involviert, konnte bisher jedoch weder bestätigt noch widerlegt werden.

Mit Sicherheit aber gibt es andere nichtadditive Geneffekte, die die Modelle gegebenenfalls zu berücksichtigen hätten.

Dominanz: Jeder Mensch hat einen doppelten Satz von Genen, einen von der Mutter, einen vom Vater, sodass jedes Gen ein Gegenstück hat. Meist ist dieses identisch («homolog»), sodass die beiden sozusagen paritätisch zusammenarbeiten. Es kommt jedoch vor, dass sich zwei unterschiedliche Varianten des Gens gegenüberstehen, zwei Allele, und dass eins von diesen «dominant» ist; das andere wird «rezessiv» genannt. Das dominante Allel bestimmt, welches Protein oder Enzym das betreffende Gen exprimiert. Dominante Gene sind in der Regel solche, die das betreffende Merkmal verstärken. Beim IQ, so schätzt man, gehen 15 bis 20 Prozent der genetischen Varianz auf dominante Allele zurück. Der Dominanz-Effekt verringert die Ähnlichkeit zwischen Eltern und Kindern wie zwischen Geschwistern.[9]

Epistase: Während beim Dominanz-Phänomen ein Gen sein Allel am selben Locus übertönt, wirkt es bei der Epistase auf ein Gen an einem anderen Locus ein. Auch das senkt die Korrelationen zwischen Verwandten. Aber beim IQ scheint die Epistase so geringfügig zu sein, dass sie einfach der Dominanz-Varianz zugerechnet oder ganz ignoriert wird.[10]

Weniger weiß man bisher über zwei andere genetische Mechanismen.

Epigenetik: Bisweilen spielen sich an einzelnen Genen der befruchteten Eizelle biochemische Prozesse ab, welche die Expression des betreffenden Gens modifizieren, sie verstärken oder abschwächen. Die Sequenz des Gens bleibt dieselbe, aber ihr Effekt verändert sich. Wie sich solche epigenetischen Veränderungen phänotypisch auswirken, lässt sich nicht vorhersagen; es müsste von Fall zu Fall untersucht werden. Eine Zwillingsstudie solcher Prozesse ergab, dass zweieiige Zwillinge sich nicht nur darum unähnlicher sind als eineiige, weil sie nur halb so viele gemeinsame Gene haben, sondern auch darum, weil sie aus zwei befruchteten Eizellen mit unterschiedlicher Epigenetik hervorgehen.[11]

De-novo-Mutationen: Zuweilen kommt es in den elterlichen Genomen auf dem Weg zwischen Keimzelle und Zygote zu Mutationen, die beim Kind ganze Abschnitte des DNA-Strangs funktionsunfähig machen können. Solche De-novo-Mutationen wurden in den letzten Jahren für bestimmte vorher unerklärte Formen von Schizophrenie, Autismus und geistiger Behinderung verantwortlich gemacht.[12] Sie sind möglicherweise weit häufiger als immer vermutet. Die betreffenden Schädigungen werden nicht von den Eltern an die Kinder weitergegeben; nichts in den Lebensgeschichten und Genomen der Vorfahren deutet auf sie hin. Sie sind also nicht erblich im eigentlichen Sinn: zwar genbedingt, aber nicht zur genetischen Varianz gehörig. Sie sind sozusagen böse biologische Attacken des allerersten Lebensaugenblicks und gehen mit anderen Unregelmäßigkeiten der embryonalen Entwicklung ein in das, was in der Erblichkeitsberechnung später als Individualumwelt erscheint.

Emergenese: Dies ist ein der klassischen Genetik fremdes neues Konzept, das der Psychologe David Lykken ins Spiel brachte, als er Anfang der 1980er Jahre die vielen unvorhersehbaren und frappierenden Übereinstimmungen zwischen getrennten eineiigen Zwillingen zu verstehen suchte. Zuweilen, nahm er an, treten elterliche Gene in den Kindern zu Konstellationen zusammen, die eine ganz neue Qualität erzeugen. Eine, die sich nicht aus den einzelnen daran beteiligten Genen vorhersagen lässt und über die die unauffälligen Eltern und Vorfahren nicht verfügten: ein besonderes Charisma, eine geniale Begabung für Mathematik oder Musik, eine ungewöhnliche Tapferkeit. Die nötigen Gene sind schon seit Generationen da, aber erst in einer zufälligen einmaligen Konstellation kommen sie voll zum Zug. Mit dem Tod des Genies zerfällt die Konstellation wieder: Seine Kinder sind so wenig Genies, wie es seine Eltern waren. Eine emergente Eigenschaft besteht aus lauter erblichen Komponenten, aber deren einmaliges Zusammentreffen vererbt sich nicht. Emergenese lässt sich in kein Erblichkeitsmodell einbauen. Aber sie lässt sich studieren, und zwar nur an getrennten eineiigen Zwillingen. Wenn sie eine ungewöhnliche Eigenschaft oder Begabung gemeinsam haben, die sich bei ihren Blutsverwandten nicht findet, besteht Verdacht auf Emergenese.

Schwerwiegender und unkontrollierbarer als diese Komplikationen ist eine andere. Sie heißt mit einem Wort: Kovarianz. Kovarianz bedeutet, dass sich viele Unterschiede weder eindeutig der genetischen noch der nichtgenetischen Varianz zuordnen lassen. Die Umwelteinflüsse, die auf den Menschen einwirken, sind nicht immer unabhängig von seinen genetischen Anlagen. Die Gene bestimmen mit, welchen Umwelteinwirkungen wir ausgesetzt werden oder uns selber aussetzen. Genetische Tatsachen verstecken sich hinter Umwelttatsachen. Die eigenen Erbanlagen treten einem auch in der Außenwelt entgegen. Gene und Umwelt gehen Arm in Arm durchs Leben. Das Standardbeispiel ist die intellektuell mehr oder weniger stimulierende Umwelt, in der ein Kind aufwächst. Überdurchschnittlich intelligente Kinder finden sich regelmäßig in einer überdurchschnittlich stimulierenden Umwelt, einer Umwelt mit vielen Büchern, vielen anregenden Spielen und Gesprächen, vielen Reisen, einer regen Teilnahme an kulturellen Ereignissen. IQ und intellektuelle Stimulierung kovariieren. Hat nun die stärkere Stimulierung die Kinder intelligenter gemacht? Oder haben sie von ihren Eltern auch die anregendere Umwelt geerbt? Beides könnte der Fall sein.

Kritiker[13] haben der Verhaltensgenetik manches Mal vorgeworfen, ihre Erblichkeitsberechnungen seien Unsinn, weil sich ein Merkmal wie die Intelligenz immer in einem fortwährenden Wechselspiel von Genen und Umwelt entwickelt, so unentwirrbar komplex, dass es sich statistisch nicht auseinanderdividieren lässt. Ein Psychologe hat demonstriert, dass verschiedene Annahmen über den Grad der Kovarianz die Erblichkeiten zwischen null und hundert Prozent schwanken lassen können.[14] Das Wechselspiel gibt es tatsächlich, und es ist ubiquitär. Aber es ist nicht unentwirrbar. Der Varianzanteil, der sich diesem Wechselspiel verdankt, lässt sich großteils statistisch dingfest machen, und dann bleibt nur die Frage, ob man ihn der genetischen oder der nichtgenetischen Varianz zuschlägt oder als gesonderten Varianzanteil ausweist. An den Tatsachen ändert diese terminologische Meinungsverschiedenheit nichts.

Es gibt zwei Arten, wie Gene und Umwelt kovariieren können: einmal als bloße Korrelation, einmal als Interaktion. Die Gen-Umwelt-*Korrelation* drückt aus, in welchem Maß es von den eigenen Genen abhängt, in welcher Umwelt man lebt, wie man seine Umwelt erlebt, wie man seine Umwelt beeinflusst. Es gibt, so heute die allgemeine Meinung, drei Arten von Gen-Umwelt-Korrelation.[15]

Die erste ist rein *passiv* und herrscht in den frühen Lebensjahren vor: Ein Kind erbt von seinen Eltern nicht nur die Gene und das von ihnen mitbestimmte Verhalten, sondern auch das entsprechende Familienumfeld. Ein Kind musikalischer Eltern erbt nicht nur deren musikalische Begabung, sondern in der Regel auch ein Umfeld, in dem sich seine eigene Musikalität entfalten kann.

Die zweite Art ist *reaktiv* oder besser *evokativ*: Die Erzieher, Verwandten, Freunde reagieren auf die ererbte Musikalität des Kindes und unterstützen sie. Es ruft sozusagen unabsichtlich eine Umgebung hervor, in der seine Musikalität gedeihen kann. Dem intelligenteren Kind kommt aus seiner Umwelt, etwa von seinen Lehrern, mehr Intelligenz entgegen, als dieselbe Umwelt sie dem weniger intelligenten Kind entgegenbringt.

Die dritte Art ist *aktiv* und kommt zum Tragen, je erwachsener einer wird: Der musikalische Jugendliche sucht oder schafft sich selber die Umwelt, in der sein Talent sich zu Hause fühlt.

Es gibt verschiedene Methoden, alle drei Arten der Gen-Umwelt-Korrelation aufzuspüren. Die passive Korrelation etwa zwischen der Qualität der familiären Umgebung, wie sie von einem Standardmaß erfasst wird, und der Intelligenz lässt sich durch einen Vergleich von normalen und Adoptivfamilien ermitteln. In der Adoptivfamilie konnte allein die Umwelt eine Korrelation bewirken; in der Normalfamilie konnten Gene und Umwelt zusammenspielen; aus der Differenz lässt sich die «Erblichkeit» dieser Umweltvariablen berechnen.[16]

In Dutzenden von Studien wurde so die «Erblichkeit» einzelner Umweltvariablen untersucht. 2007 sichteten in Virginia die Psychologen Kenneth Kendler und Jessica Baker 55 solcher Studien, die der «Erblichkeit» von insgesamt 265 Umweltvariablen nachgegangen waren, alle aus dem Bereich der Beziehungen zwischen Eltern und Kindern.[17] Unter diesen Umweltfaktoren war kein einziger, der nicht eine gewisse – mäßige – Erblichkeit aufwies. Meist lag sie zwischen 0.15 und 0.35; das Mittel lag bei 0.27. Selbstverursachte Stressereignisse hatten wie zu erwarten eine höhere Erblichkeit als von außen kommende Schicksalsschläge. Die höchste Erblichkeit hatte die Variable «Nähe» (Intimität, Unterstützung) im Verhältnis von Eltern und Kindern. «Positive Gefühle in den Eltern-Kind-Beziehungen werden stark von dem genetisch mitbedingten Temperament auf beiden Seiten beeinflusst ... Die Qualität dieser Beziehungen scheint auf ähnliche Art vom Genotyp der Eltern und vom Genotyp des Kindes beeinflusst.»[18] Kinder, die «Nähe» erfuhren, hatten auch Gene geerbt, die sie dazu prädisponierten, «Nähe» zu empfinden und selber herzustellen.

Das aber heißt: Der Mensch ist nicht immer nur ein passives Objekt der Umwelt, in die es ihn zufällig verschlagen hat. Aus seiner Umwelt kommen ihm auch seine eigenen Anlagen entgegen; zum Teil gestaltet er, sobald er dazu in der Lage ist, seine

Umwelt aktiv so, dass sie seinen genetischen Anlagen entspricht.

Von einer Gen-Umwelt-*Interaktion* spricht man dagegen, wenn nicht jedermanns Gene auf eine bestimmte Umweltvariable gleich reagieren: wenn es zum Beispiel empfindlichere Genotypen für das Musikangebot einer Umwelt gibt und weniger empfindliche, der Effekt einer bestimmten Umwelt also auch vom Genotyp abhängt. Interaktionen sind ebenfalls kein unentwirrbares Hin und Her, sondern lassen sich statistisch durchaus entwirren. Etwa kann man untersuchen, ob bei Zwillingen die Erblichkeit in dem einen Milieu höher ist als in einem anderen: ob zum Beispiel die Intelligenz von Kindern, die bei hochgebildeten Eltern aufwachsen, erblicher ist als bei Kindern aus bildungsfernen Elternhäusern. Eine Studie fand einen signifikanten Unterschied. Für ein Kind mit hochgebildeten Eltern war die Erblichkeit seines IQ dreimal so hoch wie bei einem Kind aus einem weniger gebildeten Elternhaus (0.74 zu 0.24).[19] Anders gesagt: Für Kinder wenig gebildeter Eltern hing die Intelligenz wesentlich von der Qualität der Umwelt ab, in die es sie verschlagen hatte oder die sie sich selber suchten. Den Seinen gab's der Herr im Schlaf.

ANNEX 2

# KORRELATIONEN UND KONSORTEN

So gut wie alles, was sich messen lässt, variiert von Mensch zu Mensch. Wenn man bei zwei Merkmalen wissen will, ob es einen Zusammenhang zwischen ihnen gibt und wie stark dieser ist, so muss ihre Beziehung quantifiziert werden. Die quantifizierte Ähnlichkeit zwischen zwei Reihen von Messwerten heißt **Korrelation**. Sie gibt an, in welchem Grad das eine Merkmal mit dem anderen übereinstimmt und sich aus ihm vorhersagen lässt. Korrelieren lassen sich beliebige Variablen, etwa «Körpergröße und Körpergewicht». Manchmal scheint ein gewisser Zusammenhang offen zutage zu liegen: je größer von Wuchs, desto schwerer von Gewicht. Aber wie groß genau ist der Zusammenhang? Lässt er sich mit einer einzigen Zahl beziffern? Er tut es, und zwar mit dem **Korrelationskoeffizienten** (abgekürzt $r$), für die Zwecke der Psychologie entwickelt von dem britischen Mathematiker Karl Pearson.

Um ihn zu bestimmen, muss für jedes der beiden Merkmale, die miteinander in Beziehung gesetzt werden sollen, eine Messreihe von Daten vorliegen – je mehr es sind, desto sicherer wird das Bild. Die Formel für die Berechnung des Korrelationskoeffizienten ist so beschaffen, dass am Ende immer eine Zahl zwischen $-1$ und $+1$ herauskommt. Ein $r$ von 0 bedeutet: Zwischen beiden Merkmalen besteht keinerlei Beziehung – sie variieren völlig unabhängig voneinander. Ein *r* von 1 bedeutet: perfekte positive Korrelation – je höher die Messwerte bei dem einen Merkmal, desto höher sind sie auch bei dem anderen. Ein *r* von –1 dagegen besagt: Je höher sie sind, desto niedriger sind sie bei dem anderen, wie auf einer Wippe – eine perfekte negative Korrelation.

Perfekte positive Korrelationen kommen im menschlichen Leben, überhaupt in der Natur, wo in jedes Phänomen eine Vielzahl von Effekten hineinspielen, so gut wie gar nicht vor. Selbst wenn einmal eine vorkäme, würde man sie kaum erkennen, schon weil die Messinstrumente nie hundertprozentig genaue Ergebnisse liefern und die Beziehung damit verwischen. Die meisten Korrelationskoeffizienten liegen irgendwo zwischen 0 und 1. Solche unter 0.2 werden «schwach» oder «niedrig» genannt, zwischen 0.2 und 0.5 «mäßig», die darüber «stark» oder «hoch», über 0.8 «sehr hoch». Auch eine schwache Korrelation kann zuweilen interessant sein.

Wer es genauer wissen möchte, wäre mit der entsprechenden Formel besser bedient.* Da dieses Buch aber ohne abschreckende Formeln auskommen soll, sei das Rezept für den einfachsten Fall hier ausgeschrieben.

1. Zunächst bestimmt man bei beiden Merkmalen das arithmetische Mittel.
2. Dann zieht man erst für das eine, dann für das andere Merk-

---

* Die Formel für die Berechnung des Koeffizienten einer Korrelation zwischen x und y:

$$\sigma = \frac{\Sigma\,(x_i - \bar{x})\,(y_i - \bar{y})}{\sqrt{\Sigma\,(x_i - \bar{x})^2\,\Sigma\,(y_i - \bar{y})^2}}$$

Bedeutungen: $\sigma$ (Sigma) oder *r* ist das Symbol für den Korrelationskoeffizienten, $\Sigma$ für die Summe, $\sqrt{\phantom{x}}$ ist das Wurzelzeichen, x steht für die Messwerte der einen Variablen, y für die der anderen, $x_i$ für einen individuellen Messwert bei der Variablen x, $y_i$ für einen individuellen Messwert bei der Variablen y, die Überstriche ¯ bei x und y stehen für deren Mittelwerte.

mal bei jeder Person den gemessenen Wert vom Mittelwert der Gruppe ab.

3. Dann multipliziert man Person für Person die beiden Differenzen miteinander und addiert alle so erhaltenen Produkte.

4. Unter die Summe setzt man einen Bruchstrich.

5. Unter diesem quadriert man die Summe der Differenzen erst für das eine, dann für das andere Merkmal, multipliziert beide Summen miteinander und zieht aus dem Produkt die Quadratwurzel.

6. Schließlich teilt man Zähler durch Nenner und erhält, was man haben wollte: den Korrelationskoeffizienten.

Etwas ganz anderes ist die **genetische Korrelation**, 1918 eingeführt von dem britischen Statistiker Sir Ronald A. Fisher. Sie gibt bei Verwandten den Verwandtschaftsgrad zweier Personen an und lässt sich nicht empirisch bestimmen, sondern liegt von vornherein fest. Jeder hat genau die Hälfte seiner Gene von der Mutter, die andere Hälfte vom Vater. Jedes Kind ist also genetisch zu 50 Prozent (andere Schreibweise 0.5) mit dem Vater und zu 50 Prozent mit der Mutter verwandt. Die genetische Korrelation beträgt 0.5. Geschwister erben unterschiedliche Hälften der beiden elterlichen Genome; ihre genetische Korrelation untereinander ist durchschnittlich 0.5. Vom Kind aus gesehen beträgt die genetische Korrelation mit jedem Großelternteil und mit jedem Halbgeschwister 0.25, mit Tanten und Onkeln, Nichten und Neffen ebenfalls 0.25, mit Vettern 0.125, und so weiter – mit jeder Generation halbiert sie sich. Mit seinen Cousins hat man also nur noch 12,5 Prozent seiner Gene gemein.

Eins muss man sich immer wieder klarmachen: Korrelationen sind keine Kausalitäten. A und B können zusammenhängen, weil A von B verursacht wurde, aber B kann auch A verursacht haben; oder A und B können zusammen auf eine Ursache zurückgehen, die sie beide gemeinsam beeinflusst hat. Auch

Scheinkorrelationen kommen vor. Kausalitäten müssen darum unabhängig von Korrelationen erforscht werden. Manchmal liegen sie so klar auf der Hand, dass sich die Bestimmung erübrigt: Wenn die Menge des genossenen Alkohols und die Schwere des Rausches korrelieren, wird der Rausch nicht den Alkohol verursacht haben. Obwohl, selbst an einem so lachhaft simplen Beispiel zeigen sich die Tücken der Ursachenbestimmung. Es könnte ja sein, dass der Wunsch nach Alkohol mit dem Rausch zunimmt – dann hätte dieser gewissermaßen doch den Alkoholgenuss verursacht.

Oft weiß man einfach nicht, was im betreffenden Fall für was ursächlich war. Selbst vorsichtige und statistikerfahrene Forscher gehen immer wieder in diese Falle. Wer eine Korrelation festgestellt hat, glaubt oft, damit auch schon die Ursache entdeckt zu haben. «Glückliche Menschen sind gesünder», behauptete die Überschrift eines Zeitungsartikels, der von einer empirisch ermittelten Korrelation zwischen Glück und Gesundheit berichtete. Aber führt Glück zur Gesundheit oder Gesundheit zum Glück? Oder sind beide das Ergebnis von etwas Drittem oder Viertem oder Fünftem? Immer wieder hört man, dass leider immer noch «Schuldauer und Schichtzugehörigkeit korrelieren». Die Korrelation ist ein Faktum. Sie beweist aber bedauerlicherweise nicht, dass sich die Dauer des Schulbesuchs aus der Schichtzugehörigkeit erklärt. Schuldauer wie Schichtzugehörigkeit könnten mit von der Intelligenz abhängig sein und diese unter anderem von den Genen.

Wo viele Messwerte zu einer Sache vorliegen, interessiert den Empiriker zunächst vor allem deren Verteilung (auch Streuung genannt). Wie dicht gruppieren sich die Einzelwerte um den Mittelwert? Wie weit weichen sie davon ab? Auch die Verteilung lässt sich in einer einzigen Zahl ausdrücken, der **Varianz** (abgekürzt V oder $s^2$). Die Varianz ist der Durchschnitt der

Quadrate der Abweichungen vom Mittelwert. Das Rezept für die Errechnung der Varianz ist einfach*:

1. Das arithmetische Mittel bestimmen (die Summe aller Einzelwerte, geteilt durch deren Anzahl).
2. Von jedem Einzelwert den Mittelwert abziehen und den Rest ins Quadrat erheben.
3. Alle Quadrate addieren; die Summe durch die Zahl der Einzelwerte minus 1 teilen.

Was lässt sich mit der Varianz anfangen? Zunächst kann man Varianzen miteinander vergleichen. Ein Beispiel: Der Flynn-Effekt hat während des 20. Jahrhunderts allgemein den IQ gesteigert, und zwar um etwa einen Punkt alle drei Jahre; bewirkt haben können den Anstieg nur Umwelteinflüsse im weitesten Sinn. Da die Erblichkeit aber gleich geblieben ist, hat der Flynn-Effekt den Anteil der nichtgenetischen Varianz nicht verändert; ein Umweltfaktor hat gewirkt, sich aber nicht in einer Erhöhung der Umweltvarianz verraten. Hat er aber vielleicht trotzdem die Unterschiede verringert? Wenn sich die Einzelwerte heute dichter als vor achtzig Jahren um das Mittel drängten, müsste die Varianz geschrumpft sein. Das aber war offenbar nicht der Fall: Die Varianz des IQ hat im Laufe der Jahrzehnte geschwankt, aber nur geringfügig, und es war ein Auf und Ab, das keine Richtung erkennen ließ – eher hat sich die Varianz

---

* Die Formel für die Berechnung der Varianz eines Merkmals:

$$V = \frac{\Sigma\,(x_i - \bar{x})^2}{n-1}$$

Bedeutung: V ist das Symbol für die Varianz, $\Sigma$ für die Summe, $x_i$ steht für einen individuellen Messwert bei der Variablen x, der Überstrich $^-$ bei x für dessen Mittelwert, n für die Anzahl der individuellen Messwerte. Das auf den ersten Blick verwunderliche «−1» erklärt sich daraus, dass mindestens zwei Werte nötig sind, damit es eine Streuung um einen Mittelwert geben kann. Es zählen also nicht die Einzelwerte, sondern die Differenzen, die sich aus ihnen bilden lassen, die sogenannten Freiheitsgrade.

minimal erhöht.[1] Die Unterschiede sind also nicht weniger geworden.

Aber Varianzen lassen sich nicht zueinander in Beziehung setzen, wenn den verglichenen Messreihen nicht die gleiche Maßeinheit zugrundeliegt, wenn zum Beispiel IQ-Punkte mit den Schulzensuren verglichen werden sollen. Diesem Manko hilft ein anderes Maß für die Streuung ab, das dimensionslos ist: die **Standardabweichung** (abgekürzt $s$ oder $\sigma$, Sigma). Sie ist nichts anderes als die Quadratwurzel aus der Varianz und bildet diese maßstäblich in einer kleineren Zahl ab, bringt in ihrer Dimensionslosigkeit aber unschätzbare Vorteile.

Der Biometriker hat es meist mit normalverteilten Messwerten zu tun. Eine **Normalverteilung** entsteht immer dann, wenn eine unübersehbare Menge von Einflussfaktoren auf ein Merkmal einwirkt, wie bei der Körpergröße, der Schlafdauer, der Reaktionsgeschwindigkeit, dem IQ. Wie erhält man eine Normalverteilung? Man wirft beispielsweise eine Münze sehr oft (je öfter, umso perfekter das Ergebnis); dann wird die Folge Zahl–Kopf am häufigsten eintreten; zweimal Zahl seltener, fünfmal Zahl sehr viel seltener, zwanzigmal Zahl so gut wie nie; dasselbe für Kopf. Graphisch dargestellt, ergibt das die berühmte Gauß'sche Glockenkurve. Diese steigt vom unteren Ende her erst flach, dann immer steiler, dann wieder flacher an, erreicht den Gipfel und fällt auf der anderen Seite symmetrisch erst flach, dann steiler, dann wieder immer flacher ab. Die meisten Fälle häufen sich in der Mitte; zu den beiden Enden hin wird die Zahl der Fälle immer geringer.

Auch der IQ ist normal verteilt, nicht ganz von selbst indessen: Die Autoren konstruieren die Tests so, dass die Schwierigkeit der Aufgaben über die ganze Skala der Variabilität gleichmäßig abgestuft ist. Enthielte er beispielsweise mehr unterdurchschnittlich als überdurchschnittlich schwere Aufgaben, so

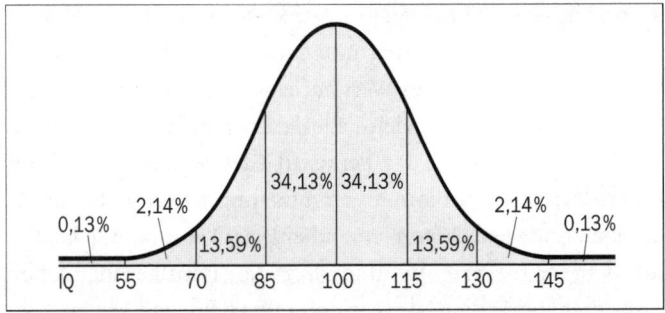

**Die Glockenkurve des IQ,** in acht Standardabweichungen unterteilt. In jeder Standardabweichung, die 15 IQ-Punkte umfasst, steht der auf sie entfallende Bevölkerungsanteil in Prozent. Etwa die Hälfte der Bevölkerung hat einen IQ zwischen 90 und 109, zwei Drittel zwischen 85 und 115.

wäre die Verteilungskurve asymmetrisch, und wären alle Aufgaben gleich schwer, so gäbe es gar keine Kurve, sondern einen geraden Strich. Die Standardabweichung der genormten IQ-Tests beträgt 15 Punkte.

Die IQ-Skala ist so eingerichtet, dass ihr Mittelwert bei 100 liegt und sie sich nach jeder Seite hin über vier Standardabweichungen à 15 Punkte erstreckt, insgesamt also über 120 Punkte. Die zehn untersten und die zehn obersten Punkte kommen so selten vor, dass man sie oft weglässt. Dann umfasst die IQ-Skala 100 Punkte, von 50 bis 150.

Nun hat jede Normalverteilung eine mathematische Eigenschaft, die der Biometrik sehr gelegen kommt. Man weiß von vornherein, wie viel Prozent der Fälle innerhalb jeder Standardabweichung liegen. Die ersten beiden Standardabweichungen beidseits des Gipfels enthalten je 34,13 Prozent aller Fälle, die zweiten je 13,59, die dritten je 2,14 Prozent; auf die vierten Standardabweichungen verteilt sich der winzige Rest. Wenn man also feststellt, dass jemandes IQ genau eine Standardabweichung über dem Mittel liegt, so weiß man automatisch, dass er 84 Prozent der Mitbewerber unter sich und 15,8 über sich hat. Man weiß also bei jedem Wert auf einer Skala von normalverteilten 100 Punkten, wie viele Fälle darüber und darunter liegen. Das heißt, man kennt das **Perzentil** (den Prozentrang) jedes Testergebnisses. Der Biometriker muss nur in seiner Liste nachschlagen und weiß: Wenn jemand einen IQ von 135 hat, liegt er auf dem 98,7. Perzentil, und 98,7 der Bevölkerung haben schlechter abgeschnitten als er und nur 1,3 Prozent besser.

Die Hauptfrage der Verhaltensgenetik ist die nach den Ursachen von individuellen Unterschieden. Zu welchem Teil entstehen sie durch unterschiedliche Erbanlagen, zu welchem durch unterschiedliche Umwelterfahrungen? Das relative Gewicht der Erbanlagen wird mit dem Begriff der **Erblichkeit** oder Heritabilität ausgedrückt. Die Erblichkeit (abgekürzt $h^2$) im technischen Sinn ist nicht das, was die Alltagssprache darunter verstehen mag. Sie ist jener Teil der Varianz (also der Gesamtheit der gemessenen Unterschiede), der auf Unterschiede in den für das betreffende Merkmal relevanten Genen zurückgeht. Noch anders gesagt: die durch genetische Unterschiede bedingte Varianz geteilt durch gesamte phänotypische Merkmalsvarianz. Eine Erblichkeit von 0.6 bedeutet, dass sich in dem untersuchten Sample die individuellen Unterschiede zu 60 Prozent auf unterschiedliche Erbanlagen zurückführen lassen. Die anderen 40 Prozent müssen nichtgenetische Ursachen haben; sie werden unter dem Passepartout-Stichwort ‹Umwelt› zusammengefasst.

Eins der Ziele der Wissenschaft ist es, Varianzen «aufzuklären» – also zu berechnen, wie groß die «Effektstärke» eines Faktors ist, wie viel Prozent er zur Gesamtvarianz beiträgt. Das, was aufgeklärt werden soll, ist die abhängige Variable; das, was sie aufklären soll, die unabhängige. Im einfachsten Fall ist der Varianzanteil, den die unabhängige Variable erklärt, das Quadrat des Korrelationskoeffizienten zwischen ihr und der abhängigen Variablen. Wenn nach den Daten der amerikanischen Arbeitsverwaltung die Korrelation zwischen einem viel verwendeten Eignungstest (unabhängige Variable) und dem Prestige des erreichten Jobs (abhängige Variable) 0.72 beträgt, so heißt das, dass der Test der stärkste Prädiktor für das später erreichte Berufsniveau ist – er erklärt nämlich 52 Prozent der Gesamtvarianz ($0{,}72 \times 0{,}72$).

Die Erblichkeitsberechnung ist nichts anderes als eine Aufteilung der Gesamtvarianz auf genetische und nichtgenetische Ursachen. Genetische Korrelationen müssen aber nicht quadriert werden, um irgendeine Varianzkomponente aufzuklären.[2] Wenn der IQ einer Gruppe getrennt aufgewachsener eineiiger Zwillinge mit 0.75 korreliert, lässt sich daraus unmittelbar die Erblichkeit in dieser Gruppe ablesen. Der Schluss lautet dann: Bei erwachsenen, getrennt aufgewachsenen eineiigen Zwillingen beträgt die Erblichkeit des IQ 75 Prozent (in anderer Schreibweise 0.75), und der Umweltvarianz, Messfehler eingeschlossen, bleiben 25 Prozent. Genetische Unterschiede erklären 75 Prozent der Varianz.

Eine Aussage über die Erblichkeit ist also immer relativ. Sie sagt nicht das Geringste über die absolute Größe irgendwelcher Differenzen, sondern nur darüber, in welchem Verhältnis genetische und nichtgenetische Ursachen an ihrer Entstehung beteiligt waren. Sie ist auch immer eine Aussage über ein Kollektiv, nie über eine einzelne Person. Ein Satz wie «Die Erblichkeit deines IQ beträgt 75 Prozent» wäre so unsinnig wie «Meine Durchschnittsgröße beträgt 1 Meter 82».

# ANMERKUNGEN

### Kapitel 1  Warum dieses Buch

1 Zurückzunehmen habe ich von diesen alten Aufsätzen und Büchern nichts, zu meiner eigenen Verwunderung, denn eigentlich kann kein Autor hoffen, über fast vier Jahrzehnte hin im Großen und Ganzen recht zu behalten, schon gar nicht bei einem so umstrittenen Thema. Aber seitdem ist viel Neues dazugekommen, sodass sich manche Probleme heute viel genauer erkennen und beschreiben lassen. Es gibt also viel zu aktualisieren, zu ergänzen, neu einzuordnen und zu präzisieren; andererseits konnte ich viele der früheren Informationen, neu überprüft, ungeniert in dieses Buch aufnehmen. Damit sich jeder davon überzeugen kann, dass ich nichts zu verstecken habe, habe ich einige der alten Texte auf meiner Homepage versammelt: http://www.dezimmer.net/HTML/2010iq.htm.

2 Bouchard 2009, S. 538

3 Turkheimer 2003, S. 627–628

4 Falls dies ein Indiz ist: Im Herbst 1974 erhielt ‹Die Zeit› auf meine erste Artikelserie zur IQ-Kontroverse ungewöhnlich viele und heftige, um nicht zu sagen giftige Leserbriefe, so wie ab 1982 bei meinen provokanten Artikeln über die Freud'sche Psychoanalyse; in beiden Fällen war etwa die Hälfte contra, die Hälfte pro. Als ich 1998 rekapitulierte, dass zwei Jahre zuvor die substanzielle Erblichkeit des IQ gleichsam zur offiziellen Lehrmeinung der amerikanischen Psychologie geworden war, schien sich die Aufregung gelegt zu haben: Es kam kein einziger empörter Protestbrief. Allerdings hatte ich in meiner Rekapitulation die besonders heikle Frage der Gruppenunterschiede gänzlich ausgeklammert, bei der Übernahme der früheren Artikel auf meine Website ebenfalls, da sich meiner Ansicht nach darüber in Deutschland seit einem Vierteljahrhundert nicht mehr nüchtern reden ließ.

### Kapitel 2  Ein Eklat

1 Jensen 1969

2 Watson 1930, S. 82

3  Simon 1971, S. 184, 254

4  Snyderman / Rothman 1988, S. 25

5  Shuey $^2$1966

6  Coleman u. a. 1966

7  Jensen 1969, S. 80, S. 82

8  Herrnstein 1974, S. 120

9  Jensen 1972, S. 24

10  Snyderman / Rothman 1988, S. 2–3

11  Kamin 1974

12  Hearnshaw 1979; Joynson 1989

13  Snyderman / Rothman 1988, S. 4

14  Jensen 1981

15  Jensen 1980

16  Jensen 1998

17  Gould 1981, S. 24–25

18  Dworkin / Block (Hg.) 1976 ff.

19  Sesardic 2005

20  Plomin / Spinath 2004, S. 112

21  Pearson 1991, S. 262–263

22  Chipuer u. a. 1990

23  Snyderman / Rothman 1988, S. 56, 59

24  Snyderman / Rothman 1988, S. 95

25  Eysenck / Kamin 1981, S. 154

26  Snyderman / Rothman 1988, S. 195

27  Snyderman / Rothman 1988, S. 255

28  Neisser u. a. 1996

29  Neisser u. a. 1996, S. 85

30  Neisser u. a. 1996, S. 84–85

## Kapitel 3  Der gedoppelte Mensch

1  Johnson u. a. 2009, S. 217

2  Galton 1875

3  Johnson u. a. 2007, S. 217

4  Holden 1980; Jackson 1980

5  Lang 1987

6  Rosen 1987

7  Gorney 1979; Watson 1981

8  Juel-Nielsen 1980

9  McLaughlin Abbe / McLaughlin Gill 1980

10  Harris 1983

11  Newman, Freeman, Holzinger 1937

12  Shields 1962
13  Juel-Nielsen 1965
14  Bouchard u. a. 1990
15  Johnson u. a. 2007, S. 554

## Kapitel 4  Die Messung des Unermesslichen

1  Eysenck 1972–2009
2  Cicero: *De inventione* II.53, zitiert nach Hearnshaw 1987, S. 202
3  Wundt 1885, S. 98
4  Nisbett 2009, S. 5
5  Binet / Simon 1916 / 1973, S. 42–43
6  Wechsler 1939, S. 229
7  Terman 1921
8  Jensen 1981, S. 68
9  Spearman 1927, S. 4–86
10  Snyderman / Rothman 1988, S. 56
11  Snyderman / Rothman 1988, S. 24–25
12  Snyderman / Rothman 1988, S. 26
13  Nisbett 2009, S. 5
14  Neisser u. a. 1996, S. 81
15  Ramsden / … Price 2011
16  Jensen 1981, S. 128–167, S. 214–226, ausführlicher Jensen 1980 (das ganze 800-Seiten-Buch)
17  Jensen 1981, S. 139
18  Jensen 1980, S. 621–634
19  Rost 2009, S. 203–204; Deary u. a. 2007
20  Rost 2009, S. 206
21  Jensen 1981, S. 32–33
22  Stumm, von u. a. 2010
23  Gerd Mietzel, [5]1998, S. 266: «Tatsächlich gibt es einen sehr geringen Zusammenhang zwischen den Leistungen in einem Intelligenztest und dem späteren Berufserfolg.»
24  Engelbrecht 1997
25  Wonderlic 1992; Gottfredson 1997, S. 87–91; Gottfredson 2003, S. 299
26  Gottfredson 1997, S. 90
27  Harrell / Harrell 1945, S. 231–232
28  Hauser 2002
29  Herrnstein dt. 1974, S. 55
30  Dohnanyi 2011, S. 22

## Kapitel 5 Eine Pyramide aus Faktoren

1 Spearman 1904, Digitalfassung S. 179
2 Lichtenberger / Kaufman 2009, S. 36
3 Jensen 1981, S. 59
4 Cattell 1943
5 Deary 2001, S. 32
6 Cattell 1963
7 Johnson / Bouchard 2005, S. 402
8 Carroll 1993
9 Eine gute Übersicht über die einzelnen Faktoren der immer wieder revidierten Modelle in Rost 2009, S. 51–61
10 Jäger 1984
11 Vernon ²1961
12 Z. B. Gould 1981 und Dworkin / Block (Hg.) 1976 ff.
13 Gould 1981, S. 24–25
14 Kvist / Gustafsson 2007
15 Jensen 1998, S. 90–91
16 Schmidt / Hunter 2004, S. 167
17 Siehe z. B. Gottfredson 1997, Jensen 1998, Posthuma u. a. 2002, Schmidt / Hunter 2004, Colom u. a. 2008, Rindermann 2007, Shikishima u. a. 2009, Bouchard 2009
18 Johnson / Bouchard 2005, S. 409
19 Johnson u. a. 2007
20 Johnson u. a. 2007, S. 554
21 Johnson u. a. 2007, S. 544, 558
22 Gardner 1983, dt. *Abschied vom IQ*, 1991
23 Gardner 1983, dt., S. 254
24 Gibson u. a. 2009
25 Kihlstrom / Cantor 2000, S. 367
26 Wechsler 1958
27 http://socialintelligencelab.wordpress.com / social-intelligence /
28 Kihlstrom / Cantor 2000, S. 374
29 Mayer u. a. 1990
30 Goleman 1995, dt. 1996
31 Vgl. Dieter E. Zimmer: *Die Vernunft der Gefühle* (München: Piper, 1981) – geschrieben zu einer Zeit, als die Psychologie gerade von einer Verhaltens- zu einer Kognitionswissenschaft wurde und von Emotionen wenig wissen wollte
32 Murphy / Hall 2011
33 Mayer u. a. 2004
34 Locke 2005

**Kapitel 6  Das *g*-Hirn**

1  Ivanovic u. a. 2004
2  Vernon u. a. 2000, Posthuma u. a. 2002, Haier u. a. 2004 und viele andere
3  Vernon u. a. 2000, S. 247
4  http://pubpages.unh.edu/~jel/brainIQ.html
5  Vernon u. a. 2000, S. 249–250
6  Haier u. a. 2004, S. 425
7  Gray/Thompson 2004
8  Walhovd u. a. 2011
9  Walhovd u. a. 2011, S. 11
10  Posthuma u. a. 2002, S. 84
11  Jensen 1980, S. 686–687
12  Jensen 1980, S. 691
13  Deary 2001, S. 63
14  Deary 2001, S. 58
15  Neisser u. a. 1996
16  Vernon 1989
17  Miyake/Shah (Hg.) 1999, S. 450
18  Baddeley dt. 1982, S. 187
19  Miller 1956
20  Colom u. a. 2004
21  Colom u. a. 2008


**Kapitel 7  Was das ist: Erblichkeit**

1  Galton 1875
2  Galton 1869/1892
3  Bouchard/McGue 1981, S. 1056
4  Siemens 1924
5  Kendler u. a. 1992
6  Boomsma u. a. 2002, S. 873
7  Bouchard/McGue 1981, S. 1056
8  Chipuer u. a. 1990
9  McGue u. a. 1993
10  Bouchard u. a. 1990, S. 225
11  Loehlin u. a. 1997, S. 112
12  McGue u. a. 1993, S. 60
13  Bouchard 2007
14  Baumrind 1975
15  Scarr 1997, S. 35
16  Baumrind 1993
17  Joynson 1989

18  Z. B. Turkheimer u. a. 2003
19  Bouchard 2009, S. 532–533
20  Johnson 2009, S. 220
21  Goldsmith 1993, S. 333


**Kapitel 8  Das Altern der Intelligenz**

 1  Brody $^2$1992, S. 237
 2  Schlusszusammenfassungen in Schaie 1994 und Schaie 1996
 3  Deary 2001, S. 30
 4  Smith / Baltes in Müller / Baltes (Hg.) $^3$2010, S. 250
 5  Park u. a. 2002
 6  Smith / Baltes in Müller / Baltes (Hg.) $^3$2010, S. 250
 7  Bromily 2005
 8  Salthouse 2009
 9  Salthouse 1996, Salthouse 2004, Deary 2001, S. 35–40
10  Deary 2001, S. 38
11  Smith / Baltes in Müller / Baltes (Hg.) $^3$2010, S. 248
12  Schaie 1994, S. 310
13  Neisser u. a. 1996, S. 85
14  Boomsma u. a. 2002, S. 874; Davis u. a. 2009, S. 1304; Haworth u. a. 2010, S. 1112 ff.
15  McClearn / Johansson 1997
16  McGue u. a. 1993, S. 64
17  Vgl. McGue u. a. 1993
18  Bouchard / McGue 1981
19  Chipuer u. a. 1990
20  Bouchard u. a. 1990
21  McGue u. a. 1993, S. 61
22  Bouchard u. a. 1990, S. 224
23  Plomin u. a. $^5$2008, S. 159
24  Posthuma u. a. 2002
25  Shikishima u. a. 2009
26  Bouchard 2009, S. 537
27  Scarr / McCartney 1983, S. 427–428
28  McGue u. a. 1993, S. 73


**Kapitel 9  Der verbleibende Spielraum**

 1  Rosenfeld / Gilmartin 1998; Czepita u. a. 2008
 2  Saw u. a. 2004, S. 2947
 3  Gottesman 1963, S. 254–255
 4  Carroll 1989, S. 141–144

5 Carroll 1989, S. 143–144
6 Brody 1992, S. 174
7 Heber / Garber 1975, S. 40–41
8 Garber 1988
9 Brody $^2$1992, S. 177
10 Garber / Hodge 1991
11 Brody 1992, S. 175
12 Campbell u. a. 2002
13 Schiff u. a. 1982; Capron / Duyme 1989; Duyme u. a. 1999
14 Lynn / Vanhanen 2006; Lynn 2010 b
15 Lynn / Meisenberg 2010
16 Lynn / Vanhanen 2002, S. 141
17 Jaeggi u. a. 2008
18 Delaney-Black u. a. 2002
19 Curtiss 1977
20 Zimmer 1989
21 Jensen 1981, S. 170
22 Stein u. a. 1972
23 de Rooij u. a. 2010, S. 16883
24 Turkheimer / … Gottesman 2003
25 Scarr / McCartney 1983, S. 429
26 Sarrazin 2010, S. 215

**Kapitel 10 Deine Umwelt, unsere Umwelt**

1 McGue u. a. 1993, S. 60
2 Jensen in Sternberg / Grigorenko (Hg.) 1997, S. 42–88
3 Loehlin 1989
4 Plomin u. a. $^5$2008, S. 159
5 Jensen 1997
6 Plomin u. a. 1997
7 McGue u. a. 1993, S. 64, nach Plomin u. a. 1990

**Kapitel 11 Der Flynn-Effekt**

1 Flynn 1984 a, Flynn 1984 b
2 Flynn 2009, S. 8
3 Sundet u. a. 2004
4 Teasdale u. a. 2005
5 Flynn 2009, S. 2
6 Flynn 1987
7 te Nijenhuis u. a. 2007
8 Brand 1987, S. 110

9  Rost 2009, S. 204

10  Lynn 2009

11  Neisser u. a. 1996, S. 88

12  U. a. Teasdale / Owen 1989

13  Colom u. a. 2005

14  Lynn 1990

15  Haug 1984

16  Whitehead / Paul 1988

17  Deary 2001, S. 45 – 49; Willerman u. a. 1991

18  Flynn 2009, S. 19, 35, 42

19  Neisser 1997

## Kapitel 12 Heikel, heikler, am heikelsten

1  Rose 2009, S. 787 – 788

2  Ceci / Williams 2009, S. 788

3  Coleman u. a. 1966, S. 219

4  Jensen 1969, S. 81

5  Neisser u. a. 1996, S. 93

6  Jencks / Phillips (Hg.) 1998, S. 3

7  Rushton / Jensen 2005, S. 922

8  Nisbett 2005, S. 302

9  Williams 1971, S. 63

10  Jensen 1973 b, S. 294 – 295

11  Williams 1971, S. 66

12  Jensen 1973 b, S. 301 – 302

13  Jensen, 1973 a, S. 422

14  Neisser u. a. 1996, S. 93

15  Gordon 1970, S. 254

16  Jensen 1973 a, S. 426 – 427

17  Lewontin 1970, S. 7 – 8

18  Jensen 1970, S. 21 – 22

19  Jencks / Phillips (Hg.) 1998, S. 2

20  Rushton / Jensen 2005, S. 239

21  Nisbett 2009 bezieht sich auf Eyferth 1961

22  Nisbett 2009, S. 97

23  Loehlin / Lindzey / Spuhler 1975, S. 126 – 128

24  Rushton / Jensen 2010, S. 27

25  Plomin / Spinath 2004

26  Sternberg u. a. 2007

27  Lewontin 1972, S. 396 – 397

28  Lewontin 1982, S. 11

29 Brown / Armelagos 2001, S. 39

30 Lewontin 1982, S. 14

31 Edwards 2003, S. 798, 800–801

32 Rosenberg u. a. 2002

33 Cavalli-Sforza / Cavalli-Sforza dt. 1996, S. 203

34 Menozzi / Piazza / Cavalli-Sforza 1984

35 Cavalli-Sforza / Cavalli-Sforza 1996, S. 236

36 Britten 2002

37 Davies / … Deary 2011

38 Cavalli-Sforza / Cavalli-Sforza 1996, S. 281

39 Lawler 1978, S. 3–6

40 Jensen 1980, S. 737–738

41 Lynn / Vanhanen 2002, S. 196

## Kapitel 13 Länder-IQs und PISA

1 Lynn / Vanhanen 2002; Lynn / Vanhanen 2006

2 Lynn / Vanhanen 2002, S. 107

3 Lynn / Vanhanen 2002, S. 60–62

4 Lynn / Vanhanen 2002; Lynn / Vanhanen 2006; Lynn 2010 b

5 Korrigierter Einheitswert nach Lynn 2010 b, S. 287–288; die früher genannten Werte hatten dem 10-Punkte-Unterschied zwischen Nord- und Süditalien nicht Rechnung getragen.

6 Lynn / Vanhanen 2002, S. 218–219

7 Wicherts u. a. 2010

8 Rushton / Jensen 2005, vor allem S. 249

9 Z. B. von Hunt / Sternberg 2006, S. 133, 136

10 TIMSS (*Trends in International Mathematics and Science Study*) ist eine vergleichende internationale Untersuchung, die seit 1995 alle vier Jahre von der *International Association for the Evaluation of Educational Achievement (IEA)* durchgeführt wird. Sie untersucht in den Sekundarstufen I und II in 15 000 Schulen von 46 Ländern die Leistungen in Mathematik und den Naturwissenschaften.

11 Unter PISA (*Programs for International Student Assessment*) versteht man die Schulleistungsstudien der OECD, die seit 2000 alle drei Jahre in inzwischen 63 Ländern weltweit nach einheitlichen Kriterien die Leistungen Fünfzehnjähriger in Lesen, Mathematik und den Naturwissenschaften messen.

12 Armor 2003, S. 18 ff.

13 Gottfredson 2003

14 Herrnstein / Murray 1994

15 Jensen 1989

16 Rost 2005

17 Weiss 2002

18 IEA-Lesen ist eine Studie der *International Association for the Evaluation of Educational Achievement*, die das Leseverständnis (*reading literacy*) im internationalen Vergleich testet.

19 IGLU / PIRLS ist die Internationale Grundschul-Lese-Untersuchung, die seit 2006 das Leseverständnis von Schülern der vierten Klasse im internationalen Vergleich testet.

20 Rindermann 2006, S. 70, 81, 83, 84

21 Baumert u. a. 2007, S. 126 – 127

22 Die Umrechnung erfolgt so: Die IQ-Tests sind auf den Mittelwert 100 normiert, die Standardabweichung (die mittlere Abweichung vom Mittelwert) beträgt 15 Punkte. Der Mittelwert der PISA-Tests ist 500, die Standardabweichung 100. Also muss man bei den PISA-Werten die Abweichungen vom Mittelwert im Verhältnis 15 zu 100 von 100 subtrahieren oder zu 100 addieren. Zum Beispiel: Vietnam erreichte bei einem PISA-Test einen Durchschnittspunktwert vom 565, 65 Punkte über dem internationalen Durchschnitt. Die 65 Punkte entsprechen (15:100) 9,75 Punkten auf einer Skala wie der des IQ. Auf einer derartigen Skala läge das PISA-Ergebnis also bei 110 (100 plus 9,75). (Nähme man an, dass PISA- und IQ-Test dasselbe Konstrukt messen und wollte tatsächlich die PISA-Punkte direkt in IQ-Punkte umrechnen, so müsste man allerdings möglicherweise noch einigen Faktoren Rechnung tragen, die die glatte Umrechnung erschweren, vor allem dem Messfehler und dem Flynn-Effekt, einem allgemeinen IQ-Anstieg um einen Punkt etwa alle drei Jahre.)

23 Lynn / Meisenberg 2010, S. 357 – 359

24 Baumert 2011

25 Sarrazin 2010, S. 287

26 Sarrazin 2010, S. 316

27 Sarrazin 2010, S. 290, 292

28 Kristen 2002; Diefenbach 2004

29 Levels u. a. 2008, S. 845

30 Lynn / Vanhanen 2002, S. 223

31 Prenzel u. a. (Hg.) 2004 b

32 Ramm u. a. in Prenzel u. a. (Hg.) 2004 b, S. 294

33 Prenzel u. a. (Hg.) 2004 a, S. 147 – 148

34 Lynn / Vanhanen 2002, S. 80

35 Spiewak 2009

36 Kammertöns / Kerstan 2011

**Kapitel 14  Immer höher hinaus**

1  Brody [2] 1992, S. 217
2  Koch 1935
3  Kiil 1939
4  Roche 1979; Tanner 1978; van Wieringen 1978
5  Lenz / Ort 1959
6  Larnkaer u. a. 2006
7  Jürgens 1988
8  Gohlke / Woelfle 2009
9  Flegal u. a. 1988
10  Daw 1970
11  Tanner 1978
12  Cole 2000
13  Tanner 1978
14  Paigen u. a. 1987
15  Widdowson 1951
16  Hagen 1961
17  van Wieringen 1978
18  Tanner 1968; Tanner 1975
19  Tanner 1975
20  Marshall 1981
21  Tanner 1978
22  Amundsen / Diers 1969, Amundsen / Diers 1973
23  Hartmann 1970
24  van Wieringen 1978
25  Walter 1977
26  Tanner 1978
27  Cole 2000
28  Eveleth / Tanner 1976
29  Tanner 1978
30  Hulse 1957
31  Boas 1910
32  Steegmann / Haseley 1988
33  Eveleth / Tanner 1976; Gupta u. a. 1985
34  Takahashi 1966, Takahashi 1984
35  Ziegler 1967, Ziegler 1976, Ziegler 1987
36  Schultz 2001

**Annex 1  Komplikationen**

1  Conlay / Rauscher 2011, S. 2
2  Jensen 1981, S. 175–177

3  Deary 2001, S. 21–22

4  Benyamin u. a. 2005

5  Bouchard 2009, S. 534

6  Bouchard u. a. 1990, S. 225; Johnson u. a. 2007, S. 557

7  Conlay / Rauscher 2011, S. 20

8  Jensen 1981, S. 116 ff.

9  Jensen 1981, S. 119

10  Jensen 1981, S. 120–121

11  Kaminsky u. a. 2009

12  Awadalla u. a. 2010; Xu u. a. 2011

13  z. B. Layzer 1974

14  Goldberger 1979

15  Nach Plomin u. a. 1977; Scarr / McCartney 1983; Plomin u. a. $^{5}$2008, S. 318–319

16  Plomin u. a. $^{5}$2008, S. 320

17  Kendler / Baker 2007

18  Kendler / Baker 2007, S. 621

19  Rowe u. a. 1999

## Annex 2  Korrelationen und Konsorten

1  Rowe / Rodgers 2002, S. 762

2  Jensen 1972, S. 333–335

# LITERATUR

Da deutsche Psychologen und Genetiker sich mit wenigen Ausnahmen wie Heiner Rindermann und Detlev H. Rost aus diesem Forschungsgebiet weitgehend ausgeklinkt zu haben scheinen, enthält diese Bibliographie nur ganz wenige Aufsätze und Bücher deutschen Ursprungs. Auch wurde aus der unübersehbar reichhaltigen amerikanischen, britischen, niederländischen, französischen, spanischen Literatur nur ganz wenig ins Deutsche übersetzt. Zwar etliche Streitschriften *gegen* den IQ und dessen Erblichkeit (Gardner, Gould, Kamin, Lewontin, Rose), aber außer einer frühen Auflage des verhaltensgenetischen Lehrbuchs von Robert Plomin und je einem Titel von H. J. Eysenck und Richard Herrnstein Mitte der 70er Jahre – nichts. Nichts von Nathan Brody, Stephen Ceci, Ian Deary, James Flynn, Linda Gottfredson, John Loehlin, Richard Lynn, Sandra Scarr, Philip Vernon, keins der vielen Bücher von Arthur Jensen, *The Bell Curve* von Murray und Herrnstein nicht und auch nicht die Sammelbände zum Thema von Sternberg / Grigorenko und Plomin / McClearn.

Ackerman, Phillip L. / Margaret E. Beier / Mary O. Boyle: «Working Memory and Intelligence: The Same or Different Constructs?» *Psychological Bulletin*, 131 (1), 2005, S. 30–60

Amundsen, Darrel W. / Carol Jean Diers: «The Age of Menarche in Classical Greece and Rome». *Human Biology*, 41 (1), 1969, S. 125–132

Amundsen, Darrel W. / Carol Jean Diers: «The Age of Menarche in Medieval Europe». *Human Biology*, 45 (3), 1973, S. 363–369

Armor, David: *Maximizing intelligence.* New Brunswick: Transaction Publishers, 2003

Awadalla, Philip / ... Guy A. Rouleau: «Direct Measure of the De Novo Mutation Rate in Autism and Schizophrenia Cohorts». *American Journal of Human Genetics*, 87 (3), 2010, S. 316–324

Baddeley, Alan D.: *Your Memory: A User's Guide.* London: Sidgwick & Jackson, 1982. Deutsch: *So denkt der Mensch.* München: Droemer Knaur, 1982

Baumert, Jürgen / Martin Brunner / Oliver Lüdtke / Ulrich Trautwein: «Was messen internationale Schulleistungsstudien? – Resultate kumulativer Wissenserwerbsprozesse». *Psycholog. Rundschau*, 58 (2), 2007, S. 118–128

Baumert, Jürgen: «Deutsch ist der Schlüssel – Der Pisa-Forscher Jürgen Baumert warnt vor einem Bildungsabstieg». *Die Zeit*, Nr. 63, 20. April 2011, S. 63

Baumrind, Diana: *Early socialization and the discipline controversy.* Morristown, NJ: General Learning Press, 1975

Baumrind, Diana: «The average expectable environment is not good enough: A response to Scarr». *Child Development*, 64, 1993, S. 1299–1317

Benyamin, Beben / Valerie Wilson / Lawrence J. Whalley / Peter M. Visscher / Ian J. Deary: «Large, consistent estimates of the heritability of cognitive ability in two entire populations of 11-year-old twins from Scottish Mental Surveys of 1932 and 1947». *Behavior Genetics*, 35 (5), 2005, S. 525–534

Binet, Alfred / Théodore Simon: *The development of intelligence in children.* Baltimore, MD: Williams & Wilkins, 1916. Neudruck New York: Arno Press, 1973

Boas, Franz: *Changes in bodily form of descendants of immigrants.* Government Printing Office, Washington DC, 1910

Boomsma, Dorret / Andreas Busjahn / Leena Peltonen: «Classical twin studies and beyond». *Nature Reviews Genetics*, 3 (11), 2002, S. 872–882

Bouchard, Jr., Thomas J. / Matthew McGue: «Familial Studies of Intelligence – A Review». *Science*, 212, 29. Mai 1981, S. 1055–1059

Bouchard, Jr., Thomas J. / David T. Lykken / Nancy L. Segal / Kimberly J. Wilcox: «Development in Twins Reared Apart – A Test of the Chronogenetic Hypothesis». In: Arto Demirjian (Hg.): *Human Growth – A multidisciplinary review.* London: Taylor & Francis, 1986, S. 299–310

Bouchard, Jr., Thomas J. / David T. Lykken / Matthew McGue / Nancy L. Segal / Auke Tellegen: «Sources of Human Psychological Differences: The Minnesota Study of Twins Reared Apart». *Science*, 250, 12. Oktober 1990, S. 223–228

Bouchard, Jr., Thomas J.: «IQ similarity in twins reared apart: Findings and responses to critics». In: Robert J. Sternberg / Elena L. Grigorenko (Hg.): *Intelligence, Heredity, and Environment.* Cambridge, Cambridge UP, 1997, S. 126–160

Bouchard, Jr., Thomas J.: «Genetic influence on adult intelligence and special mental abilities». *Human Biology*, 70, 1998, S. 257–279

Bouchard, Jr., Thomas J. / Matt McGue / David Lykken / Auke Tellegen: «Intrinsic and extrinsic religiousness: genetic and environmental influences and personality correlates». *Twin Research*, 2, 1999, S. 88–98

Bouchard, Jr., Thomas J.: «Genes and human psychological traits». In: Peter Carruthers / Stephen Laurence / Stephen Stich (Hg.): *The Innate Mind: Vo-*

lume 3: *Foundations for the Future*. Oxford: Oxford University Press, 2007, S. 69–89

Bouchard, Jr., Thomas J.: «Genetic influence on human intelligence (Spearman's g): How much?» *Annals of Human Biology*, 36 (5), 2009, S. 527–544

Brand, Chris: «Bryter still and bryter?» *Nature*, 328 (6126), 9. Juli 1987, S. 110

Britten, Roy J.: «Divergence between Samples of Chimpanzee and Human DNA Sequences is 5 %, Counting Intels». *Proceedings of the National Academy of Sciences*, 99, 15. Oktober 2002, S. 13633–13635

Brody, Nathan: *Intelligence*. San Diego, CA: Academic Press, ²1992

Brown, Ryan A. / George J. Armelagos: «Apportionment of Racial Diversity: A Review». *Evolutionary Anthropology*, 10, 2001, S. 34–40

Campbell, Frances A. / Craig T. Ramey / Elizabeth Pungello / Joseph Sparling: «Early Childhood Education: Young Adult Outcomes From the Abecedarian Project». *Applied Developmental Science*, 6 (1), 2002, S. 42–57

Capron, Christiane / Michel Duyme: «Assessment of the effects of socio-economic status on IQ in a full-cross fostering study». *Nature*, 340, 1989, S. 552–554

Carroll, John B.: «Intellectual abilities and aptitudes». In: Alan Lesgold / Robert Glaser (Hg.): *Foundations for a Psychology of Education*. Hillsdale, NJ: Erlbaum, 1989, S. 137–197

Carroll, John B.: *Human Cognitive Abilities – A Survey of Factor Analytic Studies*. Cambridge, GB: U of Cambridge Press, 1993

Cattell, Raymond B.: «The measurement of adult intelligence». *Psychological Bulletin*, 40 (3), 1943, S. 153–193

Cattell, Raymond B.: «Theory of Fluid and Crystallized Intelligence: A Critical Experiment». *Journal of Educational Psychology*, 54 (1), 1963, S. 1–22

Cavalli-Sforza, Luigi Luca / Francesco Cavalli-Sforza: *The Great Human Diasporas – The History of Diversity and Evolution*. Reading, MA: Addison-Wesley, 1996. (Original: *Chi siamo – La storia della diversità humana*. Mailand: Mondadori, 1993) Dt.: *Verschieden und doch gleich – Ein Genetiker entzieht dem Rassismus die Grundlage*. München: Droemer Knaur, 1994, TB 1996

Ceci, Stephen J.: *On intelligence: A bioecological treatise on intellectual development*. Cambridge, MA: Harvard UP, 1996

Ceci, Stephen / Wendy M. Williams: «Should scientists study race and IQ? YES ….». *Nature*, 457, 12. Februar 2009, S. 788

Chipuer, Heather M. / Michael J. Rovine / Robert Plomin: «LISREL Modeling: Genetic and Environmental Influences on IQ Revisited». *Intelligence*, 14 (1), 1990, S. 11–29

Cole, Tim J.: «Secular trends in growth». *Proceedings of the Nutrition Society*, 59 (2), Mai 2000, S. 317–324

Coleman, James Samuel u. a.: *Equality of Educational Opportunity*. Washington, DC: U. S. Office of Education, 1966

Colom, Roberto / Irene Rebollo / Antonio Palacios / Manuel Juan-Espinosa / Patrick C. Kyllonen: «Working Memory is (almost) perfectly predicted by g». *Intelligence*, 32 (3), 2004, S. 277–296

Colom, Roberto / Josep M. Lluis-Font / Antonio Andrés-Pueyo: «The generational intelligence gains are caused by decreasing variance in the lower half of the distribution: Supporting evidence for the nutrition hypothesis». *Intelligence*, 33, 2005, S. 83–91

Colom, Roberto / Rex E. Jung / Richard J. Haier: «Distributed brain sites for the g-factor of intelligence». *NeuroImage* 31 (2006), S. 1359–1365

Colom, Roberto / Francisco J. Abad / M. Angeles Quiroga / Pei Chun Shih / Carmen Flores-Mendoza: «Working Memory and Intelligence Are Highly Related Constructs, but Why?» *Intelligence*, 36 (6), 2008, S. 584–606

Conley, Dalton / Emily Rauscher: «The Equal Environments Assumption in the Post-Genomic Age: Using Misclassified Twins to Estimate Bias in Heritability Models». NBER Working Papers No. 16711, National Bureau of Economic Research, Januar 2011

Curtiss, Susan R.: *Genie: A Psycholinguistic Study of a Modern-Day «Wild Child»*. Boston: Academic Press, 1977

Czepita, Damian / Ewa Lodygowska / Maciej Czepita: «Are children with myopia more intelligent? A literature review». *Annales Academiae Medicae Stetinensis*, 54 (1), 2008, S. 13–16 http://en.wikipedia.org/wiki/International_Standard_Book_Number

Davies, Gail / … Ian Deary: «Genome-wide association studies establish that human intelligence is highly heritable and polygenic». *Molecular Psychiatry*, 16, 2011, S. 996–1005

Davis, Oliver S. P. / Claire M. A. Haworth / Robert Plomin: «Dramatic increase in heritability of cognitive development from early to middle childhood: An 8-year longitudinal study of 8700 pairs of twins». *Psychological Science*, 20 (10), 2009, S. 1301–1308

Daw, S. F.: «Age of Boy's Puberty in Leipzig, 1727–1749, as Indicated by Voice Breaking in J. S. Bach's Choir Members». *Human Biology*, 42 (1), 1970, S. 87–89

Deary, Ian J.: *Intelligence – A Very Short Introduction*. Oxford: Oxford University Press, 2001

Deary, Ian J. / Steve Strand / Pauline Smith / Cres Fernandes: «Intelligence and educational achievement». *Intelligence*, 35, 2007, S. 13–21

Delaney-Black, Virginia / … Robert J. Sokol: «Violence Exposure, Trauma, and IQ and / or Reading Deficits Among Urban Children». *Archives of Pediatrics & Adolescent Medicine*, 156, März 2002

de Rooij, Susanne R. / Hans Wouters / Julie E. Yonker / Rebecca C. Painter / Tessa J. Roseboom: «Prenatal undernutrition and cognitive function in late adulthood». *PNAS Proceedings of the National Academy of Sciences,* 107 (39), 2010, S. 16881–16886

Diefenbach, Heike: «Bildungschancen und Bildungs(miss)erfolg von ausländischen Schülern oder Schülern aus Migrantenfamilien im System schulischer Bildung». In: Rolf Becker / Wolfgang Lauterbach (Hg.): *Bildung als Privileg? Erklärungen und Befunde zu den Ursachen der Bildungsungleichheit.* Wiesbaden: vs Verlag für Sozialwissenschaften, 2004, S. 225–249

Duyme, Michel / Annick-Camille Dumaret / Stanislaw Tomkiewicz: «How can we boost IQs of ‹dull children›?: A late adoption study». *Proceedings of the National Academy of Sciences USA (Psychology),* 96, 1999, S. 8790–8794

Dworkin, Gerald / Ned Joel Block (Hg.): *The I. Q. Controversy: Critical Readings.* New York: Pantheon Books, 1976 ff.

Edwards, A. W. F.: «Human genetic diversity: Lewontin's fallacy». *BioEssays,* 25 (8), 2003, S. 798–801

Engelbrecht, Walter: «Computergestützte berufsbezogene Testauswertung im Dienst der Berufsberatung». *Zeitschrift für Arbeits- und Organisationspsychologie,* 38 (N. F. 12), 1994, S. 175–181

Eveleth, Phyllis B. / James M. Tanner: *Worldwide Variation in Human Growth.* Cambridge University Press, Cambridge 1976

Eyferth, Klaus: «Leistungen verschiedener Gruppen von Besatzungskindern in Hamburg-Wechsler Intelligenztest für Kinder (HAWIK)». *Archiv für die gesamte Psychologie,* 113, 1961, S. 222–241

Eysenck, Hans Jürgen: *Intelligenz-Test.* Reinbek: Rowohlt Taschenbuch, 1972–2009

Eysenck, Hans Jürgen: *The Inequality of Man.* London: Temple Smith, 1973. Dt.: *Die Ungleichheit der Menschen.* München: List, 1975

Eysenck, H. J. / Leon Kamin: *Intelligence – The Battle for the Mind.* London: Pan Books, 1981

Falkner, Frank / James M. Tanner: *Human Growth,* Band 1 bis 3. New York: Plenum Press, 1978 / 1979

Farber, Susan L.: *Identical Twins Reared Apart – A Reanalysis.* New York: Basic Books, 1981

Flegal, Katherine M. / William R. Harlan / J. Richard Landis: «Secular trends in body mass index and skinfold thickness with socioeconomic factors in young adult women». *American Journal of Clinical Nutrition,* 48, 1988, S. 535–543

Flynn, James R.: «IQ gains and the Binet decrements». *Journal of Educational Measurement,* 21, 1984 a, S. 283–290

Flynn, James R.: «The mean IQ of Americans: Massive gains 1932 to 1978». *Psychological Bulletin,* 95, 1984 b, S. 29–51

Flynn, James R.: «Massive IQ Gains in 14 Nations: What IQ Tests Really Measure». *Psychological Bulletin,* 101 (2), 1987, S. 171–191

Flynn, James R.: «IQ gains over time». In: R. J. Sternberg (Hg.): *Encyclopedia of Human Intelligence*. New York: Macmillan, 1994, Bd. 1, S. 617–623

Flynn, James R.: «Searching for Justice: The Discovery of IQ Gains Over Time». Washington, DC: *American Psychologist*, 54, 1999, S. 5–20

Flynn, James R.: *What Is Intelligence? – Beyond the Flynn Effect*. Cambridge: Cambridge UP, 2007, [2]2009

Frangou, Sophia / Xavier Chitins / Steven C. R. Williams: «Mapping IQ and gray matter density in healthy young people». *NeuroImage*, 23 (8), 2004, S. 800–805

Fraser, Steven (Hg.): *The Bell Curve Wars – Race, Intelligence, and the Future of America*. New York: BasicBooks, 1995

Galton, Francis: *Hereditary Genius*. London: Macmillan, 1869

Galton, Francis: «The History of Twins, as a Criterion of the Relative Powers of Nature and Nurture». *Fraser's Magazine, New Series*, Bd. XII, 1875, S. 566–576

Garber, Howard L.: *The Milwaukee Project: Preventing Mental Retardation in Children At Risk*. Washington, DC: American Association on Mental Retardation, 1988

Gardner, Howard: *Frames of Mind – The Theory of Multiple Intelligences*. New York: Basic Books, 1983. Deutsch: *Abschied vom IQ – Die Rahmentheorie der multiplen Intelligenzen*. Stuttgart: Klett-Cotta, 1991

Ge, Yulin / Robert I. Grossman / James S. Babb / Marcie L. Rabin / Lois J. Mannon / Dennis L. Kolson: «Age-Related Total Gray Matter and White Matter Changes in Normal Adult Brain. Part I: Volumetric MR Imaging Analysis». *American Journal of Neuroradiology* 23, September 2002, S. 1327–1333

Gibson, Crystal / Bradley Folley / Sohee Park: «Enhanced divergent thinking and creativity in musicians: A behavioral and near-infrared spectroscopy study». *Brain and Cognition*, 69 (1), 2009, S. 162–169

Gohlke, Bettina / Joachim F. Woelfle: «Growth and puberty in German children: is there still a positive secular trend?» *Deutsches Ärzteblatt*, 106 (23), Juni 2009, S. 377–382

Goldberger, Arthur S.: «Heritability». *Economica, New Series*, 46 (184), 1979, S. 327–347

Goldsmith, Harold Hill: «Nature–Nurture Issues in the Behavioral Genetics Context: Overcoming Barriers to Communication». In: Plomin / McClearn (Hg.) 1993, S. 325–339

Goleman, Daniel: *Emotional Intelligence*. New York: Bantam, 1995. Deutsch *Emotionale Intelligenz*. München: Hanser, 1996

Gordon, Edmund W.: «Problems in the Determination of educability in populations with differential characteristics». In: J. Hellmuth (Hg.): *Disadvantaged Child*, Bd. 3. New York: Brunner-Mazel, 1970, S. 249–267

Gorney, Cynthia: «The Twins – Identical Brothers Who Grew Up Apart, One Raised as a Nazi, One as a Jew». *The Washington Post*, 10. Dezember 1979, S. B1

Gottesman, Irving I.: «Genetic Aspects of Intelligent Behavior». In: Norman R. Ellis (Hg.): *Handbook of Mental Deficiency: Psychological Theory and Research*. New York: McGraw-Hill, 1963, S. 253–296

Gottfredson, Linda S.: «Why *g* Matters: The Complexity of Everyday Life». *Intelligence*, 24 (1), 1997, S. 79–132

Gottfredson, Linda: «*g*, jobs and life». In: Helmuth Nyborg (Hg.): *The scientific study of general intelligence – Tribute to Arthur R. Jensen*. Oxford: Pergamon, 2003, S. 293–342

Gould, Stephen J.: *The Mismeasure of Man*. New York: Norton, 1981. Deutsch: *Der falsch vermessene Mensch*. Frankfurt/Main: Suhrkamp, 1983

Gupta, P. P./S. N. Mehrotra/J. N. Balla/V. N. Tripathi: «Growth and Development in Urban Slums». *Indian Pediatrics*, 22 (1), 1985, S. 828–839

Hagen, Wilhelm K.: «Zum Akzelerationsproblem». *Deutsche Medizinische Wochenschrift*, 86, 1961, S. 220–223

Haier, Richard J./Rex E. Jung/Ronald A. Yeo/Kevin Head/Michael T. Alkire: «Structural brain variation and general intelligence». *NeuroImage*, 23, 2004, S. 320–327

Harden, K. Paige/Eric Turkheimer/John C. Loehlin: «Genotype by environment interaction in adolescents' cognitive aptitude». *Behavior Genetics*, 37, 2006, S. 273–283

Harrell, Thomas W./Margaret S. Harrell: «Army general classification test scores for civilian occupations». *Educational and Psychological Measurement*, 5, 1945, S. 229–239

Harris, Carole S.: «The case of the vanishing twin». *Science 83*, März 1983, S. 84

Harris, Judith Rich: *The Nurture Assumption: Why Children Turn Out the Way They Do*. New York: Free Press, 1998, [2]2009, 480 S. Deutsch: *Ist Erziehung sinnlos?* Reinbek: Rowohlt, 2000, 669 S.

Hartmann, W.: *Beobachtungen zur Acceleration des Längenwachstums in der zweiten Hälfte des 18. Jahrhunderts*. Dissertation, Universität Frankfurt, 1970

Haug, Herbert: «Der Einfluß der säkularen Akzeleration auf das Hirngewicht des Menschen und dessen Änderung während der Alterung». *Gegenbaurs Morphologisches Jahrbuch*, 130, 1984, S. 481–500

Hauser, Robert M.: «Meritocracy, Cognitive Ability, and the Sources of Occupational Success». Center for Demography and Ecology, University of Wisconsin-Madison, Working Paper No. 98–07, 17. August 2002

Haworth, Claire M. A./Philip S. Dale/Robert Plomin: «The Etiology of Science Performance: Decreasing Heritability and Increasing Importance of the Shared Environment From 9 to 12 Years of Age». *Child Development*, 80 (3), 2009, S. 662–673

Haworth, Claire M. A. / ... / Robert Plomin: «The heritability of general cognitive ability increases linearly from childhood to young adulthood». *Molecular Psychiatry*, 15 (11), 2010, S. 1112–1120

Heber, Rick / Howard Garber: «Progress Report II: An Experiment in the Prevention of Cultural-Familial Retardation». In: D. A. A. Primrose (Hg.): *Proceedings of the Third Congress of the International Association fort he Scientific Study of Mental Deficiency* (1973), Vol. I. Warschau: Polish Medical Publishers, 1975, S. 34–43

Hearnshaw, L. S.: *Cyril Burt, Psychologist.* Ithaca, NY: Cornell UP, 1979

Hearnshaw, L. S.: *The Shaping of Modern Psychology – An Historical Introduction.* London: Routledge & Kegan Paul, 1987

Herrnstein, Richard J.: *I. Q. in the Meritocracy.* Boston: Little, Brown, 1971. Deutsch: *Chancengleichheit – eine Utopie? Die IQ-bestimmte Klassengesellschaft.* Stuttgart: DVA, 1974

Herrnstein, Richard J.: «IQ Testing and the Media». *Atlantic Monthly,* August 1982, S. 70

Herrnstein, Richard J. / Charles Murray: *The Bell Curve: Intelligence and Class Structure in American Life.* New York: Free Press, 1994

Holden, Constance: «Twins Reunited». *Science 80,* November 1980, S. 55–59

Hulse, Frederick S.: «Exogamie et heterosis». *Archives Suisses d'Anthropologie Générale,* 22 (2), 1957, S. 103–125

Hunt, Joseph McVicker: *Intelligence and Experience.* New York: Ronald Press, 1961

Hunt, Earl / Robert J. Sternberg: «Sorry, wrong numbers: An analysis of a study of a correlation between skin color and IQ». *Intelligence,* 34, 2006, S. 131–139

Ivanovic, Daniza M. / ... Hernán T. Pérez: «Brain development parameters and intelligence in Chilean high school graduates». *Intelligence,* 32 (5), 2004, S. 461–479

Jackson, Donald Dale: «Reunion of identical twins, raised apart, reveals some astonishing similarities». *Smithsonian Magazine,* Oktober 1980, S. 49–56

Jaeggi, Susanne M. / Martin Buschkuehl / John Jonides / Walter J. Perrig: «Improving fluid intelligence with training on working memory». *PNAS Proceedings of the National Academy of Sciences of the USA,* 105 (19), 2008, S. 6829–6833

Jencks, Christopher / Meredith Phillips (Hg.): *The Black-White Test Score Gap.* Washington, DC: Brookings Institution Press, 1998

Jensen, Arthur R.: «How Much Can We Boost IQ and Scholastic Achievement?» *Harvard Educational Review,* 39, 1969, S. 1–123

Jensen, Arthur R.: «Race and the genetics of intelligence: A reply to Lewontin». *Bulletin of the Atomic Scientists,* 26 (5), 1970, S. 17–23

Jensen, Arthur R.: *Genetics and Education.* London: Methuen, 1972

Jensen, Arthur R.: *Educational Differences*. London: Methuen, 1973 a

Jensen, Arthur R.: *Educability and Group Differences*. London: Methuen, 1973 b

Jensen, Arthur R.: «Kinship Correlations Reported by Sir Cyril Burt». *Behavior Genetics*, 4 (1), 1974, S. 1–28

Jensen, Arthur R.: *Bias in Mental Testing*. New York: Free Press, 1980

Jensen, Arthur R.: *Straight Talk About Mental Tests*. New York: Free Press, 1981

Jensen, Arthur R.: «The relationship between learning and intelligence». *Learning and Individual Differences*, 1 (1), 1989, S. 37–62

Jensen, Arthur R.: «The puzzle of nongenetic variance». In: Robert J. Sternberg / Elena Grigorenko (Hg.): *Intelligence, Heredity, and Environment*. Cambridge, Cambridge UP, 1997, S. 42–88

Jensen, Arthur R.: *The g Factor – The Science of Mental Ability*. Santa Barbara, CA: Praeger, 1998

Johnson, Wendy / Thomas J. Bouchard, Jr.: «The structure of human intelligence: It is verbal, perceptual and image rotation (VPR), not fluid and crystallized». *Intelligence*, 33 (4), 2005, S. 393–416

Johnson, Wendy / Thomas J. Bouchard, Jr. / Matt McGue / Nancy L. Segal / Auke Tellegen / Margaret Keyes / Irving I. Gottesman: «Genetic and environmental influences on the Verbal-Perceptual-Image Rotation (VPR) model of the structure of mental abilities in the Minnesota study of twins reared apart». *Intelligence*, 35 (6), 2007, S. 542–562

Johnson, Wendy / Eric Turkheimer / Irving I. Gottesman / Thomas J. Bouchard, Jr.: «Beyond Heritability – Twin Studies in Behavioral Research». *Current Directions in Psychological Science*, 18 (4), 2009, S. 217–220

Joynson, Robert B.: *The Burt Affair*. London: Routlege, 1989

Juel-Nielsen, Niels: «Individual and environment – A psychiatric-psychological investigation of MZ twins reared apart». *Acta Psychiatrica Scandinavica*, Suppl. 183, 1965. Reprint (with epilogue): New York: International University Press, 1980

Jürgens, Hans W.: «Bisheriger Verlauf der Akzeleration». (Manuskript 1988)

Kamin, Leon J.: *The Science and Politics of I. Q.* New York: Wiley, 1974

Kammertöns, Hanns-Bruno / Thomas Kerstan: «Deutsch ist der Schlüssel». *Die Zeit*, Nr. 17, 20. April 2011, S. 63

Kamphaus, Randy W.: *Clinical Assessment of Child and Adolescent Intelligence*. New York: Springer, [2]2005

Karcher, Helmut L.: *Wie ein Ei dem andern – Alles über Zwillinge*. München: Piper, 1975

Kaufman, S. B. / Colin G. DeYoung / Deidre L. Reis / Jeremy R. Gray: «General intelligence predicts reasoning ability even for evolutionarily familiar content». *Intelligence*, 2011, in press

Kendler, Kenneth S. / Michael C. Neale / Ronald C. Kessler / Andrew C.

Heath / Lindon J. Eaves: «A population-based twin study of major depression in women. The impact of varying definitions of illness». *Archives of General Psychiatry*, 49, 1992, S. 257–266

Kendler, Kenneth S. / Jessica H. Baker: «Genetic influences on the environment: A systematic review». *Psychological Medicine*, 37 (5), 2007, S. 1–12

Kihlstrom, John F. / Nancy Cantor: «Social Intelligence». In: Sternberg (Hg.) 2000, S. 359–379

Kiil, Vilhelm: «Stature and growth of Norwegian men during the past two hundred years». *Skrifter utgitt av det Norske Videnskaps Akademi*, 2 (6), 1939, S. 1–175

Koch, Ernst Walther: *Über die Veränderungen menschlichen Wachstums im 1. Drittel des 20. Jahrhunderts – Ausmaß, Ursachen und Folgen für den Einzelnen und für den Staat.* Leipzig: Barth, 1935

Kristen, Cornelia: «Hauptschule, Realschule oder Gymnasium? Ethnische Unterschiede am ersten Bildungsübergang». *Kölner Zeitschrift für Soziologie und Sozialpsychologie*, 54 (3), 2002, S. 534–552

Kurtz, Albert K. / Samuel T. Mayo: *Statistical Methods in Education and Psychology.* New York: Springer, 1979

Kvist, Ann Valentin / Jan-Eric Gustafsson: «The relation between fluid intelligence and the general factor as a function of cultural background: a test of Cattell's investment theory». IFAU – Institute for Labour Market Policy Evaluation, Uppsala, Working Paper 23, 2007

Kyllonen, Patrick C.: «Is working memory capacity Spearman's *g*?» In: I. Dennis / P. Tapsfield (Hg.): *Human Abilities: Their nature and measurement.* Mahwah, NJ: Lawrence Erlbaum, 1996, S. 49–76

Lang, John S.: «The case of the identical firemen». *U. S. News & World Report*, 13. April 1987, S. 63–64

Larnkaer, A. / S. Attrup Schrøder / I. M. Schmidt / M. Hørby Jørgensen / K. Fleischer Michaelsen: «Secular change in adult stature has come to a halt in northern Europe and Italy». *Acta Paediatrica*, 95 (6), Juni 2006, S. 754–755

Lawler, James M.: *IQ, Heritability, and Racism.* New York: International Publishers, 1978

Layzer, David: «Heritability Analyses of IQ Scores: Science or Numerology?» *Science*, 183 (131), 1974, S. 1259–1266

Lehrl, Siegfried: «PISA – ein weltweiter Intelligenz-Test». *Geistig Fit*, 1, 2005, S. 3–6

Lenz, Widukind / B. W. Ort: «Das Wachstum von Hamburger Schülern in den Jahren 1877 und 1957». *Die Medizinische*, 47, 21. November 1959, S. 2265–2271

Levels, Mark / Jaap Dronkers / Gerbert Kraaykamp: «Immigrant Children's Educational Achievement in Western Countries: Origin, Destination and

Community Effects on Mathematical Performance». *American Sociological Review*, 73 (5), 2008, S. 835–853

Lewontin, Richard C.: «Race and Intelligence». *Bulletin of the Atomic Scientists*, 26 (3), März 1970, S. 2–8

Lewontin, Richard C.: «Apportionment of human diversity». *Evolutionary Biology*, 6, 1972, S. 381–398

Lewontin, Richard C.: «Genetic aspects of intelligence». *Annual Review of Genetics*, 9, 1975, S. 387–405

Lewontin, Richard C.: «Are the Races Different?». *Science for the People*, März/April 1982, S. 10–14

Lichtenberger, Elizabeth O./Alan S. Kaufman: *Essentials of WAIS-IV Assessment*. Hoboken, NJ: Wiley, 2009

Locke, Edwin A.: «Why emotional intelligence is an invalid concept». *Journal of Organizational Behavior*, 26 (4), 2005, S. 425–431

Loehlin, John C./Gardner Lindzey/James N. Spuhler: *Race Differences in Intelligence*. San Francisco, CA: Freeman, 1975

Loehlin, John C./Robert C. Nichols: *Heredity, Environment, and Personality*. Austin, TX: University of Texas Press, 1976

Loehlin, John C.: «Partitioning environmental and genetic contributions to behavioral development». *American Psychologist*, 44, 1989, S. 1285–1292

Loehlin, John C./Joseph M. Horn/Lee Willerman: «Heredity, environment, and IQ in the Texas Adoption Project». In: Robert J. Sternberg/Elena Grigorenko (Hg.): *Intelligence, Heredity, and Environment*. Cambridge, Cambridge UP, 1997, S. 105–125

Lykken, David T.: «Research with twins – The concept of emergenesis». *Psychophysiology*, 19, 1982, S. 361–373

Lykken, David T./Matt McGue/Auke Tellegen/Thomas J. Bouchard, Jr.: «Emergenesis – Genetic Traits That May Not Run in Families». *American Psychologist*, 47 (12), Dezember 1992, S. 1565–1577

Lynn, Richard: «The role of nutrition in secular increases in intelligence». *Personality and Individual Differences*, 11 (3) 1990, S. 273–285

Lynn, Richard/Tatu Vanhanen: *Intelligence and the Wealth of Nations*. Westport: Praeger/Greenwood, 2002

Lynn, Richard/Tatu Vanhanen: *IQ and Global Inequality*. Augusta, GA: Washington Summit, 2006

Lynn, Richard: «What has caused the Flynn effect? Secular increases in the development quotient of infants». *Intelligence*, 37, 2009, S. 16–29

Lynn, Richard: «The Average IQ of Sub-Saharan Africans: Comments on Wicherts, Dolan, and van der Maas». *Intelligence*, 38 (1), 2010a, S. 21–29

Lynn, Richard: «National IQs updated for 41 nations». *Mankind Quarterly*, 50 (4), 2010b, S. 275–296

Lynn, Richard / Gerhard Meisenberg: «National IQs calculated and validated for 108 nations». *Intelligence*, 38, 2010, S. 353–360

Marshall, W. A.: «Geographical and Ethnic Variations in Human Growth». *British Medical Bulletin*, 37 (3), 1981, S. 273–279

Matthews, Gerald / Moshe Zeidner / Richard D. Roberts: *Emotional Intelligence – Science and Myth.* Cambridge, MA: MIT Press, 2002

Mayer, John D. / M. T. DiPaolo / Peter Salovey: «Perceiving affective content in ambiguous visual stimuli: A component of emotional intelligence». *Journal of Personality Assessment*, 54, 1990, S. 772–781

Mayer, John D. / Peter Salovey / David R. Caruso: «Emotional Intelligence: Theory, Findings, and Implications». *Psychological Inquiry*, 15 (3), 2004, S. 197–215

Mayer, Karl Ulrich / Paul B. Baltes (Hg.): *Die Berliner Altersstudie.* Berlin: Akademie Verlag, 1996, [3]2010

McClearn, Gerald E. / Boo Johansson: «Substantial genetic influence on cognitive abilities in twins 80 or more years old». *Science*, 276 (5318), 1997, S. 1560–1563

McDaniel, Michael A.: «Big-brained people are smarter: A meta-analysis of the relationship between in vivo brain volume and intelligence». *Intelligence*, 33, 2005, S. 337–346

McGue, Matthew / Thomas J. Bouchard, Jr.: «Intelligence». In: Peter McGuffin / R. M. Murray / A. M. Reveley (Hg.): *Psychiatric Genetics.* London: Livingstone, 1987

McGue, Matthew / Thomas J. Bouchard, Jr. / William G. Iacono / David T. Lykken: «Behavioral genetics of cognitive ability: A lifespan perspective». In: Robert Plomin / Gerald E. McClearn (Hg.): *Nature, Nurture and Psychology*, Washington, DC: APA, 1993, S. 59–76

McLaughlin Abbe, Kathryn / Frances McLaughlin Gill: *Twins on Twins.* New York: Potter, 1980

Meisenberg, Gerhard: «The reproduction of intelligence». *Intelligence*, 38, 2010, S. 220–230

Menozzi, Paolo / Alberto Piazza / L. Luca Cavalli-Sforza: *The History and Geography of Human Genes.* Princeton, NJ: Princeton UP, 1994

Mietzel, Gerd: *Pädagogische Psychologie des Lernens und Lehrens.* Göttingen: Hogrefe, [5]1998

Miller, George A. «The magical number seven, plus or minus two: Some limits on our capacity for processing information». *Psychological Review*, 63 (2), 1956, S. 81–97

Miyake, Akira / Priti Shah (Hg.): *Models of Working Memory: Mechanisms of active maintenance and executive control.* Cambridge, GB: Cambridge UP, 1999

Murphy, Nora A. / Judith A. Hall: «Intelligence and interpersonal sensitivity: A meta-analysis». *Intelligence*, 39, 2011, S. 54–63

Neisser, Ulric u. a.: «Intelligence: Knowns and Unknowns». *American Psychologist*, 51, 1996, S. 77–101

Neisser, Ulric: «Rising Scores on Intelligence Tests». *American Scientist*, 85, September/Oktober 1997, S. 440–447

Newman, Horatio Hackett/F. N. Freeman/K. J. Holzinger: *Twins – A Study of Heredity and Environment.* Chicago, IL: University of Chicago Press, 1937

Nisbett, Richard E.: «Heredity, Environment, and Race Differences in IQ – A Commentary on Rushton and Jensen (2005)». *Psychology, Public Policy, and Law*, 11 (2), 2005, S. 302–310

Nisbett, Richard E.: *Intelligence and How to Get It – Why Schools and Culture Count.* New York: W. W. Norton, 2009

Paigen, Beverley/Lynn R. Goldmann/Mary M. Magnant/Joseph H. Highland/A. Theodore Steegman, Jr.: «Growth of Children Living Near the Hazardous Waste Site, Love Canal». *Human Biology*, 59 (3), 1987, S. 489–508

Park, Denise C./Gary Lautenschlager/Trey Hedden/Natalie S. Davidson/Andersen D. Smith/Pamela K. Smith: «Models of visuospatial and verbal memory across the adult life span». *Psychology and Aging*, 17 (2), 2002, S. 299–320

Pearson, Roger: *Race, Intelligence and Bias in Academe.* Washington, DC: Scott-Townsend, 1991

Petrill, Stephen A./Robert Plomin/Stig Berg/Boo Johansson/Nancy L. Pedersen/Frank Ahern/Gerald E. McClearn: «The genetic and environmental relationship between general and specific cognitive abilities in twins age 80 and older». *Psychological Science*, 9 (3), 1998, S. 183–189

Plomin, Robert/John C. DeFries/John C. Loehlin: «Genotype-environment interaction and correlation in the analysis of human behaviour». *Psychological Bulletin*, 84 (2), 1977, S. 309–322

Plomin, Robert: *Development, Genetics, and Psychology.* Hillsdale, NJ: Erlbaum, 1986

Plomin, Robert/Denise Daniels: «Why are children in the same family so different from one another?» *Behavioral and Brain Sciences*, 10 (1), März 1987, Seite 1–16 (Diskussion S. 16–59)

Plomin, Robert: «The role of inheritance in behavior». *Science*, 248, 1990, S. 183–188

Plomin, Robert/Gerald E. McClearn (Hg.): *Nature, Nurture and Psychology,* Washington, DC: APA, 1993

Plomin, Robert/David W. Fulker/Robin Corley/John C. DeFries: «Nature, Nurture and Cognitive Development from 1 to 16 Years: A Parent-Offspring Adoption Study». *Psychological Science*, 8 (6), November 1997, S. 442–447

Plomin, Robert: «Genetics and general cognitive ability». *Nature*, 402 (Suppl.), 1999, C25–C29

Plomin, Robert/Frank M. Spinath: «Intelligence: Genetics, Genes, and Genomics». *Journal of Personality and Social Psychology*, 86 (1), 2004, S. 112–129

Plomin, Robert/John C. DeFries/Gerald E. McClearn/Peter McGuffin: *Behavioral Genetics*. New York: W. H. Freeman, ⁵2008, 560 S.

Posthuma, Daniëlle/… Dorret I. Boomsma: «The association between brain volume and intelligence is of genetic origin». *Nature Neuroscience*, 5 (2), 2002, S. 83–84

Prenzel, Manfred/Jürgen Baumert/Werner Blum/Rainer Lehmann/Detlev Leutner/Michael Neubrand/Reinhard Pakrun/Hans-Günter Rolff/Jürgen Rost/Ulrich Schiefele (Hg.): *PISA-Konsortium Deutschland: PISA 2003 – Ergebnisse des zweiten internationalen Vergleichs*. Münster: Waxmann, 2004a

Prenzel, Manfred/Jürgen Baumert/Werner Blum/Rainer Lehmann/Detlev Leutner/Michael Neubrand/Reinhard Pakrun/Jürgen Rost/Ulrich Schiefele (Hg.): *PISA-Konsortium Deutschland: PISA 2003 – Der zweite Vergleich der Länder in Deutschland – Was wissen und können Jugendliche?* Münster: Waxmann, 2004b

Prenzel, Manfred/Oliver Walter/Andreas Frey: «Pisa misst Kompetenzen – Eine Replik auf Rindermann: Was messen internationale Schulleistungsstudien». *Psychologische Rundschau*, 58 (2), 2007, S. 128–136

Ramey, Craig T./Ron Haskins: «The Modification of Intelligence Through Early Experience». *Intelligence*, 5 (1), 2002, S. 5–19

Ramm, Gesa/Oliver Walter/Heike Heidemeier/Manfred Prenzel: «Soziokulturelle Herkunft und Migration im Ländervergleich». In: Prenzel u. a. 2004b, S. 269–298

Ramsden, Sue/… Cathy J. Price: «Verbal and non-verbal intelligence changes in the teenage brain». *Nature*, 479, 3. November 2011, S. 113–116

Rindermann, Heiner: «Was messen internationale Schulleistungsstudien? – Schulleistungen, Schülerfähigkeiten, kognitive Fähigkeiten, Wissen oder allgemeine Intelligenz?» *Psychologische Rundschau*, 57 (2), 2006, S. 69–86

Rindermann, Heiner: «Intelligenz, kognitive Fähigkeiten, Humankapital und Rationalität auf verschiedenen Ebenen». *Psychologische Rundschau*, 58 (2) 2007a, S. 137–145

Rindermann, Heiner: «The Big *G*-Factor of National Cognitive Ability». *European Journal of Personality*, 21, 2007a, S. 767–787

Roche, Alex F. (Hg.): *Secular Trends in Human Growth, Maturation, and Development. Monographs of the Society for Research in Child Development*, 44 (3–4), Chicago, IL: University of Chicago Press, 1979

Rose, Steven: «Should scientists study race and IQ? NO …». *Nature*, 457, 12 Februar 2009, S. 786–788

Rosen, Clare Mead: «The Eerie World of Reunited Twins». *Discover*, September 1987, S. 36–46

Rosenberg, Noah A. / Jonathan K. Pritchard / James L. Weber / Howard M. Cann / Kenneth K. Kidd / Lev A. Zhivotovsky / Marcus W. Feldman: «Genetic Structure of Human Populations». *Science*, 298, 20. 12. 2002, S. 2381–2385

Rosenfeld, Mark / Bernard Gilmartin: *Myopia and Nearwork*. Oxford: Butterworth-Heineman, 1998

Rost, Detlef H.: *Interpretation und Bewertung pädagogisch-psychologischer Studien*. Weinheim: Beltz UTB, 2005

Rost, Detlef H.: *Intelligenz – Fakten und Mythen*. Weinheim: BeltzPVU, 2009, 368 S.

Rowe, David C. / Kristen C. Jacobson / Edwin J. C. G. Van den Oord: «Genetic and environmental influences on vocabulary IQ: Parental education level as moderator». *Child Development*, 70 (5), 1999, S. 1151–1162

Rowe, David C. / Joseph L. Rodgers: «Expanding Variance and the Case of Historical Changes in IQ Means: A Critique of Dickens and Flynn (2001)». *Psychological Review*, 109 (4), 2002, S. 759–763

Rushton, J. Philippe / Arthur R. Jensen: «Thirty Years of Research on Race Differences in Cognitive Ability». *Psychology, Public Policy, and Law*, 11 (2), 2005, S. 235–294

Rushton, J. Philippe / Arthur R. Jensen: «The totality of available evidence show the race IQ gap still remains». *Psychological Science*, 17, 2006, S. 921–922

Rushton, J. Philippe / Arthur R. Jensen: «Race and IQ: A Theory-Based Review of the Research in Richard Nisbett's *Intelligence and How to Get It*». *The Open Psychology Journal*, 3, 2010, S. 9–35

Salthouse, Timothy A.: «The Processing-Speed Theory of Adult Age Differences in Cognition». *Psychological Review*, 103 (3), 1996, S. 403–428

Salthouse, Timothy A.: «Localizing age-related individual differences in a hierarchical structure». *Intelligence*, 32, 2004, S. 541–561

Salthouse, Timothy A.: «When does age-related cognitive decline begin?» *Neurobiology of Aging*, 30 (4), 2009, S. 507–514

Sarrazin, Thilo: *Deutschland schafft sich ab – Wie wir unser Land aufs Spiel setzen*. Stuttgart: Deutsche Verlags-Anstalt, 2010

Saw, Seang-Mei / Say-Beng Tan / Daniel Fung / Kee-Seng Chia / David Koh / Donald T. H. Tan / Richard A. Stone: «IQ and the Association with Myopia in Children». *Investigative Ophthalmology & Visual Science*, 45 (9), September 2004, S. 2943–2948

Scarr, Sandra / Patricia L. Webber / Richard A. Weinberg / Michele A. Wittig: «Personality resemblance among adolescents and their parents in biologically related and adoptive families». *Journal of Personality and Social Psychology*, 40, 1981, S. 885–898

Scarr, Sandra / Kathleen McCartney: «How people make their own environments – A theory of genotype → environment effects». *Child Development*, 54 (2), 1983, S. 424–435

Scarr, Sandra: «Behavior-Genetic and Socialization theories of intelligence: Truce and reconciliation». In: Robert J. Sternberg / Elena Grigorenko (Hg.): *Intelligence, Heredity, and Environment.* Cambridge, Cambridge UP, 1997, S. 3–41

Schaie, K. Warner: «The Course of Adult Intellectual Development». *American Psychologist*, 49, April 1994, S. 304–313

Schaie, K. Warner: *Intellectual Development in Adulthood – The Seattle Longitudinal Study.* Cambridge: Cambridge UP, 1996

Schiff, Michel / Michel Duyme / Annick Dumaret / Stanislaw Tomkiewicz: «How much *could* we boost scholastic achievement and IQ scores? A direct answer from a French adoption study». *Cognition*, 12, 1982, S. 165–196

Schultz, T. Paul: «Productive Benefits of Improving Health: Evidence from Low-Income Countries». Unpublished paper, Yale University, 2001, im Internet: www.econ.yale.edu / ~pschultz / productivebenefits

Sesardic, Neven: *Making Sense of Heritability.* Cambridge: Cambridge UP, 2005

Shields, James: *Monozygotic Twins Brought Up Apart and Brought Up Together.* London: Oxford University Press, 1962

Shikishima, Chizuru / ... Juko Ando: «Is *g* an entity? A Japanese twin study using syllogisms and intelligence tests». *Intelligence*, 37 (3), 2009, S. 256–267

Shuey, Audrey M.: *The Testing of Negro Intelligence.* New York: Social Science Press, ²1966

Siemens, Herrmann Werner: *Die Zwillingspathologie – Ihre Bedeutung, ihre Methodik, ihre bisherigen Ergebnisse.* Berlin: Springer, 1924

Simon, Brian: *Intelligence, Psychology and Education.* London: Lawrence & Wishart, 1971

Smith, Jacqui / Paul B. Baltes: «Altern aus psychologischer Perspektive: Trends und Profile im hohen Alter». In: Mayer / Baltes (Hg.), ³2010, S. 245–252

Snyderman, Mark / Stanley Rothman: *The IQ Controversy, the Media and Public Policy.* New Brunswick, NJ: Transaction Books, 1988

Spearman, Charles: «‹General Intelligence› objectively determined and measured». *American Journal of Psychology*, 15, 1904, S. 72–101. Im Internet http://library.isb.edu / digital_collection / general_intelligence.pdf

Spearman, Charles: *The Abilities of Man, Their Nature and Measurement.* New York: Macmillan, 1927

Spiewak, Martin: «Das vietnamesische Wunder». *Die Zeit*, Nr. 5, 22. Januar 2009, S. 31–32

Steegmann Jr., A. Theodore/P. A. Haseley: «Stature Variation in the British American Colonies – French and Indian War Records, 1755–1763». American Journal of Physical Anthropology, 75 (3), 1988, S. 413–421

Stein, Zena A./Mervyn W. Susser/G. Saenger/F. Marolla: «Nutrition and mental performance». Science, 178 (62), 1972, S. 708–713

Sternberg, Robert J. (Hg.): Handbook of Intelligence. Cambridge, UK: Cambridge UP, 2000

Sternberg, Robert J./Elena L. Grigorenko/Kenneth K. Kidd: «Intelligence, race, and genetics». New York: McGraw-Hill, Access Science, 2007, http://accessscience.com/content/Intelligence,%20race,%20and%20genetics/YB071440

Stumm, Sophie von/Sally Macintyre/David G. Batty/Heather Clark/Ian J. Deary: «Intelligence, social class of origin, childhood behavior disturbance and education as predictors of status attainment in midlife in men: The Aberdeen Children of the 1950s study». Intelligence, 38, 2010, S. 202–211

Sundet, Jon Martin/Dag G. Barlaug/Tore M. Torjussen: «The end of the Flynn effect? A study of secular trends in mean intelligence scores of Norwegian conscripts during half a century». Intelligence, 32, 2004, S. 349–361

Takahashi, Eiji: «Growth and Environmental Factors in Japan». Human Biology, 38 (1), 1966, S. 112–130

Takahashi, Eiji: «Secular Trend in Milk Consumption and Growth in Japan». Human Biology, 56 (3), 1984, S. 427–437

Tanner, James M.: «Earlier Maturation in Man». Scientific American, 218 (1), 1968, S. 21–27

Tanner, James M./Phyllis B. Eveleth: «Variability Between Populations in Growth and Development in Puberty». In: S. R. Berenberg (Hg.): Puberty – Biologic and Psychosocial Components. Leiden: Stenfert Kroese, 1975, S. 256–273

Tanner, James M.: Foetus into Man – Physical Growth from Conception to Maturity. London: Open Books, 1978

te Nijenhuis, Jan/Henk van der Flier: «The secular rise in IQs in the Netherlands: Is the Flynn effect on g?» Personality and Individual Differences, 43, 2007, S. 1259–1265

Teasdale, Thomas W./David R. Owen: «A long-term rise and recent decline in intelligence test performance: The Flynn Effect in reverse». Personality and Individual Differences, 39 (4), 2005, S. 837–843

Terman, Lewis M.: «Mental growth and the IQ». Journal of Educational Psychology, 12 (6), 1921

Thorndike, Edward Lee: «Intelligence and its uses». Harper's Magazine, 140, Januar 1920, S. 227–235

Thurstone, Louis Leon: *Primary mental abilities.* Chicago, IL: U of Chicago Press, 1938

Turkheimer, Eric: «Three Laws of Behavior Genetics and What They Mean». *Current Directions in Psychological Science,* 9 (5), 2000, S. 160–164

Turkheimer, Eric/Andreana Haley/Mary Waldron/Brian D'Onofrio/Irving I. Gottesman: «Socioeconomic status modifies heritability in IQ in young children». *Psychological Science,* 14 (6), 2003, S. 623–628

van Wieringen, J. C.: «Secular Growth Changes». In: Falkner/Tanner (Hg.) 1978, Band II, S. 445–473

Vandenberg, S. G./A. R. Kruse: «Mental rotations: Group tests of three-dimensional spatial visualization». *Perceptual and Motor Skills,* 47, 1978, S. 599–604

Vernon, Philip E.: *The structure of human abilities.* London: Methuen, 1950,[2]1961

Vernon, Philip E.: *Intelligence – Heredity and Environment.* San Francisco, CA: Freeman, 1979

Vernon, Philip E.: «The heritability of measures of speed of information processing». *Personality and Individual Differences,* 10 (5), 1989, S. 573–576

Vernon, Philip E./John C. Wickett/P. Gordon Bazana/Robert M. Stelmack: «The Neuropsychology and Psychophysiology of Human Intelligence». In: Sternberg (Hg.) 2000, S. 245–264

Walhovd, Kristine B./ ... Anders M. Fjell: «Consistent neuroanatomical age-related volume differences across multiple samples». *Neurobiology of Aging,* 32 (5), 2011, S. 916–932

Walter, Hubert: «Socioeconomic Factors and Human Growth – Observations from School Children in Bremen». In: O. G. Eiben (Hg.): *Growth and Development – Physique.* Budapest: Akadémia Kiadó, 1977, S. 49–61

Watson, James B.: *Behaviorism.* New York: Norton, 1930

Watson, Peter: *Twins – An investigation into the strange coincidences in the lives of separated twins.* London: Hutchinson, 1981

Wechsler, David: *The Measurement and Appraisal of Adult Intelligence.* Baltimore, MD: Williams & Witkins, 1939,[5]1958

Weiss, Volkmar: «Bevölkerung hat nicht nur eine Quantität, sondern auch eine Qualität – Ein kritischer Beitrag zur politischen Wertung der PISA-Studie». *Veröffentlichungen der Gesellschaft für Freie Publizistik,* 18, 2002, S. 31–59

White, Karl R.: «The Relation Between Socioeconomic Status and Academic Achievement». *Psychological Bulletin,* 91 (3), 1982, S. 461–481

Whitehead, R. G./Paul, A. A.: «Comparative infant nutrition in man and other animals». In: R. G. Whitehead/A. A. Paul (Hg.): *Proceedings of the International Symposium on Comparative Nutrition.* London: Libbey, 1988

Wicherts, Jelte M./Conor V. Dolan/Han L. J. van der Maas: «A systematic literature review of the average IQ of sub-Saharan Africans». *Intelligence*, 38 (1), 2010, S. 1–20

Wickett, John C. / Philip A. Vernon / Donald H. Lee: «*In vivo* brain size, head perimeter, and intelligence in a sample of healthy adult females». *Personality and Individual Differences*, 16 (6), 1994, S. 831–838

Widdowson, Elsie M.: «Mental Contentment and Physical Growth». *The Lancet*, 1, 1951, S. 1316–1318

Willerman, Lee / Rutledge, J. N. / Bigler, E. D.: «In vivo brain size and intelligence». *Intelligence*, 15, 1991, S. 223–228

Williams, Robert L.: «Abuses and misuses in testing black children». *Counseling Psychologist*, 2, 1971

Wilson, Ronald S.: «Syncronies in mental development: An epigenetic perspective». *Science*, 202, 1978, S. 939–948

Wonderlic, E. F.: *Wonderlic Personnel Test User's Manual*. Libertyville, IL: Wonderlic, 1992

Wundt, Wilhelm: *Essays*. Leipzig: Engelmann, 1885

Xu, Bin / ... Maria Karayiorgou: «Exome sequencing supports a *de novo* mutational paradigm for schizophrenia». *Nature Genetics*, 43, 2011, S. 864–868

Ziegler, Eugen: «Secular changes in the stature of adults and the secular trend of the modern sugar consumption». *Zeitschrift für Kinderheilkunde*, 99, 1967, S. 146–166

Ziegler, Eugen: «Zuckerkonsum und pränatale Akzeleration». *Helvetica Paediatrica Acta*, 31 (4–5), 1976, S. 347–363

Ziegler, Eugen: *Zucker, die süsse Droge*. Basel: Birkhäuser, 1987

Zimmer, Dieter E.: «Tarzans arme Vettern – Über Wilde Kinder und Wolfskinder». In: *Experimente des Lebens*, Zürich: Haffmans, 1989, S. 19–47, und http://www.dezimmer.net / PDF / wildekinder1989.pdf

# REGISTER

Das für dieses Buch verwendete FSC®-zertifizierte Papier
*Schleipen Werkdruck* liefert Cordier, Deutschland.